电焊工操作技巧轻松学

金凤柱　陈永　编著

机械工业出版社

本书是《电焊工操作入门与提高》的进阶篇，是一本提高电焊工操作技能的指导书。全书内容包括：管管与管板焊条电弧焊操作技巧、水平固定管氩弧焊操作技巧、管材 CO_2 气体保护焊操作技巧、埋弧焊操作技巧、锅炉本体管焊接操作技巧、平角焊操作技巧、法兰焊接操作技巧、压力容器焊接操作技巧、单面焊双面成形操作技巧、常用材料的焊接操作技巧、复合钢板焊接操作技巧、铸钢件焊接（补焊）操作技巧、焊机的维护及故障排除。本书用简明的语言、丰富的配图介绍了焊接过程中具体的操作技巧，具有极强的针对性和实用性。书中提供的典型实例都是成熟的操作工艺，便于读者借鉴。

本书可供焊接工人阅读，也可作为焊接技术人员和相关专业职业培训的参考书。

图书在版编目（CIP）数据

电焊工操作技巧轻松学/金凤柱，陈永编著. —北京：机械工业出版社，2017.12（2020.7重印）

ISBN 978-7-111-58738-5

Ⅰ.①电… Ⅱ.①金… ②陈… Ⅲ.①电焊-基本知识 Ⅳ.①TG443

中国版本图书馆 CIP 数据核字（2017）第 312126 号

机械工业出版社（北京市百万庄大街 22 号 邮政编码 100037）
策划编辑：陈保华 责任编辑：陈保华 臧弋心
责任校对：王明欣 封面设计：陈 沛
责任印制：常天培
固安县铭成印刷有限公司印刷
2020 年 7 月第 1 版第 3 次印刷
148mm×210mm · 7.375 印张 · 203 千字
4201—5200 册
标准书号：ISBN 978-7-111-58738-5
定价：29.00 元

凡购本书，如有缺页、倒页、脱页，由本社发行部调换

电话服务	网络服务
服务咨询热线：010-88361066	机 工 官 网：www.cmpbook.com
读者购书热线：010-68326294	机 工 官 博：weibo.com/cmp1952
010-88379203	金 书 网：www.golden-book.com
策 划 编 辑：010-88379734	教育服务网：www.cmpedu.com

前　言

随着工业生产的发展和科学技术的进步，焊接已成为一门独立的学科。焊接技术广泛应用于航空航天、核工业、化工、船舶、建筑及机械制造等工业部门，在国民经济发展，尤其是制造业发展中是一种不可或缺的加工手段。

焊接是制造业的基础，几乎所有的工程结构都离不开焊接工艺。在这种情况下，培养和造就大批懂技术、会操作、有创新能力的从事焊接作业的高素质劳动者，是现代企业人力资源管理活动和职业技术技能训练与鉴定的一项紧迫任务。焊工操作技能培训也是提高劳动者素质、增强劳动者就业能力的有效措施。

本书作者曾于2011年编写出版了《电焊工操作入门与提高》一书，该书具有极强的实用性和针对性，深受读者欢迎，至今已印刷9次，印数31500册。本书是《电焊工操作入门与提高》的进阶篇，是一本提高焊工操作技能的指导书。全书内容包括管管与管板焊条电弧焊操作技巧、水平固定管氩弧焊操作技巧、管材CO_2气体保护焊操作技巧、埋弧焊操作技巧、锅炉本体管焊接操作技巧、平角焊操作技巧、法兰焊接操作技巧、压力容器焊接操作技巧、单面焊双面成形操作技巧、常用材料的焊接操作技巧、复合钢板焊接操作技巧、铸钢件焊接（补焊）操作技巧、焊机的维护及故障排除共13章。

本书用简明的语言、丰富的配图介绍了焊接过程中具体的操作技巧，同样具有极强的针对性和实用性。书中提供的典型实例都是成熟的操作工艺，便于读者借鉴。读者通过自学本书，根据相关指导加强练习，会在较短时间内熟练掌握焊接操作的技巧，进一步提高焊接操作技能，成为一名优秀的焊工。

本书由金凤柱和陈永编写。在本书的编写过程中，参考了国内外同行的大量文献和相关标准，在此谨向有关人员表示衷心的感谢！

由于编者水平有限，不妥之处在所难免，敬请广大读者批评指正。

编　者

目　　录

第1章　管管与管板焊条电弧焊操作技巧

1.1　水平固定管焊接操作技巧

焊接示例：

管道直径为219mm，壁厚为10～12mm，两口组对成角60°，坡口钝边为0～1mm，两口组对间隙为3～4mm，组对前将坡口两侧20mm内的油、锈等污物打磨干净。定位点为4处，如采用仰焊部位引弧，从两侧向顶部焊接，定位点应放于管道两侧及管道顶部的平焊中心部位，如图1-1所示。定位焊缝长度为30～40mm，均采用单面焊双面成形焊接，定位焊缝完成后将两侧磨成坡状。

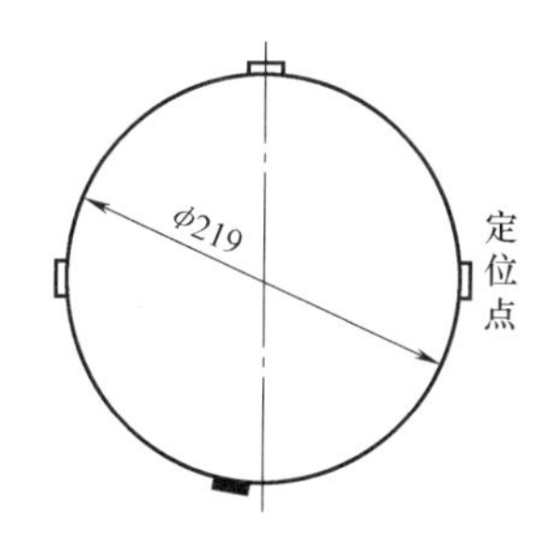

图1-1　水平固定管焊接

1.1.1　打底层的焊接

1. 打底层焊接电流的调节及起点位置的选择

打底层焊接选焊条J422（E4303）、焊条直径为2.5mm或3.2mm，电流调节范围为75～95A，以电弧引燃后对熔渣能有一定的推动力为宜。

对于管道水平固定口，如从仰焊底部引弧向顶部焊接，先一侧引弧点应超过中心线20～30mm，并根据工件可操作的具体情况，确定好仰焊部位操作的位置。

2. 电弧向坡口根部进弧的位置

1）电弧引燃后，先贴向坡口根部一侧，如图1-2中的*A*侧，用长弧预热，当预热点稍见熔融状，快速做电弧推进动作，稍做稳弧停留后迅速熄弧，形成 A 侧一点熔池。当熄弧点熔池由亮红色缩成暗色时，再迅速将电弧推进到 A 点的另一侧（B 侧），用同样的方法使金属的熔滴过渡，并同 A 侧熔滴相熔，形成基点熔池。然后迅速熄弧，当 B 点熔池由亮红色缩成暗红时，再将电弧移向 A 侧，依次循环。

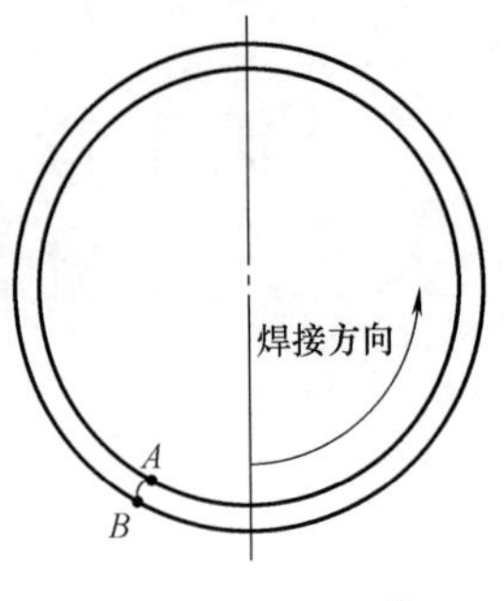

图 1-2　循环焊接

2）在左右两点循环焊接时，可采用熄弧焊接，也可使用连弧焊接，如一点熔滴过渡熔池后，仰焊部位熔池有明显下沉趋势，应迅速熄弧。如果熔滴过渡熔池后，熔池没有外扩状，可做连续横向地带弧动作。即电弧在一侧稍加稳弧之后，紧贴基点熔池迅速带弧向坡口另一侧运动，并根据熔池温度地变化挑弧上提。上提时熔池与坡口间隙相熔处的熔池外扩应有咬合 1～2mm 的豁状缺口，如图 1-3 所示。电弧上提后再根据熔池温度变化将电弧回落至抬起点。

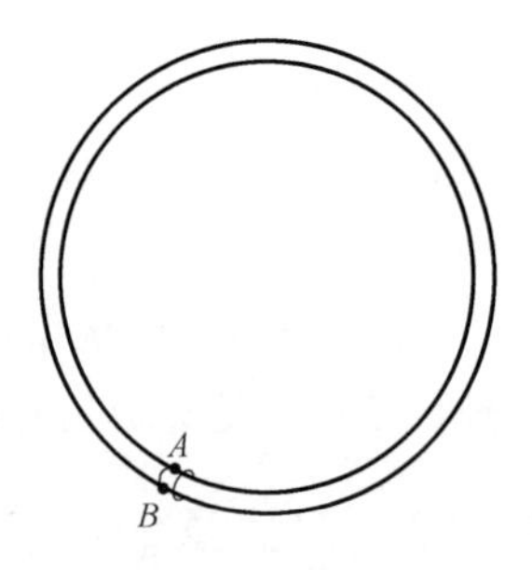

图 1-3　豁状缺口

3）电弧依次循环向坡口根部进弧时，仰焊部位焊条未燃端点应平于或稍低于管道内径平面，并根据熔池温度，掌握好电弧推过坡口间隙后稳弧的时间。如果稍加延长稳弧的时间，熔池迅速出现外扩状和下沉状，坡口两侧根部出现沟状成形。这时应适当缩短稳弧的时间，并使电弧贴向坡口根部一侧。仰焊部位的熔池外扩稍见液态后，熔渣呈迅速反出状，即可做电弧抬起与熄弧动作。

4）仰焊爬坡部位时，电弧进入坡口根部，应适当留出坡口两侧钝边部，焊条未熔端外移 1～2mm 再进行熔滴过渡堆敷金属，使坡口钝边处内径淹没。再做电弧推过或停留于坡口两侧的动作，从而掌握仰焊爬坡部位电弧进入的最佳位置。

5）立焊段电弧在坡口深度进弧时，因稳弧后熔池易形成向坡口内径的液流外扩，电弧进入应根据落弧后焊条未燃端同坡口内径边部的比较而掌握。如外移坡口钝边线 2mm，然后通过稍做稳弧的推动，使熔池穿过坡口间隙。立焊段爬坡及平焊部位进弧位置处，预留坡口应稍厚于普通立焊段，进弧后电弧应紧贴坡口一侧钝边处。

3. 管道各位置焊接时焊条角度与走弧运条的变化

（1）管道头层焊接走弧运条　应根据熔池外扩的多少和管径内外成形的凹凸状而变化，仰焊部位进弧后，坡口两侧成形过薄、中间熔池成形过厚，是因为电弧在坡口两侧停留的时间过短，或中间横向带弧过慢或采用坡口两侧熄弧焊接时电弧向坡口中间部位带弧过多的原因造成的。在观察熔池的变化时，如发现熔池中间堆敷成形过厚，应迅速停止横向带弧的动作，并控制左右两侧坡口边部循环移动电弧时向坡口间隙中间部位推弧的宽度。稳弧时，在坡口一侧（*A* 侧）落弧后紧贴坡口钝边部稍加稳弧，使熔敷金属的外扩宽度，在坡口间隙的 1/2 以下，然后迅速熄弧。当熄弧处熔池由亮红色缩成暗红色点时，再迅速落弧于坡口的另一侧（*B* 侧）稍做稳弧，带弧于坡口间隙的中间部位，稍做横向摆动后再迅速抬起。电弧贴向坡口的根部稳弧的时间应稍加延长，坡口间隙带弧停留的时间应稍加缩短。

（2）管道立焊段焊接　因焊条的直径较小，中间熔池温度较高，可在一侧稳弧后，迅速连弧至坡口另一侧，并稍做稳弧后迅速抬起。当熔池温度稍有缓解再迅速落弧，按同样的方法形成新的熔池。立焊段熔池形成，如熔池向内径外扩面较大，坡口外侧堆敷成形较厚，应缩短电弧坡口两侧稳弧的时间，并将连弧焊接改为熄弧焊接。

（3）管道顶部平焊段焊接　应保证足够（如 3~3.5mm）的焊接间隙，如果间隙过小、熔滴过渡掌握不当、熔池温度过高时，则电弧击穿坡口间隙后，易形成熔池面积过大、过流、气孔、焊缝两侧熔合不良等缺欠。如果熔池温度过低，也易形成内径塌腰、焊缝两侧熔合不良、夹渣、气孔等缺欠。

（4）平焊段　合适焊接间隙的进弧，应使坡口两侧熄弧焊接时一次熔滴过渡量不能过多，过渡时电弧贴向坡口一侧根部稍加进弧后应迅速抬起，当熔池颜色由亮红色缩成暗红色时，再将电弧推向坡口的另一侧，电弧移动时焊条下端部应以超短弧推向坡口内部边缘，稍做熔合后迅速抬起，依次循环。

4. 打底层焊接熔池厚度的掌握

1）仰焊部位一次稳弧的时间不能过长，电弧以进入坡口一侧根部，稍做稳弧后瞬间抬起并熄灭，使稳弧点熔池外扩，不能使液态熔池下塌。

2）仰焊部位熔池形成过厚时，液态金属凝结速度较慢，易产生熔池内径的下塌。焊槽内坡口两侧沟状成形过深，熔池中心成形易出现过凸现象。观察熔池成形，如果出现坡口两侧根部焊渣不移动、中间液态金属呈突状下沉的现象，则应停止焊接，并采用较大的焊接电流将焊条与焊缝平行吹掉下沉点，或使用砂轮打磨后重新焊接。

3）立焊段焊缝内径较厚时，应在电弧向坡口根部进弧处留出一定的坡口尖端部位（一般为2mm）。落弧后观察管道内径一侧的熔池外扩情况，发现平于或稍凸于坡口两侧的内径平面后，迅速抬起电弧或熄灭电弧，使熔池温度得以控制。

4）立焊段熔池外侧堆敷成形过厚或坡口两侧沟状成形过深时，应掌握好电弧在坡口两侧稳弧的时间，快速横向带弧，并在坡口两侧分别打弧时，一侧落弧后稳弧溶池的范围不能过大。

5. 收弧与引弧

一根焊条燃尽后，电弧应贴向坡口一侧稍做稳弧停留，并将短弧下压稍加回带后再使其熄灭，防止焊条收弧处缩孔的发生。

（1）引弧　从熄弧点上方10mm处的坡口一侧引燃电弧，并用长弧进入接头点做预热吹扫，使接头位置出现汗状，熔渣有流动感，再迅速压低电弧进行正常焊接。

（2）另一侧的焊接　一侧焊接完成后，对另一侧仰焊引弧处应用砂轮打磨或采用较大焊接电流进行吹扫，使起点处焊肉为坡状成形。另一侧电弧起点应放到仰焊部位坡状焊缝的最低点，引弧后先拔高电弧进行预热，使接头点出现熔融状后，再压低电弧做连续吹扫动作，使熔池温度逐渐增高。当电弧行至坡口间隙后，再将电弧迅速上推并穿过坡口间隙，使焊条端部燃烧点稍凹于坡口内径平面。此后迅速做横向带弧动作，使引弧处的坡口两侧钝边处出现1mm左右的豁状咬合点，再迅速熄弧。当熔池由亮红色转为暗红时，将电弧移入坡口根部进行正常焊接。

（3）管道顶点平焊　在此位置收弧处，应采用砂轮将另一侧收弧焊肉磨成坡状，当焊缝接近收弧处时，尽量缩短熄弧的时间。接近收尾时，应采用连弧快速焊接将熔滴推过焊缝间隙，再逐渐稳弧上提，将收弧熔坑填满后继续压过另一侧焊缝5~10mm后使其熄灭。

1.1.2　填充层的焊接

1. 填充层熔池温度对被焊金属表层的熔化

1）打底层焊接完成后，除净焊渣，如果有过深的焊渣点要用砂轮打磨。填充层焊接选择焊条直径为3.2mm，焊接电流调节范围为105~115A。二遍层次焊接焊槽的深度为4mm左右。

2）填充层焊接应过仰焊中心点20~30mm处引弧，引弧后先使电弧拔长对起点稍做预热再压低电弧形成较薄熔池，然后由薄至厚逐渐接近坡口平度。

3）进行填充层焊接熔池对头遍焊层的熔化时，应根据头遍层次焊缝的平度、熔池熔化的深度、熔池的颜色，进行合适的焊接电流调节及稳弧运条。如果引弧后，熔池外扩迅速增大并难以控制，熔池同母材熔合痕迹过深，溶池颜色过亮，呈下塌趋势，说明焊接电流过大，熔池温度过高。如果引弧后，熔池外扩稳弧时间过长，熔滴过渡对底层焊缝没有熔化痕迹，熔渣浮动过慢，说明焊接电流过小。合适的焊接电流应以引弧后熔池能迅速形成、熔渣浮动灵活、电弧吹扫能使两层焊缝熔合点稍见咬合痕迹、熔池外扩成形能得以控制为宜。

① 合适焊接电流的熔池形成也会因焊槽深度、宽度的不同，产生不同的温度变化，如电弧在 *A*（见图1-4）侧稳弧形成熔池之后，迅速带弧至 *B* 侧边部，并以同样的方法稳弧再做横向带弧于 *A* 侧，因焊槽较深，连续走弧使熔池温度逐渐增高，熔池熔化痕迹过深，熔池外扩成形难以控制。

② 做合适焊接电流的走弧运条时，应根据焊槽的深浅而变化。焊槽较深，电弧吹向一侧后继续回带，使熔池温度迅速增高，电弧可在 *B* 侧稳弧后迅速抬起。做抬起高度时，也可以根据落弧后溶池

外扩状，稍做抬起或高一些抬起。低一些电弧抬起时，可先成较薄熔池，再采用三角形运条方法使熔池逐渐增厚。操作时先压低电弧打至焊槽根部 C 点（见图 1-5），再带弧至坡口外侧 A、B 两点并稍做稳弧，使焊槽根部 C 点熔池温度得以缓解。

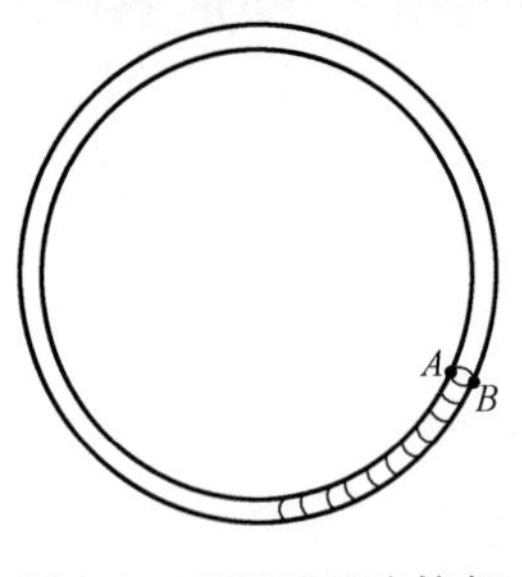

图 1-4　稳弧后迅速抬起

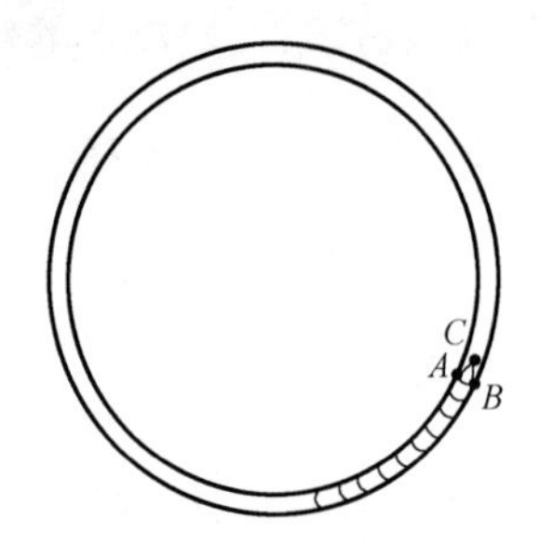

图 1-5　压低电弧

4）填充层焊接熔池的厚度形成，仰焊、立焊和平焊爬坡段也应采用三角形运条方法，即 C 点在前先形成较薄熔池，再逐渐加厚，使熔池前方 C 点与已成形的 A、B 两点距离拉大。

5）熔池 A、B 两侧的厚度成形，应低于母材平面 1mm 左右。在电弧稍稍停留时，金属液向坡口边部淹没，在金属液稍低于坡口两侧边线时观察，观察封底表层中间熔池成形平整度。如果熔池温度过高，金属液外扩成凸状成形，应适当延长 A、B 两侧稳弧的时间，并采用中间快速带弧。在 A、B 两侧稳弧时，使熔池向 A、B 两侧中心形成外扩，此时不做横向走弧。即电弧在 A 点稳弧后，迅速带弧至内侧 C 点，形成内侧 C 点较高熔池，再迅速带弧至坡口外 B 侧，使熔池逐渐加厚，使熔渣产生外溢，然后再迅速带弧动作至内侧 C 点，稍做稳弧后将电弧贴向 CA 一侧坡口边部。按同样的方法形成熔池，并使电弧在 A 点稳弧时，向 B 点一侧稍做横向推弧，使 A、B 两侧金属液相连。

6）C 点在前形成熔池后，再向后带弧至熔池的 A、B 两点，如熔池温度较高，可将再次抬起后的电弧回落于 C 点熔池的上方，按同样的方法形成新的熔池。立焊段应使 C 点稳弧熔池形成稍高于 A、B 熔池，并在 A、B 两点形成时，采用连弧、挑弧、熄弧等多种方法，将电弧打进里角 C 点。爬坡平焊段熔池形成时，应在 C 点形成较薄熔池后，连弧回带至 A、B 点，并采用90°或稍大于90°的顶弧焊接角度。

2. 填充层焊接熔渣的浮出

填充层焊接熔池形成后，会出现各种熔渣浮出的状态。

1）如果熔渣在熔池之中漂浮缓慢，药皮熔渣浮在电弧的周围，使熔池形成后，熔渣与电弧间不能出现一条清晰的金属液裸露线（见图1-6），使操作者对熔池的变化难以观察，此种状态说明焊接电流过小，熔池温度过低。

2）如果熔池形成后熔渣漂浮迅速，熔池表面大部呈裸露状，金属液呈棱形滑动状，说明焊接电流过大，熔池温度过高。

3）控制熔渣在熔池中的浮出，可在熔池形成后电弧稍加停留，利用电弧的推力，使熔渣漂浮于熔池上部，熔渣可见面积要少于熔池总面积的1/2。电弧从一侧（如 A 侧）带弧向 B 侧之后稍加停留时，熔渣能从 A 侧迅速大量溢出。熔渣在 A 侧熔池表面的留有量要能覆盖 A 侧平面。B 侧稳弧形成熔池的范围，应以 B 侧电弧周围能有一条闪光金属液的观察线为宜（见图1-6和图1-7）。平焊爬坡段浮渣，如熔渣浮动过慢，应尽量采用连弧焊接，在熔池温度过高时，宜加大焊槽根部 C 点与 A、B 两点的距离，并使电弧回带时，对坡口一侧熔渣稍做推动，促使熔渣逐渐浮出熔池。观察两遍封底焊接熔渣反出状态时，应在电弧吹动中，熔池两侧外扩面没有金属液与药皮熔渣相混的现象，使熔池对焊槽根部坡口两侧的熔化都稍见咬合的痕迹。一根焊条燃尽时，收弧熔池应高于坡口外侧的 A、B 两点。

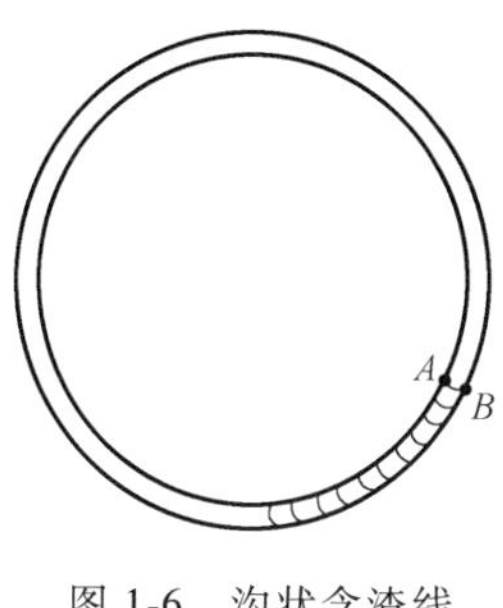

图1-6 沟状含渣线

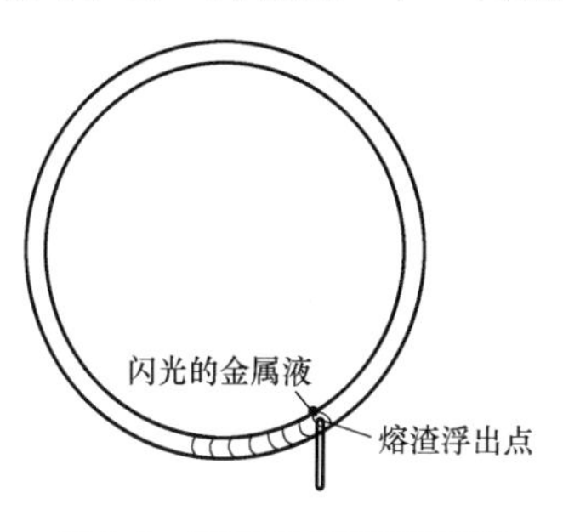

图1-7 闪光金属液的观察

3. 收弧与引弧

(1) 收弧　一根焊条燃尽时，应带弧至坡口一侧稍做稳弧，再做下压动作回带后迅速带出坡口边部，以防止缩孔产生。

(2) 引弧　引弧位置应放在熔池上方10mm处，引燃后用长弧拉入接头点，预热后再压低电弧进行正常焊接，焊接完成后除净表面熔渣。

1.1.3 盖面层的焊接

焊接示例：

焊槽表面宽度为10mm，选焊条直径为3.2mm，电流调节范围为95~105A。盖面层焊接的始焊点，应使管道直径超过中心线20~30mm，并用长弧进入始焊点再压低电弧，由薄至厚形成始焊点熔池厚度。

1. 盖面层焊接电弧上移线与熔池厚度的掌握

如图1-8所示，电弧引燃，采用焊条与始焊端成80°角施焊，电弧从仰焊部位一侧 *A* 点稳弧形成熔池后，迅速做横向带弧至另一侧，在 *B* 点稍做稳弧，再快速将电弧回带 *A* 点，依次循环。

1) 电弧在坡口两侧边线稳弧的位置，稳弧时电弧外侧稳弧吹扫线，应能对封底焊缝的沟状表层进行吹扫。

2) 电弧至一侧后稍稍停留，熔池外扩，迅速过多淹没于坡口两侧边线，熔池外扩成形难以控制。此时应适当减小焊接电流，缩短坡口两侧稳弧的时间。如果稍做稳弧，电弧对坡口两侧熔池的推动不能形成熔池外扩，并对坡口两侧进行淹没，应适当增大焊接电流。

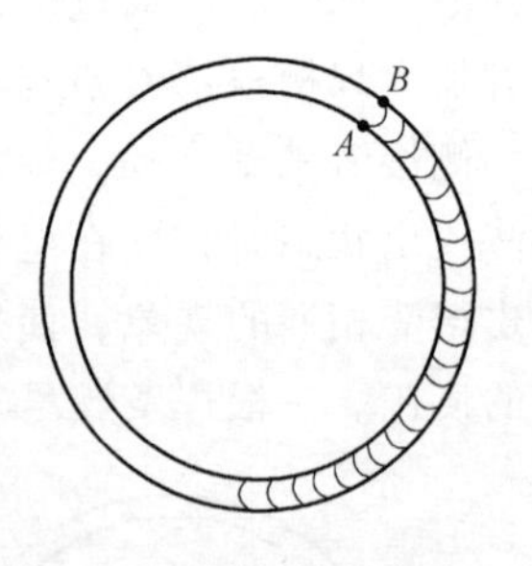

图1-8　熔池外扩成形

3) 电弧形成熔池在坡口两侧的停顿点，应保证电弧稍稍停留后的熔池外扩对坡口两侧边线淹没1~2mm，并以1~2mm的稳弧形成点为电弧纵向上移的走弧点，横向运条到熄弧点。

4）电弧一侧稳弧形成熔池的厚度要求，应根据熔波外扩流动的最高点，同基点熔池的高度在比较中进行控制和掌握。并以封底层焊道表面成形的厚度作为封面层基点熔池成形厚度的控制。

5）盖面层焊接稳弧形成熔池的厚度要求，只要熔波流动的高点同底层焊肉的高度相吻合，就应迅速采用反月牙横向上提动作，适当加快横向运条的速度，延长或缩短坡口两侧停留的时间。

6）做横向上提动作，采用反月牙横向带弧方法，可以根据上移提起时距离的加大或缩小，形成对熔池厚度和金属熔波自坠成形的控制。如果熔池中心滑动过凸，宜使中心月牙形上提弧度加大；如果熔池中心液态成形平缓，可做锯齿形横向运条摆动。

7）在焊接电流较大时，也可改变运条方法，如熄弧上提法等。做熄弧上提时，应注意电弧回落的位置，回落位置与下层熔波成形线距离过大时，两层熔池之间必然出现沟状熔合线。电弧回落位置过于靠下，重叠的熔滴过渡易使中心熔池厚度增加。

8）做熄弧上提抬起动作时，电弧回落 *A* 侧之后稍做稳弧，使熔池外扩同坡口边线相熔合，熔池向焊缝中心外扩为 *A*、*B* 两点之间的中心位置，宜迅速使电弧抬起熄灭再迅速落入 *B* 点一侧。再按同样的方法在 *B* 点一侧稍做稳弧，并使电弧稍加吹向 *A*、*B* 中间熔池熔合点（见图 1-8），再迅速抬起电弧使其熄灭。管道中段堆敷成形，可采用挑弧焊接，即电弧从一侧 *A* 点稳弧后，迅速平行带弧至坡口 *B* 侧，按同样的方法形成 *B* 侧熔池，然后迅速抬起电弧。抬起高度根据熔池温度的变化而适当地加大或者减小，平焊爬坡段焊接，也可采用两侧抬起与回落方法。但落弧时，应使熔波流动成形均匀、高度一致。

2. 盖面层焊接熔池的熔化

盖面层焊接时应根据封面表层的平度适当掌握电弧对内层焊肉熔化的深度。

采用较高的熔池温度，因管道直径较小，表面宽度成形较窄，熔池外扩成形难以控制，焊槽两侧沟状成形过深。

如果熔化温度过低，熔池与被焊表层金属没有咬合痕迹，坡口两侧熔化线局部熔渣难以上浮，熔池形成后，必然含有点状和条状夹渣。

盖面层焊接合适的熔池温度应以两层熔池的熔化线有明显熔合的痕迹，电弧的吹扫点没有熔渣的滞留为宜。盖面层焊焊条角度如图 1-9 所示。

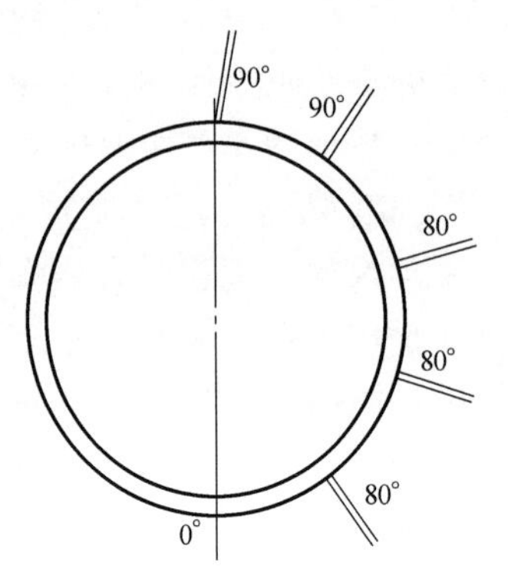

图 1-9　盖面层焊焊条角度

注：角度数为焊条与焊点处切面的夹角。

3. 收弧与引弧

（1）收弧　一根焊条燃尽后，应稍做稳弧下压，然后向焊缝内侧平行带走并使其熄灭。

（2）引弧　在接头点上方 10mm 处引弧，并按封面表层预热的方法形成续接。

1.2　垂直固定管焊接操作技巧

焊接示例：

管道直径为 219mm，壁厚为 10mm，坡口钝边为 0~1mm，两口组对成夹角 65°，坡口间隙为 3~3.5mm。组对前将坡口两侧 20mm 内的油、锈清理干净，组对固定定位焊缝 4 处，定位焊缝长度为30~40mm，定位焊缝焊接完成后，将两侧磨成坡状。

选择焊条 J422（E4303），打底层焊接选择焊条直径为 2.5mm 或 3.2mm，填充层及盖面层焊接焊条直径为 3.2mm，打底层焊接电流调节范围为 80~105A。

1.2.1　打底层的焊接

1. 熄弧焊

焊接电流调节后，起焊端应选在间隙较小的定位焊缝的两处之间，并在下坡口钝边处使电弧引燃，在坡口间隙处先形成一点熔池后迅速熄弧，如图 1-10 所示。

电弧熄灭后，在熄弧熔池的亮色中，对准熄弧处的上坡口钝边处，当熔池由亮红色变成暗红色时，再将焊条端直推坡口钝边处。推进时，焊条端部可贴向坡口上边沿稍做稳弧，使下垂熔滴同底层焊肉相连。

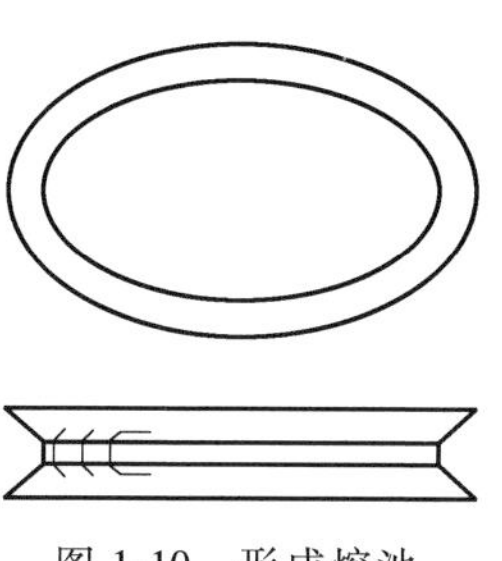

图1-10　形成熔池后迅速熄弧

形成基点熔池后，应迅速熄弧。当上侧熄弧处由亮红色转为暗红色时，电弧可直触下侧续弧点，并穿过坡口间隙，使焊条端部燃烧点紧贴坡口内移边线2mm处，并吹向续接熔池中心。稍做稳弧，然后再将电弧稍做下压，回带后迅速熄弧。当熔池由亮红色变成暗红色时，电弧再直触熄弧熔池的上方，穿过焊缝后焊条端部燃烧点紧贴坡口钝边2~3mm处。适当延长上坡口稳弧的时间，形成上坡口处饱和熔池。

（1）熔池温度与厚度的控制　电弧上、下坡口一次稳弧后，应看准熔池外扩后滑动的趋势。

1）熔池外扩向内迅速凸于管道内径表面，超过管道内径过流成形的高度，熔池外扩向外堆敷成形过厚，表面成形上、下两侧出现沟状焊渣。出现此种现象的原因是焊接电流过大。此时应适当减小焊接电流，并在上、下坡口进弧时，焊条未燃端部进入坡口根部的位置，以熔池金属流于内径表面的程度来掌握。焊条端点进入坡口内2~3mm处时，溶池过流，坡口间隙适当，上下坡口依次循环的进弧与稳弧应以2~3mm处为标准。

2）焊槽内溶池厚度形成时，电弧先过流坡口间隙后，再回弧外带。观察溶池状态，应是在电弧推出熔滴后熔渣在电弧周围为外扩漂浮状，溶渣与电弧间能闪出一节清晰金属液的裸露线。此时操作者能清晰地观察上、下坡面之间，熔池的厚度及熔合后的平度及上、下坡口钝边处进弧的位置。

（2）坡口间隙的变化与进弧手法的变化　随着熔滴过渡的延伸，坡口间隙逐渐缩小，电弧进入上、下钝边处打弧的方法也应由坡口上、下两点打弧改为坡口间隙处一点打弧，即电弧抬起后其落弧位置为坡口间隙的中间部位。

1）电弧落入后，先穿过坡口间隙做上下钝边处咬合形成熔孔。熔孔向坡口两侧的深度，视焊缝间隙而定。焊缝间隙较小，熔孔向坡口两侧应各深入多一些（如1~2mm）。焊缝间隙稍大（如0.5~1mm），电弧形成熔孔，应保证电弧落入熔池前熔孔迅速形成，再次落入电弧应使熔孔延伸后形成熔池。如果一次落弧不能使熔孔延伸或堵死熔孔，因间隙过小，再次落弧使熔孔吹出，必然形成过流熔池的下塌。

2）电弧向熔池推进后，一多半贴向熔池的边部，一少半吹过焊缝间隙，且先上后下，呈半圆形稍加停留后迅速熄弧。当熄弧熔池由亮色转为暗色时，再将电弧直触熔孔的坡口上侧。按同样的方法形成熔池，依次循环。

3）电弧稍加停留使金属过渡时，应使坡口底侧焊肉多于上侧，并避免上下两侧熔池表层出现沟状焊渣。

4）采用上、下坡口两侧分别进弧的熄弧焊接时，应注意每次熄弧时电弧的移走方法。在熄弧位置突然移走电弧，熔池会出现缩孔、成形不良、裂纹等缺欠。一次熄弧的方法应将电弧稍做稳弧下压，并向熔池后方稍加回带后移走电弧。

5）一根焊条接近收尾时，焊条端部燃烧点穿过坡口间隙后再将其回带至坡口一侧，稍做短弧下压填满熔坑后，向后稍加回带使其移走。

6）焊条更换接头时，从坡口前10mm处引弧后，抬高电弧对接头点进行预热，然后将焊条燃烧端点迅速推过坡口间隙，并根据此处坡口间隙的大小选择落弧的位置。如果坡口间隙稍大，落弧位置可选在坡口的下侧。坡口间隙较小时，落弧位置可选在坡口的上侧。

2. 连弧焊

焊接示例：

管道直径为219mm，壁厚为10mm，坡口钝边为0~1mm，两口组对成夹角60°，坡口间隙为3~3.5mm，组对前将坡口内外两侧20mm内油、锈清理干净，坡口内固定业定位焊缝4处，定位焊缝长度为30~40mm，定位焊缝焊接完成后将两侧磨成坡状。选择焊条J426（E4316）、ϕ3.2mm，焊接电流调节范围为90~100A。焊接电源为直流反接，即焊枪接正极，工件接负极。这样电弧燃烧稳定，气孔发生倾向减少。如果选用直流正接，熔滴过渡飞溅增加，气孔发生倾向增加。

电弧引燃先穿过焊缝间隙，并贴向坡口底侧边部形成熔池，然后将电弧带向上坡钝边处边缘，稍做稳弧并迅速下带同底点熔池相熔合，使熔滴过渡下坡口多于上坡口，熔池与坡口边部上下熔合点呈0.5~1mm的咬合深度。

电弧在上、下坡口稳弧时，上坡口稍做稳弧形成熔池后贴向续弧熔池，迅速做下带动作于下坡口钝边处，然后再将电弧沿来路以短弧前提，前提时尽量不使熔滴过渡熔池。电弧行至上坡口后，再按同样方法做向下的带弧动作。电弧从上向下的吹扫方向，应以1/3吹过坡口间隙，不形成过流熔池，其作用为熔池形成前对坡口边部进行熔池熔化前的吹扫与保护，使2/3电弧顺利形成金属过渡。

（1）电弧长度的控制与粘弧现象的避免　J426焊条为碱性低氢型，熔滴过渡的电弧长度为短弧，即弧长不超过焊条的直径，如焊条直径为3.2mm，弧长宜为2~3mm。电弧长度进入熔池时控制不准确，电弧过长对熔池失去保护，易卷入空气形成气孔；电弧过短因碱性焊条黏度与磁性相吸的影响，必然发生频繁的粘弧现象。

粘弧现象的发生主要是因为操作者对焊条的控制能力较差，在运条摆动时，因焊条角度的不断变化，使焊条未燃端在进入熔池时发生颤动，形成金属芯与熔池瞬间相连。避免方法除保持一定的电弧长度之外，也应避免焊条金属芯与熔池相粘连。如焊条引弧时，焊条不能正触接头点，应尽量在缩小焊条的角度时划动焊条端头使电弧引燃。在焊接时，如发生电弧的磁偏吹，药皮贴向熔池一侧脱皮较快，金属芯贴向熔池较近，使焊条金属芯与熔池相粘。焊接时，应不断转动焊条的吹扫方向，并尽量避免金属芯贴浮在熔池之上。

当粘弧现象发生以后，如果粘连点较轻，可在熔池对粘连点熔化时延长稳弧的时间，形成对其粘连点的熔化。如果粘连点焊芯留量过大，应停止焊接，并采用砂轮进行打磨后，再重新引弧。

（2）电弧对上下坡口钝边处稳弧时间的掌握　电弧在上坡口钝

边处稍做稳弧后，如果熔池难以形成外扩状，熔池与坡口钝边处熔合点没有咬合痕迹，此种状态为焊接电流过小，应适当提高焊接电流。如果电弧在坡口边部稍做稳弧，熔池外扩状过大，熔池与坡口钝边处熔合点，咬合痕迹过大，熔池过流堆敷成形过厚，此种状态为焊接电流过大，应适当减小焊接电流。

电弧在上、下坡口钝边处稳弧的时间的确定，应以电弧推过坡口间隙稍做稳弧停留后，金属熔滴迅速过流焊缝，形成平于或稍凸于管道内径平面的饱满成形为依据。焊槽外侧成形，应以熔池外扩后，熔池与坡口边部平滑相连为依据。如果在稳弧时，溶池外扩，熔池与坡口两侧边部成沟状熔合点或熔合线，应适当延长稳弧的时间，使熔池熔化强度增加，熔池厚度增加，同时加快坡口上、下带弧的速度，使上、下坡口边部沟状熔合点与熔合线消失。

电弧在上坡口钝边处稳弧，如果熔滴迅速形成过流和外扩，应迅速带弧于下坡口钝边处。当电弧将熔滴推过焊缝间隙后，电弧对熔池与坡口边部熔合点适当回推，使底侧钝边处熔池适当凸于上侧熔池厚度。同时，控制熔渣在电弧稳弧点的流量，使熔渣与电弧之间能有一节清晰金属液的裸露线，以便观察熔池的变化，如图1-11所示。

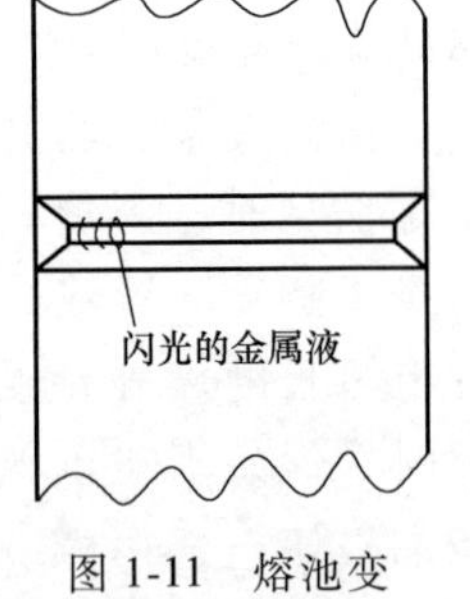

图1-11　熔池变化的观察

3. 收弧与引弧

（1）收弧　一根焊条收尾时，应将电弧带向坡口一侧，稍做稳弧后向回带弧，再使其熄灭。

（2）引弧　电弧应从熔池前10mm处的上坡口一侧引燃电弧，压低带向接头点后先扫过坡口间隙，使熄弧熔池前端熔孔形成外扩，然后将焊条燃烧端点贴向上坡口边部2mm处吹过焊缝。再用2mm长度的电弧进入坡口根部的距离，贴向接头熔池，先上后下进行正常焊接。

打底层焊接完成后，除净焊渣，对过深的焊渣点和沟状成形点要用砂轮打磨。

1.2.2 填充层的焊接

打底层焊接完成后，一般焊槽深度为6~8mm，焊槽表面高度为10mm，此时应采用上、下两层填充层的焊接。

1. 下层填充焊接

下层填充焊接，可将引弧后熔池分为*A*、*B*、*C*、*D*形成点和*AC*熔池形成线（见图1-12）。此时熔池形成线的观察，*C*点为熔池成形前沿熔合线，*C*点熔池对底层焊缝的熔化应有明显咬合的痕迹。

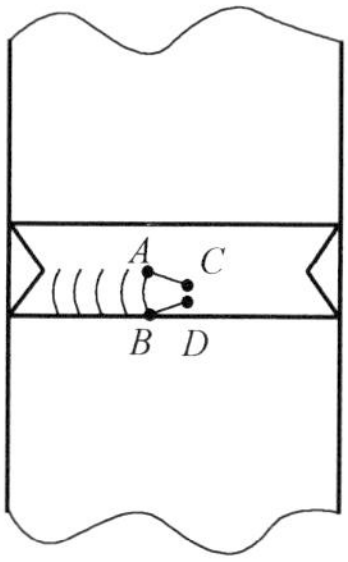

*A*点熔池厚度的形成，应在电弧推出熔池后，观察*A*、*C*平行线中间熔池状态，如药皮漂浮于熔池的1/2时，金属液熔波流动状态平缓，熔池上点成形线熔深适当，熔池斜面成形上点厚度4mm为熔滴过渡最佳。

图1-12　药皮漂浮于熔池

在形成*A*点上线4mm厚度时，*A*点熔池熔合线过深地吃进母材，溶池中心*AC*形成线，药皮全部流出熔池，金属液呈堆敷棱状成形。此种状态除适当减小焊接电流之外，应迅速改变焊条角度。即由原来的70°顶弧焊接改为焊条垂直焊接走向90°焊接，同时缩小熔池成形的范围。

下层填充焊接时，如果熔池外扩状态难以形成，*C*点前沿熔池熔合线较长且有咬合痕迹，药皮熔渣在前沿熔合线反出漂浮缓慢，*AC*线熔渣始终浮动在电弧的周围，应将焊接电流迅速提高，并采用75°或70°顶弧焊接。

下层填充焊接熔池的变化，应始终控制药皮熔渣漂浮于熔池的1/2线，并观察熔渣与电弧间的一节闪光金属液，掌握熔池的流动状态和熔池的温度，适当运用坡口上、下稳弧的时间。如果中间熔池形成流动过快，应适当延长上下坡口稳弧的时间，加快中间带弧的速度，并使电弧的吹向点多在坡口的上侧平面。

下层填充焊接收弧时，应在一根焊条燃尽时，带向坡口上侧稍做稳弧后，压低电弧向后稍加回带再使其熄灭。更换焊条时，电弧应在熔池前方10mm处引燃拔长并吹向续接熔池。下层填充焊接完成后，留住药皮熔渣。

2. 上层填充焊接

上层填充焊接时，应保证熔池上坡口边部成形线稍凹于坡口边线，熔池下边部成形同下层焊缝 2/3 线平滑相连。上层填充焊接熔池形成，也应通过电弧上下稳弧的时间及焊条角度的变化来控制。

1.2.3　盖面层的焊接

焊接示例：

管道盖面焊接焊缝成形高度为 12~14mm，中心熔池成形厚度为 2~3mm，选焊条 J422，焊条直径为 3.2mm，焊接电流调节范围为 110~115A。封面焊接采用单道排续叠加的方法，熔池向上下坡口两侧边线覆盖面 1~2mm，焊条更换接头点最少错位 20mm。盖面层的焊接分为三层，即盖面底层焊接、盖面中间层焊接和盖面表层焊接。

1. 盖面底层焊接

如图 1-13 所示，按 1/4 焊槽内电弧移动，盖面底层焊接熔池堆敷高度宜为焊槽内的 2/4，焊接时熔池外扩范围宜分为 *A*、*B*、*C*、*D* 四个观察点。*A* 点为熔池向下覆盖线，熔滴过渡时，以金属的外扩覆盖底边线的 1~2mm，做熔池外推动作，并根据熔池外扩后的范围，缩小和加大电弧摆动的范围。*B* 点为熔池向上外凸线，*B* 点熔池上敷高度，应始终以焊槽中心高度为标准。*D* 点为前沿熔池熔合线，*D* 点电弧前移应使前沿熔合线清晰。*C* 点为熔池厚度成形最高点，底层熔波凸于坡口的边线后，使熔池厚度高点成形稍凸于底层边线的外凸高度。

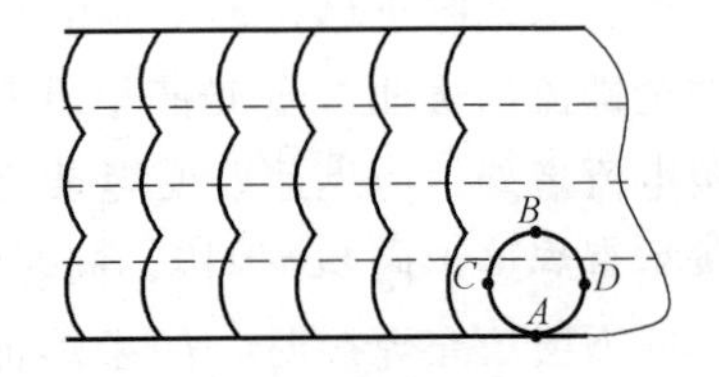

图 1-13　盖面底层焊接

2. 盖面中间层焊接

盖面底层焊接完成后，留住药皮熔渣。盖面中间层焊接时，电弧走线应为盖面底层焊缝的上边线。熔池成形也以图 1-14 中的 *A*、*B*、*C*、*D* 四点为例。*A* 点向下覆盖的位置，为盖面底层焊接 *B*、*C* 点之间，接近于 *C* 点的爬坡部位，并以此点熔池裸露面的观察，控制电弧向下摆动的范围。B 点为熔池向上外扩线，B 点外扩成形高度，应为焊槽内的 3/4 线，或者更多些。C、D 两点均为盖面中间层焊接走弧轴线，C 点熔滴过渡厚度应以底边线 A 点覆盖的高度为标准，以 A 点向下层焊缝覆盖后，再稍凸于 A 点表面高度。两层熔池的熔合处表面平整相连，二遍药皮熔渣在熔池中的浮动线为电弧的边缘，中心层熔波滑动趋于平缓。宜采用小圆圈形运条方法，使焊缝外观波纹状成形均匀相等。盖面中间层焊接完成后留住药皮熔渣，如图 1-14 所示。

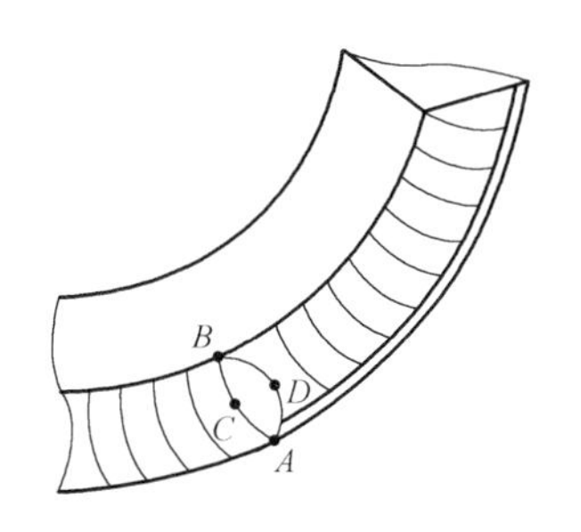

图 1-14　盖面中间层焊接

3. 盖面表层焊接

盖面表层焊接电弧走向为盖面中间层焊接药皮的上边线。熔池形成后，熔池向上外扩应覆盖上坡口边线 1~2mm，向下外扩覆盖，宜接近于下层 C 点的爬坡部位。在观察熔池向下覆盖时，以使金属液的覆盖点与底层焊肉平滑相连，熔池向上对上坡口边线地淹没以熔池厚度超过母材边线的平度之后，稍加淹没。如果熔池成形厚度稍凸于母材坡口边线，熔池对上坡口边线出现过大的咬合痕迹，应适当减小焊接电流，缩小熔池成形范围，缩短熔渣与电弧之间的距离，并由原来的顶弧焊接改为纵向走弧 90°焊接。

焊接完成后，用扁铲将焊缝两侧飞溅除净。

1.3　水平转动管焊接操作技巧

焊接示例：

管道直径为 219mm，壁厚为 12~14mm，坡口钝边 1mm，坡口组对后夹角为 65°。组对前将坡口两侧 20mm 内的油、污、锈等清理干净，组件间隙为 3~3.5mm，定位焊 4 处，定位焊缝长度 30~40mm。定位焊缝应采用双面成形焊接，焊接完成后将两侧磨成坡状。选用 J506（E5016）焊条，焊前对焊条进行 350~400℃ 的烘干、恒温 1~2h 的处理，焊接时将焊条放在保温筒内随用随取。焊接示意如图

1-15所示。

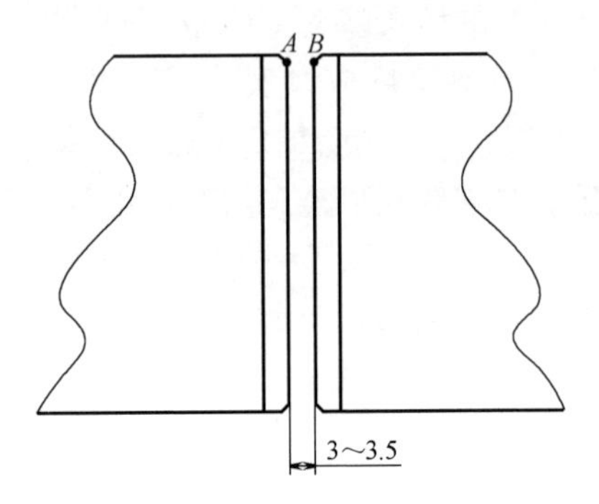

图 1-15 水平转动管焊接示例

1.3.1 打底层的焊接

1. 打底层的焊接及走弧运条的位置

将被焊管道放到转动的托架之上，如从左向右焊接，引弧点的最佳位置应选在水平转动管中心点上方右侧的 10°~15°（见图 1-16）处。此种焊接位置能实现电弧推动熔滴过流并形成屏障保护。

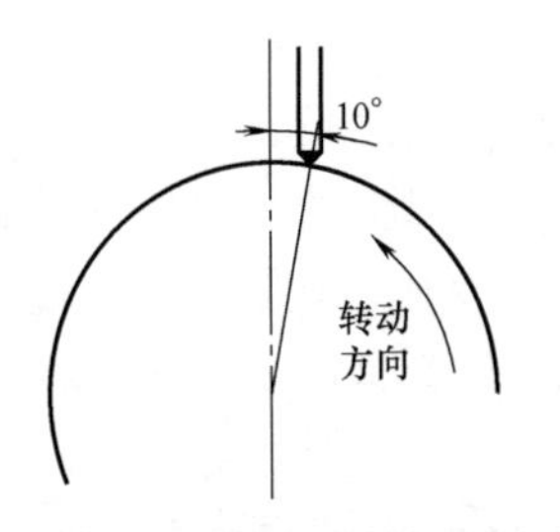

图 1-16 打底层的焊接及走弧运条的位置

2. 顺弧推动熔池屏障保护方法的应用

电弧在坡口一侧引燃后，贴近坡口一侧电弧稍加停留，再迅速压低向后带出电弧。电弧熄灭后，迅速贴近坡口另一侧 *B* 侧，按同样方法，做稳弧停留，并同 *A* 侧熔滴相连，形成熔池厚度 2~3mm。

电弧在 *A* 侧形成熔池后，再做短弧贴近坡口边部做上提抬起动作。当熔池温度稍见降低时，按原路拉回电弧于 *A*、*B* 坡口两侧，稍稍停留后使熔池液流延伸，再压低电弧沿坡口边部做短弧抬起。

在坡口两侧循环地运弧时，电弧做横向吹扫线应始终不离高温熔池中心，电弧的稳弧点始终不离开坡口两侧钝边处 2~3mm 线，使熔池过流通过电弧稍稍停留与吹扫的液态流动而形成。在形成熔池时，药皮熔渣与金属液先后穿过坡口间隙，并形成屏障保护，避免电弧直吹坡口间隙时气孔发生倾向的增加。

3. 顺弧推动熔池厚度的掌握

通过电弧对坡口两侧的稳弧吹扫，使金属液过流后，再使熔池厚度增加。电弧在坡口 *A* 侧边部推出熔池穿过坡口间隙，出现 0.5～1mm 的坡口边部豁状熔合点，此时的熔池厚度为最佳。

电弧稍稍停留并从 *A* 侧带出，再通过熔池至坡口的另一侧（*B* 侧），按同样方法稳弧形成 *B* 侧过流熔池。此种熔池形成的方式因以管道内径平面过流成形为主，熔池成形的厚度较薄。

4. 顺弧推动熔池温度的掌握

电弧引燃后，操作者应根据熔池的温度观察熔池成形的范围。

1）引弧后熔滴过渡焊缝形成点状焊肉，药皮熔渣在电弧周围不能漂浮，熔滴金属过渡没有外扩状，此种成形为熔池温度较低，应适当增大焊接电流。

2）引弧后熔池迅速形成外扩，药皮熔渣从熔池形成点迅速浮出，金属液裸面成形过大，电弧在坡口一侧稳弧时，坡口边部豁状熔合点过大，并伴有熔池下塌趋势，为熔池温度较高，应迅速减小焊接电流。

3）引弧后，稳弧熔滴贴向坡口边部，稍见下沉状，坡口与熔池间稍见咬合痕迹，熔渣漂浮灵活，此种状态为焊接电流适当。

4）在合适焊接电流的熔池成形时，熔池温度也应根据电弧在坡口两侧稳弧时间的长短来控制，坡口间隙熔池液流点温度较高、熔池液体流量过大（见图1-17），熔池与坡口两侧熔合出现较大的豁点成形。电弧回带熔池中心走线，应适当离开前沿熔池边线，使前沿熔池边线的延伸不形成电弧的直接吹扫。

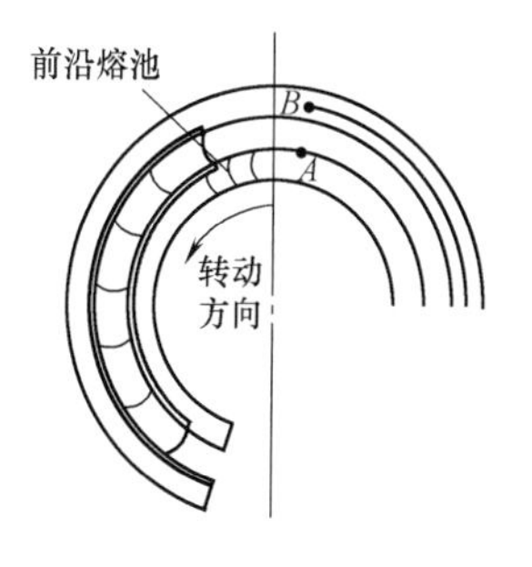

图1-17　熔池液体流量过大

5）高温熔池中心温度的控制。电弧推动熔池向前形成液流后，迅速做带弧动作于坡口一侧，使熔池中心过高温度稍见缓解，再做回带电弧动作进入熔池中心，使熔池形成液流。

5. 熔池成形时熔渣的浮出

转动管平焊焊接，应在转动中掌握最佳的走弧位置。如果走弧速度过慢，管件转动速度过快，应降低管件转动的速度。相反，如果走弧速度过快，管件转动速度过慢，应加快管件的转动速度。

熔池成形时，药皮熔渣应漂浮于电弧的周围，做横向带弧，对熔池中心稍做推动。药皮熔渣在熔池液流时，会先于金属液溢过坡口间隙，使溢流后的熔渣与电弧之间能看到一节闪光金属液裸露面的变化，并通过对闪光金属液的观察进行操作，形成头遍封底熔池。如果电弧对熔渣推动力较小，电弧推动熔渣吃力，药皮与电弧间不能看到一节闪光金属液的变化，熔池局部堆敷成形明显增加，熔池形成后，坡口两侧会出现沟状焊渣和局部大块焊渣，熔池表面成形不平。

1.3.2 填充层的焊接

1. 填充层焊接走弧的位置

在焊槽深度 8mm 时选择直径 3.2mm 的焊条，焊接电流调节范围为 115~120A，电弧引燃后宜以熔滴过渡呈爬坡状态，如圆周的最高点向右偏 20°~30°，如图 1-18 所示，焊接时可利用熔滴稍下滑和熔渣顺利浮出的位置，使熔池顺利成形。

2. 熔池温度和熔池厚度的掌握

电弧引燃后应根据焊槽深度及头遍焊层的厚度观察二遍焊熔池温度的变化，并掌握二遍焊熔池的厚度成形。如果电弧引燃后熔池范围迅速外扩，熔池呈亮红色下塌状，说明焊接电流较大。

如较厚熔池形成的范围过小，说明熔池的温度过于集中，熔池的温度超过了底层焊缝的温度承受能力。出现此种成形时，应适当延长走弧点与熔池外凸

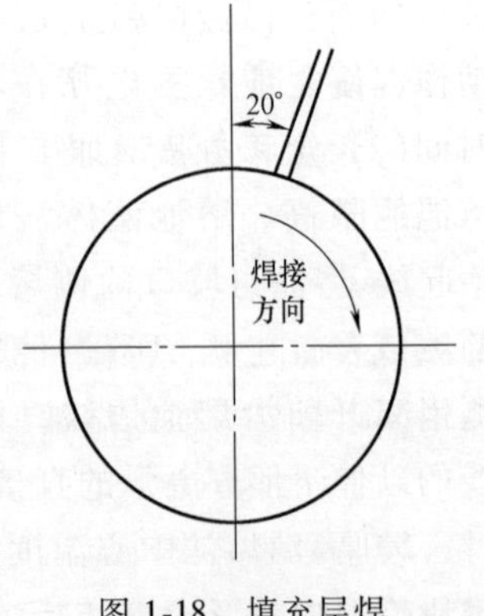

图 1-18 填充层焊接走弧位置

点厚度的距离，使高点熔池形成后的温度随着稳弧较大距离地拉开得以降低。

出现熔池厚度成形缺欠，如焊槽较窄、熔池成形外扩范围较小等，说明熔池温度较低，二遍熔池对头遍焊缝表层熔化能力较差，此时除适当增大焊接电流外，还应放慢电弧行走的速度，集中增加高点熔池外扩的范围，提高熔池的温度。

确定填充层焊接厚度时，也应根据焊槽的深浅、填充焊层预计的遍数及走弧运条时对熔池温度地控制等进行合适的掌握。焊槽深8mm时，二遍焊接电弧下滑位置应在外坡口边线下3～4mm处，以此线为电弧前移的走线。

3. 增加填充层焊接熔池厚度的方法

（1）三角形运条法　如图1-19所示，熔池出现较高温度后迅速将电弧沿焊槽根部坡口的一侧（如*A*侧）上移，上移长度为10mm左右至*C*点；再迅速沿坡面根部的另一侧（如*B*侧）做电弧回带动作形成电弧上移10mm长度的较薄熔池，电弧至*A*、*B*两侧时，可根据坡口两侧边线的比较，适当延长和缩短稳弧的时间使熔池外凸成形稍凹于坡口平面；再做电弧上提10mm的动作，使电弧离开*A*、*B*熔池的最高成形点。依次循环。

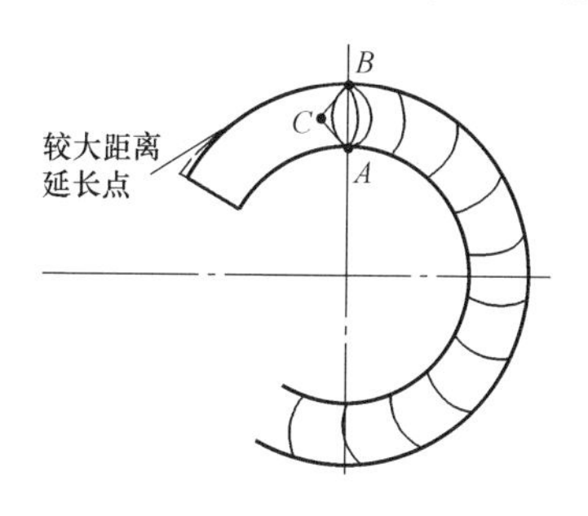

图1-19　三角形运条法

（2）上移电弧增加熔池厚度的方法　在电弧落入熔池中心增加熔池的厚度时，也可根据熔池的温度做抬起和回落的动作。抬起时抬起线不形成过渡熔滴。抬起后回落的位置应放到*A*侧或*B*侧前端的坡口表面之上，再做压低电弧、带弧和稳弧的动作，形成*A*、*B*两侧稍凹于母材平面的熔池厚度。

以上两种方法，走弧位置都应接近于平焊爬坡部位。位置过上时，较厚熔池易出现返渣吃力和熔池外扩面过大现象。位置过下时，熔池范围和引弧距离相应缩小，电弧做坡口两侧稳弧动作，会使熔池温度增加，熔池外扩成形面难以控制。

(3) 熔池成形的观察与控制

1) 填充层焊接时，应观察药皮在熔池中漂浮的位置、药皮熔渣在熔池中的浮出、电弧吹扫线过渡熔滴与底层焊缝熔合的深度。引弧后应始终观察熔渣在焊槽根部返出及浮动，如果电弧对焊槽根部熔渣稍做吹动后熔渣漂浮缓慢，电弧吹扫点模糊，应采用变化焊条的角度、增加稳弧的时间、缩小运条摆动的范围、加快摆动的速度等措施，增加熔渣漂浮。

2) 填充层焊接时，对底层焊缝的熔化应稍见咬合痕迹。如果咬合痕迹不明显，熔池厚度为熔池液流铺过而形成，坡口两侧焊沟处易形成条状焊渣和未熔透等缺欠。

填充层焊接应掌握熔池成形后低于或高于坡口两侧边线的平度。此时应根据观察到的液流熔池液体在坡口两侧边线淹没（熔池的外扩边线低于母材边线）的情况，确定熔池的厚度。如果熔池外扩边线低于坡口边线1mm，电弧在坡口两侧边线的稍加停留，都应以外扩边线1mm的凹度进行稳弧时间的控制。

填充层焊接完成后除净焊渣。

1.3.3 盖面层的焊接

焊接示例：

焊槽表面宽度为10mm，深度为0.5~1mm，选择焊条直径为3.2mm，焊接电流调节范围为110~120A。

1. 走弧位置的选择

转动管的封面焊接宜采用正向焊接和反向焊接两种方法，正向焊接为顺时针焊接，反向焊接为逆时针焊接，正反方向焊接时，走弧位置都为圆周的最高点向右5°。

2. 焊接电流的调节

起焊前，应在焊缝外做焊接电流大小的试焊，调出精确的焊接电流，这种调节应有3种感觉。

1) 电弧引燃后喷动有力，且响声过大，漂浮状态的熔渣迅速溢流于熔池的边缘。电弧与熔渣之间形成较大的金属液裸露面，熔池中心金属液呈滑动状，此种感觉为焊接电流过大。

2）电弧引燃后熔渣在熔池中漂浮灵活，熔渣漂浮位置与电弧间有一节闪光金属液的裸露线，中心熔池金属液没有滑动感，此种感觉为焊接电流适当。

3）电弧引燃后熔渣在熔池中没有漂浮状态的浮动，电弧对熔渣没有推动力，熔渣贴浮于电弧的边缘，电弧与熔渣间没有一条闪光金属液的裸露线，此种感觉为焊接电流过小，如图 1-20 所示。

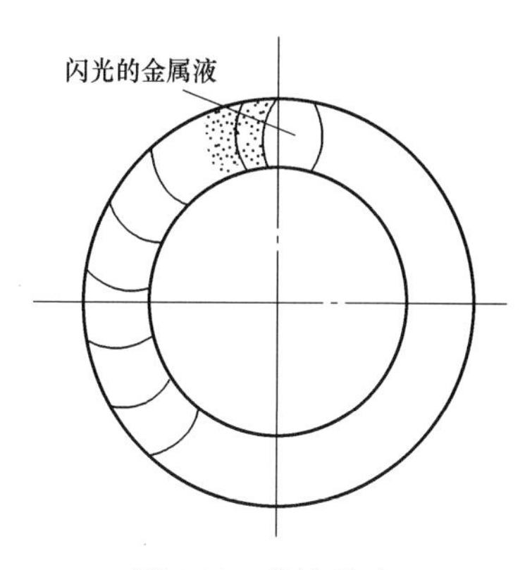

图 1-20　熔渣浮动

3. 正向焊接熔池形成的三点观察法

（1）电弧走向的观察　在形成熔池时，眼睛应盯在熔池的前方，即坡口两侧的边线之上，如果在弧光喷动时熔池前端的坡口延伸线模糊，操作者应适当调整眼睛对熔池俯视的位置，如图 1-21 所示。

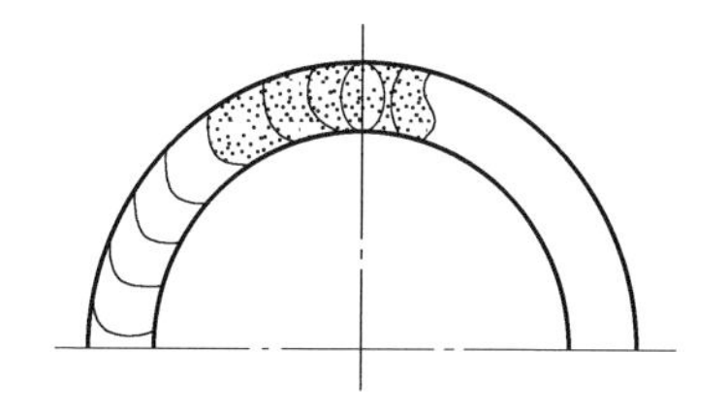

图 1-21　电弧走向的观察

（2）熔池外扩形成线的观察　电弧引燃后，眼睛应盯住熔池向两侧坡口边线覆盖的多少，即金属液张力的外扩边沿，有没有压到坡口两侧的边线之上，并通过熔池外扩后对坡口两侧的观察准确地掌握电弧横向摆弧的宽度和稳弧停留的时间。

（3）熔池滑动状态的观察　熔池滑动状态的观察，即药皮熔渣漂浮于熔池位置的观察。如果药皮熔渣漂浮在熔池的边缘，金属液的滑动速度过快，熔池中心棱状成形必然过大。此种熔池形成时，走弧的位置一定为管道的高点中心部位或中心部位的左侧。出现此种情况，应迅速降低管件转动的速度，使走弧熔池形成点在管件高点中心线右侧的最佳走弧点，同时将焊条角度由顶弧焊接改为 90°焊接。

如熔渣粘住电弧不动，溶渣过多流过电弧的前端，电弧与熔渣间没有一节闪光的金属液，熔池成形难以观察，此种情况是走弧位在管道的右侧，且偏离高点中心线过远。此种情况的出现应加快管件转动的速度，改90°焊接为75°~80°顶弧焊接。

4. 熔池成形宽度的掌握

盖面层焊接成形的宽度应根据底层焊缝的表面宽度和管壁的厚度来掌握。封底焊缝表层宽度为10mm，壁厚为10mm，盖面层焊缝宽度应不低于12mm。

12mm熔池宽度的控制，应以熔池外扩成形的观察和走弧运条的动作相协调，熔池成形后熔池通过横向运条做坡口两侧扩展，熔池对坡口两侧边线的淹没，应迅速缩短电弧横向摆弧的宽度和坡口两侧稳弧的时间，控制外扩熔池对坡口两侧边线1~2mm的淹没。如果熔池外扩线没有熔敷坡口两侧的边线之上，焊缝两侧边线将出现线条状未熔线，可适当加大电弧摆动的宽度并延长电弧在两侧稍加停留的时间，使熔敷金属对坡口边线稍加淹没，如图1-22所示。

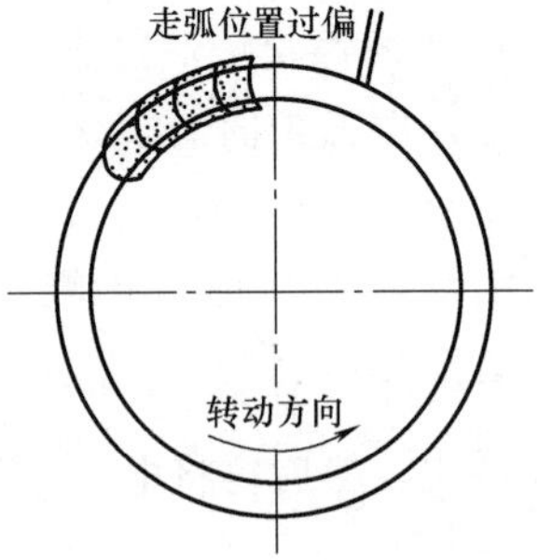

图1-22 熔池外扩成形线

5. 熔池成形平度的观察

根据熔池厚度的最高点同熔池两侧的比较，观察熔池表面成形的平度。如果中心熔池成形过厚，应适当加快走弧的速度并采用反月牙式横向运条方法。如果中心熔池过薄，应适当放慢走弧的速度。熔池高点不应出现过急、过快的棱状滑动，并根据观察熔池状态适当改变走弧的位置，进行焊接电流大小的调节。

盖面层焊接的正向焊接方向，从右向左，走弧位置应稍偏离管道中心最高点右侧，焊条角度应垂直于母材平面。反向走弧方向应从左向右，走弧位置应向右偏离正点中心20°~30°（见图1-23），焊条角度如图1-24所示，焊接电流应小于正向焊接。

熄弧应在一根焊条燃尽时，将电弧带向熔池一侧，稍做稳弧，然后回带，将其熄灭。

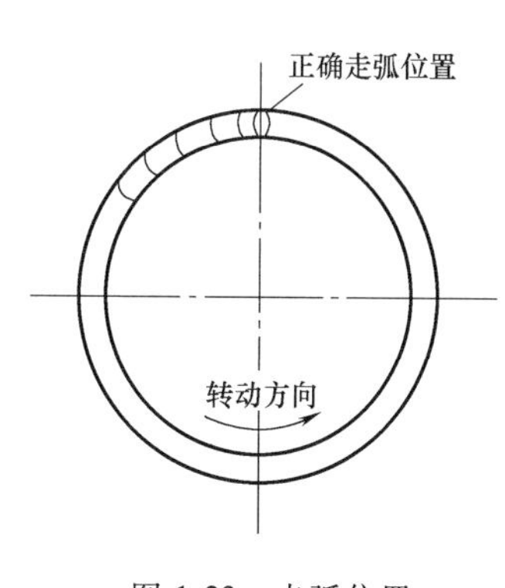

图 1-23　走弧位置

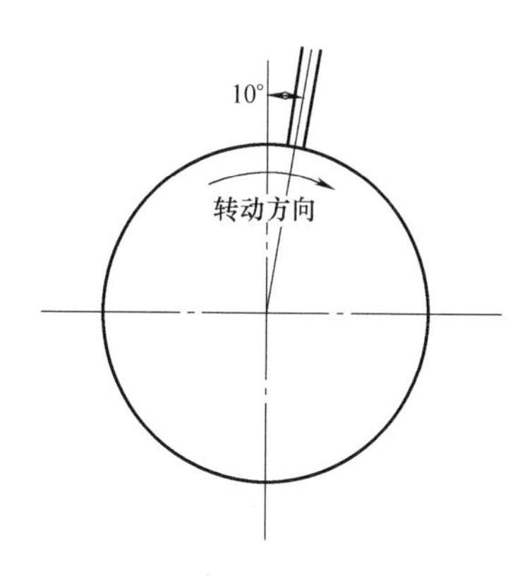

图 1-24　焊条角度

引弧时，一根焊条燃尽之后，迅速将焊条斜触于续接点前方 10～20mm 处，使焊条与工件成 45°角，然后逐渐将焊条转直，使焊条端头同母材接触，再迅速压低电弧带向续接点。

尾部收弧时，当电弧燃至起点时，敲掉起点焊渣，电弧移至起点后，继续向前覆盖熔滴 5～10mm，对起点焊肉进行较薄熔池的吹扫和熔化、然后再将电弧向后回带使其熄灭。

1.3.4　封底层的焊接

1. 封底内层焊接

（1）收弧　一根焊条燃尽时，应将焊条向熔池后方稍做回带动作，再使电弧带出熄灭。

（2）引弧　电弧熄灭后，电弧回落续接点位置，应在熄弧熔池的坡口一侧。如果回落位置为熔池与坡口间隙的边缘，电弧在坡口与熔池间的熔合点易出现熔合不良、焊渣、气孔等缺欠。电弧落入坡口一侧后，应迅速使电弧压低，并带弧于坡口根部一侧，稍做稳弧后带向熔池中心，使熔池温度增加，并产生液流。

（3）末端收尾焊接　滚动管口焊接收尾时，应对始焊端焊肉做坡状成形打磨。收弧位置应选在管口圆周的最高点。接近收尾时，应进行连续走弧，两端相熔时应下压电弧推过焊缝间隙后，再逐步上提电弧。连续短时间停顿电弧，形成丰满覆盖熔池，在继续向前 10mm 后稍做电弧回带，再使其熄灭。焊接完成后，除净药皮熔渣。

2. 封底表层焊接

管道封底表层焊接时，应根据液流熔池对坡口两侧边线的淹没程度和中心熔池的凸起高度，延长或缩短电弧于坡口两侧停留的时间，从而确定熔池的厚度。观察和控制熔渣在熔池中浮动的位置，如果熔渣全部漂浮至熔池厚度的最高点，熔波滑动出现较大弧状（见图 1-25）应停止焊接，并找出此种状态的原因：是否是走弧位置过下、是否焊接电流太大、是否运条及稳弧方法不正确。

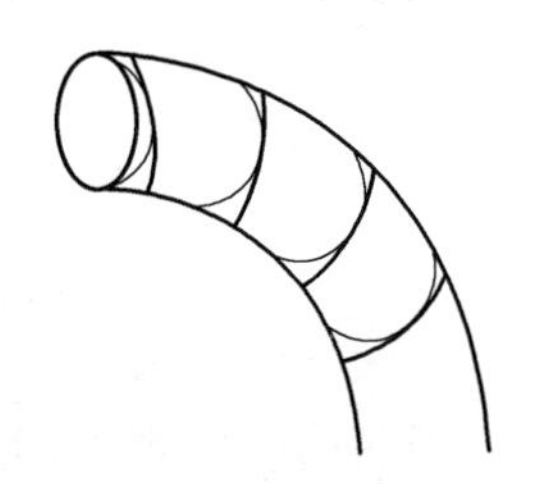

图 1-25 熔波滑动出现较大弧状

在走弧位置过下时，应适当减小焊接电流，改变运条的方法，延长坡口两侧稳弧停留的时间，加快中间快速带弧的速度。

焊接电流的调节也应根据熔池的温度及焊接熔池成形的范围、药皮浮动的状态来掌握。熔池温度较低，药皮熔渣浮动缓慢，熔池范围较小时，应适当增大焊接电流。熔池温度过高，熔池成形范围过大，熔渣全部漂浮于熔池之外时，应迅速减小焊接电流。

1.4 垂直固定管板焊接操作技巧

焊接示例：

板厚为 12mm，坡口面角度为 40°，无钝边，管壁厚度为 4mm，外径为 60mm，板管组对间隙为 2~2.5mm，如图 1-26 所示。选择 J422（E4303）焊条，焊条直径为 2.5mm 或 3.2mm，焊接电流调节范围为 75~115A。垂直管板的焊接也属于仰焊类管与板之间的焊接，焊前应先进行管板之间的定位焊，包括 *A*、*B*、*C* 共 3 处，如图 1-27 所示。因管径较细，定位焊缝两侧端不能用砂轮打磨，焊缝起焊端应先进行由薄至厚处理成形，并控制穿透性焊缝成形宽度为 4~6mm，焊后除净药渣。焊接方法可分为封底头遍层焊接、填充层焊接、封面层焊接。

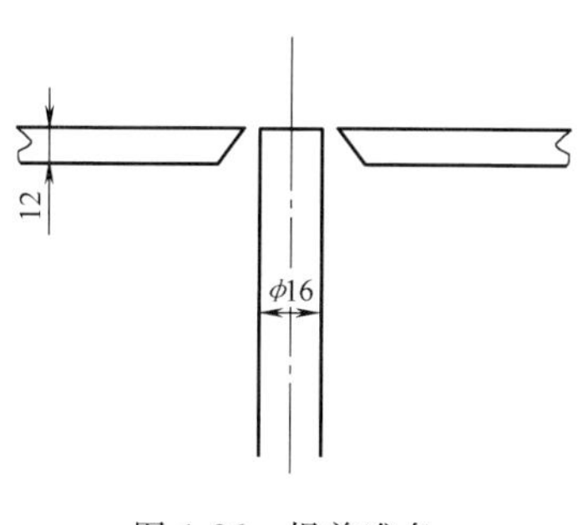

图 1-26　焊前准备

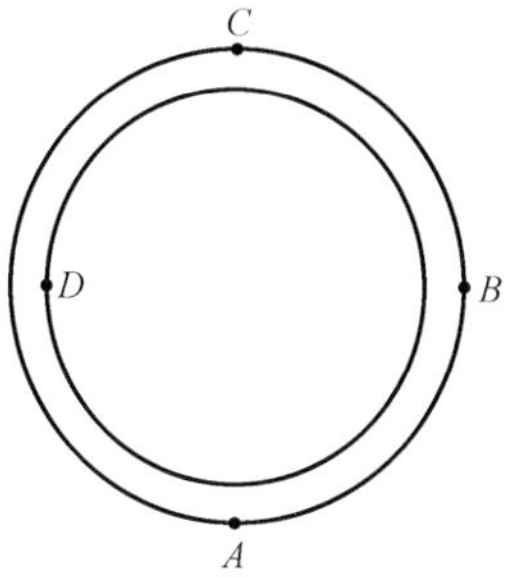

图 1-27　定位焊位置

1.4.1　打底层的焊接

焊前先选择直径 2.5mm 的焊条，根据仰焊时熔滴飞溅放射的范围找准操作时所蹲的位置，再过距 *CA* 之间 40mm 的 *D* 点处，做电弧引燃动作。先做管壁侧少量熔滴过渡，再抽回电弧对准板面侧，过渡接下来所对的熔滴，再稍做稳弧并同管壁侧熔滴相连，形成基点熔池，并迅速做电弧带出动作。

接下来开始进弧的动作，可做左右两侧轮回打弧，也可做连弧动作。

断续进弧时，进弧上挺高度应使熔滴推过点凸于母材 0~1mm。进入焊缝中心时，熔滴推出量不宜过多，即电弧点入后稍做横向稳弧动作，使液态金属与两侧相连做电弧下带提走动作。

电弧提出后停留位置应以电弧熄灭处和熔滴过渡之间的距离为标准，距离过远再次进弧难度增加；距离过近连弧燃烧宜造成续入熔滴的下沉，使外侧板面焊缝成形出现下塌。

在进行管板打底层的焊接时应注意以下几点：

1）管板焊接坡口的间隙较小，焊接时应做快速电弧前移动作，形成较薄的焊缝成形。

2）焊接电流应能在电弧进入后使熔渣闪出，形成过渡金属。

3）熔池温度的变化应能根据进弧时间的长短进行控制。

4）电弧行至收尾处时，应先敲净引弧处熔渣，接近收尾处先采用连弧焊接，并带弧过相交点5~10mm。

采用电弧连续的打底层焊接，先做电流向下的调节。进弧时多停留于管面一侧平面之上稳弧使熔滴过渡，再根据熔池温度的高低做板面坡口钝边处的带弧动作。电弧行至钝边处后，应迅速偏向钝边处的外坡面，再做电弧回带动作，依次前移。一根焊条燃尽时，将电弧带向坡口一侧，再做熄弧动作。起焊时，再次引燃的电弧应先用长弧带入续接位置，使熔池温度增加后再做熔滴过渡动作。

打底层焊接完成后，清除药皮熔渣。

1.4.2 填充层的焊接

填充层焊接时选用直径3.2mm的焊条，电弧在焊槽内任何一处引燃后，先成形较薄的熔池厚度，再逐渐加大至3~4mm。电弧前移动做断续熄弧焊接，也可做断续连弧焊接和连弧焊接。

1. 断续熄弧法

断续熄弧法是在焊接电流较大、熔池温度较高时的一种断弧焊接方法，如图1-28所示。电弧续进焊缝一侧（如*A*侧）形成一定的熔池宽度和厚度，再从焊缝的另一侧（*B*侧）做压低带弧动作提出熔池使其熄灭，当熔池由亮色逐渐转暗时，再从熔池前方10mm的*C*点处使电弧引燃。带入*A*侧落弧点，使熔池外扩后形成一定的宽度和厚度再做横向带弧动作于*B*侧，形成此处熔池外扩的宽度和厚度，再按前一个电弧提出的方法，带出电弧使其熄灭，并根据此种方法使电弧依次前移。在电弧抬起与落入时，应注意管面一侧与熔池间的熔合量，在较薄管壁过高熔池温度的熔化时，接近熔透的管壁母材极易形成粗晶粒化的过热组织，使金属的强度和韧性降低，也易形成合金的烧损。

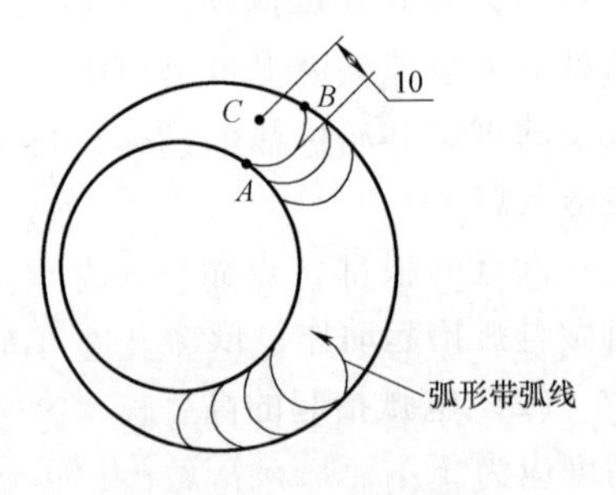

图1-28 电弧引燃

控制熔池过热应注意以下两点：

（1）合适的焊接电流　电弧进入熔池后，应通过熔池外扩时范围的大小和熔池颜色的变化来确定熔池温度的高低。熔池范围迅速扩大、熔池颜色过亮、熔池中心堆状凸出点增加、熔渣浮动过快，为焊接电流过大，应将焊接电流向低调节。

（2）合适的熔池厚度和电弧前移速度　仰焊处焊槽内填充一次形成3~4mm厚度时，如果熔池最高点出现过深的不规则咬合处，电弧上挺难以将熔滴续入熔池最高的续入点，此时的熔池温度应最高，电弧前移的速度过慢，熔池的成形过厚。改变这种情况的方法是将焊条与焊缝成平行状，利用电弧的吹力吹掉下塌点，并使此处续入点冷却降温后做再次的电弧续入动作。焊接时应适当缩小电弧推向熔池高点时稳弧的范围，加大电弧续入熔池时两个落弧点之间的距离，加快电弧前移的速度，使熔池的温度降低。

2. 断续连弧焊接

断续连弧焊接是一次熔池成形后，做电弧抬起动作但不使其熄灭，而是在抬起后连弧带向熔池的前方，然后做再次落弧续入动作。这种方法应注意以下两点：

（1）电弧抬起的动作要领　因本例管板仰焊面焊槽较窄，焊条角度变化较大，电弧一次落入抬起后，其抬起的路线应避开往复直线型的直起直落，而以板面坡口一侧的路线抬起，然后呈弧状带弧线落入熔池续入端的管面一侧。落弧后，稍做稳弧使熔池外扩，熔化续入点的根部，再做横向带弧动作于板面坡口一侧，稍做稳弧，再做电弧抬起动作，依次循环，如图1-28所示。

（2）电弧抬起的高度　本例中如果采用碱性焊条，电弧的抬起高度应为3~4mm，带弧行走时，带弧的路线上不宜留有熔滴过渡；如果采用酸性焊条，可适当加大电弧长度，但两种焊条电弧落入时都应压低落入续弧位置，以防电弧落入后的熔池外扩增加时管侧面熔池温度增加。

3. 连弧焊接

（1）运条的方法　运条方法可采用锯齿形运条法和反月牙运条法。如图1-29所示，锯齿形运条法是电弧于A点带弧至B侧时不带向B点，而是稍做前移至B_1点，B_1点与B点的距离以熔池的厚度成形为标准，熔池较厚时两点之间的距离加大，熔池较薄时两点之间的距离缩小，然后再向 A 侧面带弧至 A_1 点，依次循环。反月牙运条法是电弧做横向行走时呈反月牙弧形线从一侧驶向另一侧，此方法可减少频繁带弧时中心熔池温度过高的现象。

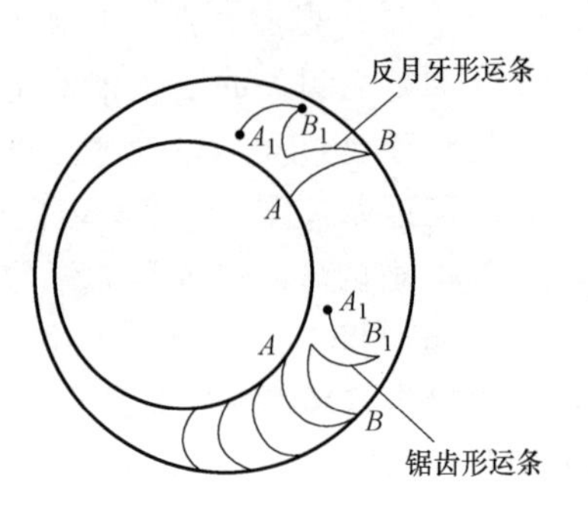

图 1-29　运条的方法

（2）焊条角度的变化　采用任何一种运条方法，都应在观察熔池温度的变化时变换不同方向的焊条角度。此例管径较小，熔池区为高温状态，电弧吹扫的方向不要吹向熔滴过渡方向，而是在变化着熔池的某一状态时将电弧吹向焊条前移方向。吹扫时以熔滴过渡的厚度、熔池两侧熔合的状态及熔渣的浮出，做电弧吹扫方向微量的调节，并以此时熔渣浮出时滑动的速度、熔池两侧熔化成形平整光滑为标准。

（3）熔池温度的控制　熔池温度的控制有多种方法，包括控制运条速度、变换电弧的吹扫方向、控制稳弧时间及停留的位置等，仰焊位置熔池温度的控制也应根据对此点熔池的观察情况变换不同的电弧吹扫方向。此例焊接熔池中心出现下沉状滑动、两侧成形过薄、熔池上边缘熔化处沟状过深并伴有咬合状熔化点，应迅速改电弧吹向熔池的方向为电弧前移方向或做电弧前移提走动作。当亮红色的熔池逐渐转暗后，再做电弧回落动作。当电弧对熔池稍做吹扫后，再改变其吹扫方向，或做电弧前移行走的动作，依次循环。

（4）熔渣浮出状态的观察　填充层焊接时，应观察电弧吹扫范围内液态熔池中金属液、渣液之间的区别：金属液比渣液亮、波纹细，且在浮动的渣液里。如果观察发现亮且细的液态熔波没有在熔池的某一处进行全部熔化，或某一处有黑色的不动物，应迅速做稳弧动作于此处，或停止焊接进行处理。渣液在熔池中的亮度明显暗于金属液，而且流动性较大，电弧吹扫时，渣液大多漂浮于熔池的边缘。如果渣液漂浮不动或浮动缓慢，说明熔池的温度过低，焊接电流过小，应增大焊接电流。

填充层焊接焊缝的层数应按照焊槽的深度与打底层焊缝的厚度做调节，如此层焊槽深度在3~4mm，可再做一次填充表层焊接，并以此层的要求使焊脚根部管侧成形平于或稍凹于母材平面1mm，焊缝板侧边部稍凹于母材1mm。

1.4.3 盖面层的焊接

1. 盖面要求及焊接参数

盖面层焊缝管面侧厚度凸于母材平面2~3mm，焊缝外边线凸于母材平面1mm，选择直径为3.2mm的焊条，焊接电流调节范围为100~110A。

2. 操作方法

选择焊缝一处使电弧引燃，做带弧动作于焊脚根部稳弧，使熔池外扩下沉厚度2~3mm。稳弧时，应观察管面被熔池熔化的状态，如稍做稳弧管面熔合处过亮或伴有熔化的趋势，应为熔合处熔池温度过高，稳弧停留的位置与立侧母材面过近。此时应适当减小焊接电流，再一次进行电弧稍加停留时，应使原来的管面根部停留点外移1~2mm，熔池成形应使电弧推出液态金属的外扩与管面熔合。

管面侧焊缝成形后，应做快速带弧动作于板面坡口的外边缘的内侧，做稳弧停留动作，见液态金属凸于母材平面1mm再做锯齿形快速横向运条于管面根侧，依次循环。

焊接完成后用砂轮将飞溅物清除干净。

1.5 不锈钢管焊接操作技巧

焊接示例：

管道直径为219mm，壁厚为6~8mm，坡口的两侧组对成角为65°，没有钝边，两口组对间隙为3.5~4mm，坡口两侧组对定位焊缝长度为20~30mm，焊接完成将两侧磨成坡状，如图1-30所示。选择直径为3.2mm的焊条，焊接电流调节范围为90~105A，焊接电源选用直流反接，焊前对所用焊材进行烘干处理，烘干温度为250℃，

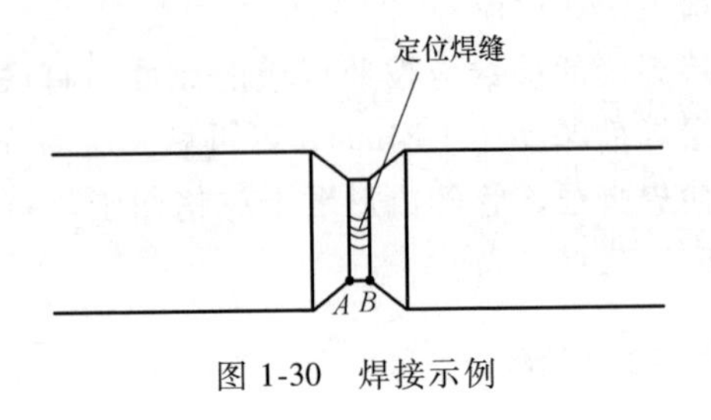

图 1-30 焊接示例

恒温时间为 1h。

1.5.1 打底层的焊接

1. 管道打底层平焊段的焊接

任何管道的焊接起焊前都应对管道组对后的坡口间隙、焊接速度、焊缝间收缩量的大小做一大致的估计。如图 1-31 所示，如果电弧起点选择在下 0°、上 0°点的左右两侧 40°之间，坡口的预留间隙为 3.5mm。为了便于操作，此例焊接的起焊端选择在上 0°点的左右两侧 40°位置。起焊前先调节焊接电流为 90A，电弧在坡口 *A* 侧引燃后，过坡口的钝边处，使少量的液态金属过渡，然后迅速提起电弧，使其熄灭。当此处亮度稍见暗色，再做快速落弧动作于 *A* 侧的相邻点 *B* 侧，落入后应贴于 *B* 侧的钝边处稍做稳弧，并随着熔池的外扩与 *A* 点相熔形成基点熔池，再迅速做电弧的抬起动作，当 *B* 点的亮熔池稍见暗色时再做快速落弧动作于 *A* 点，依次循环。

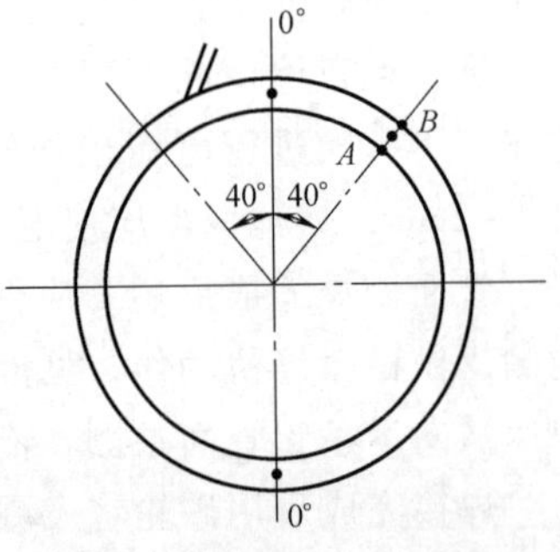

图 1-31 电弧起焊点的选择

(1) 焊条角度的变化 不锈钢管道平焊段的焊接宜与焊接方向成 70°~80°角，电弧进入续弧点多以 1/3 电弧穿过坡口间隙，2/3 电弧做续弧位置的吹扫，电弧落入后稍做点弧，即迅速从焊缝成形方向推出。

(2) 不锈钢焊接熔滴过渡的特点 不锈钢焊条的液态金属过渡

温度稍高、电弧穿过坡口间隙过多或一次量过渡液态金属过多时，续入熔池的液态金属会迅速下沉，并随着温度的增加使续入后的熔池全部下塌，或成豁状缺口。为避免此类现象的发生，应在焊接时控制熔滴的续入量，并使焊缝成形厚度不超过 2.5mm。

（3）电弧行至收尾时进弧的方法　打底层焊接电弧行至收尾时，电弧的进入仍采用两侧焊接的方法。收尾后两侧焊缝相交的最后一点根部必然出现大块的蜂窝状成形，其原因是坡口处双侧进弧定在较窄、较小的坡口范围内，低温度的双侧进弧，很难使迅速进入的液态金属形成最佳的熔透效果。避免的方法是焊接行至尾部距端点 10mm 范围内时，根据坡口的间隙采用连弧焊接，并在焊前将相交点的被焊处磨成坡状，相交最后一点时适当延长稳弧的时间，然后继续做电弧行走动作 10mm 左右。

管道上 0°两侧 40°之间完成后，除净焊渣，两侧起焊端应采用砂轮打磨。

2. 管道打底层下部的焊接

（1）焊条角度的变化　仰焊部位焊接焊条角度宜与焊接方向成 70°～80°角，此角度能使过渡的熔滴挺度增加，使熔池外扩迅速，并形成坡口间焊缝的熔透成形。下 45°与立焊段 90°点之间，焊条角度应与焊缝的成形方向成 75°～80°角，此种角度的电弧挺度有利于金属液熔滴的过渡，如图 1-32 所示。

（2）电弧进入坡口钝边处的位置　不锈钢仰焊部位焊接焊条端推入坡口钝边处的位置，应为焊条端部接近于坡口钝边的边缘，推入时要观察液态熔波上浮坡口管道内平面的多少。上浮位置过少时，电弧热源撤离后，液态熔波会迅速下沉，使焊缝出现内凹下塌成形。熔池温度过高时，液态金属上浮量适当，但电弧挺力的热源撤离后，熔池的下塌面也会出现凹状成形。为改变以上弊端的产生，应根据不锈钢焊接液态金属自坠成形较大的特点，采用以下

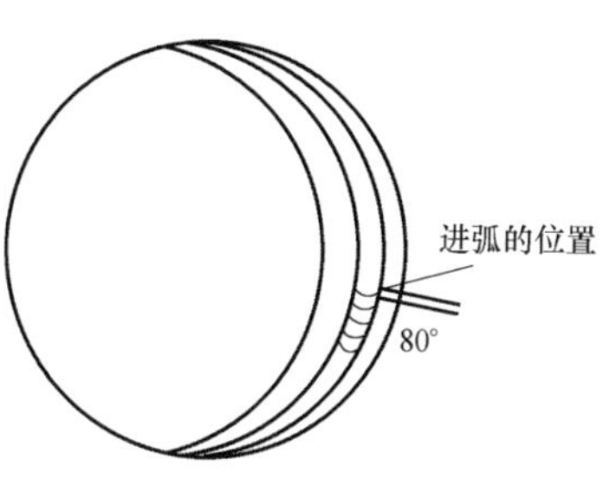

图 1-32　进弧位置

两种方法：

1）尽量上提电弧在坡口钝边处的位置，在电弧续入时，应观察电弧进入坡口钝边处的多少，如焊条端部燃点距离坡口钝边线 2mm，液态熔波下塌位置适当，管道内熔池成形平整光滑，那么可以钝边 2mm 线的位置作为电弧前移上提停留的位置，如图 1-33 所示。

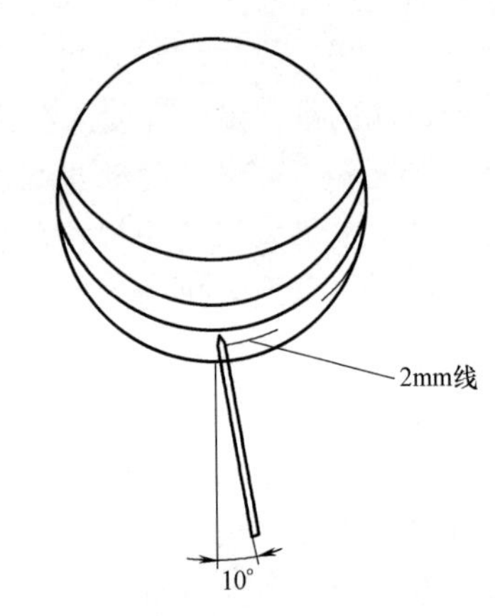

图 1-33 电弧前移上提停留位置

2）尽量缩短电弧进入坡口根部稳弧的时间，采用合适的焊接电流进弧后，应根据不锈钢熔滴过渡的变化适当控制电弧形成熔池后撤离的时间。电弧进入续弧位置使液态熔滴外扩，然后做电弧沿坡口面快速上提移走动作，使熔池快速冷却。

1.5.2 填充层的焊接

1. 连弧焊

不锈钢焊条连续焊接与断续焊接熔池成形的反应是不一样的。连续焊接时，以一根焊条分为三段（见图 1-34）：1 段焊接电流感觉有些小，2 段焊条燃烧正常，3 段焊条脱皮迅速，熔滴过渡难以控制。熔池表面成形，1 段熔波成形正常，2 段熔滴过渡凸于 1 段，2 段熔池堆状成形过厚。此种现象是不锈钢焊条的电阻较大造成的，可采用以下措施予以克服：

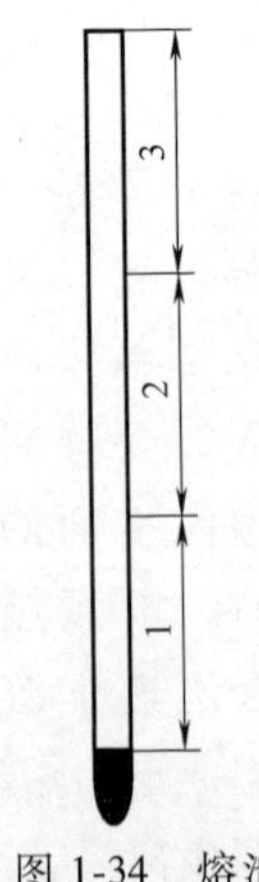

图 1-34 熔池表面成形

1）选择焊接电流时，比同等直径的焊条小 20%。

2）采用快速反月牙运条方法，即电弧成反月牙的弧状形向上的推弧线。因带弧的速度较快，熔池成形较薄，熔池的温度较低，可避免熔滴连续过渡时堆状成形过厚、熔池温度过高、焊槽根部熔合线不完全等弊端。

2. 连弧断续焊

连弧断续焊是焊条走线采用一侧抬起、一侧落弧的方法。操作时，电弧于一侧，如 A 侧点稳弧形成熔池后，呈反月牙弧形线快速划过熔池的上方，带弧至 B 侧点，稍做稳弧动作，再呈弧形线从熔池的上方划过再落入 B 点，划过时不产生过渡熔滴，依次循环。此方法成形熔波均匀，成形厚度能适当控制，如图 1-35 所示。

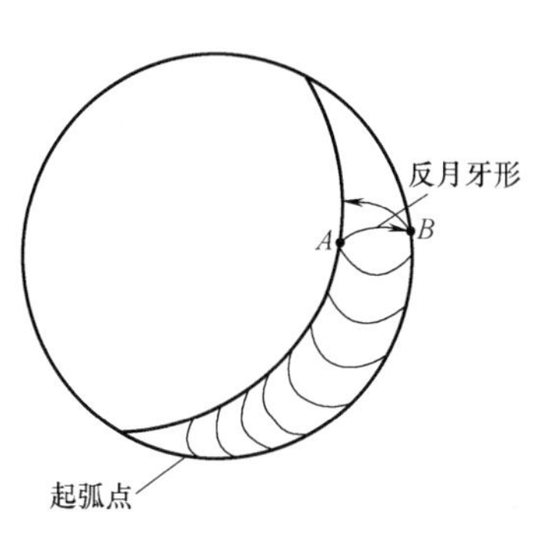

图 1-35 连弧断续焊

3. 熄弧焊

电弧从 B 侧点落弧稳弧形成熔池后，再做横向带弧动作于 A 侧，稳弧形成熔池后，再做快速的电弧抬起动作使其熄灭，当熔池由亮红色转为暗红色时，再快速落弧于 B 侧点，依次循环。此种方法因一根焊条燃烧时被断续冷却，使焊条 2/3 段过高温度充分缓解，过渡金属液态熔波平整光滑。在碱性不锈钢焊条的焊接中，如果落弧时采用短弧使电弧带入续弧装置，也能收到好的效果。

1.5.3 盖面层的焊接

盖面层焊接选择直径为 3.2mm 的焊条，运条采用连弧断续法，焊接电流调节范围为 100~110A，操作时选起焊端仰焊部位过中心线 0°点向左或向右 20~30mm 处。电弧引燃后，先使少量熔滴过渡，再由薄至厚进入正常焊接。按盖面层要求，金属液对坡口两侧原始边线覆盖 1~1.5mm，熔池中心高度成形 1~2mm。成形时，电弧的吹扫位置宜停留于坡口边线的内侧，并以焊条吹扫端的外侧吹扫线同坡口边线呈平行状态，再以电弧向外侧吹扫的角度推动熔波滑动，并覆盖坡口边线 1~1.5mm，使熔合后焊缝两侧成形没有过深的熔合痕迹。

在电弧循环地吹扫时，吹扫的速度要快，电弧续入一侧位置使熔池外扩后，应做横向快速带弧动作于坡口另一侧，再以同样的焊条角度推出熔池覆盖坡口边部，依次循环，如图1-33所示。

盖面层焊接完成后将两侧飞溅物清理干净。

1.5.4 封底层的焊接

管道封底内层焊接多以坡口两侧钝边处的熔合进行观察和进弧，当坡口间隙稍大时，进弧的方法是焊条中心直推坡口的钝边处，其目的如下：

1）熔滴过渡后坡口处管内熔合线平整，避免带弧熔合时坡口钝边线内平面的咬合痕迹和所出现的沟状成形线。

2）在封底内层的双侧进弧时，电弧触角不直推中心，避免偏于中心时引起的中心熔池过厚，熔化面过大。如果范围过大，后一侧进弧的范围过小，后一侧进弧的熔透时间就会加长，而使熔滴的过渡量增加，熔池的温度增加。

电弧引燃先使焊条与下垂直面成75°~80°角，进弧位置以液态金属过渡钝边处内平面的多少确定。在熔池温度较高时，电弧的续入点应与坡口的钝边线保持一定的距离，如1.5~2mm，续弧后利用电弧的推力推动金属液穿过坡口的钝边线，并适当缩短稳弧停留的时间。相反，电弧落入后金属液过渡坡口的钝边线吃力，熔池熔化范围过小，在适当上提时还应使电弧续入的位置接近坡口的钝边线，适当延长钝边部位稳弧的时间。

封底填充焊接也可采用两遍成形，填充表层厚度宜凹于母材平面1~1.5mm，液态熔池外扩应不破坏焊缝外侧的原始边线。

封底焊接完成后，除净药皮熔渣，有过深的焊渣点要用砂轮打磨干净。

1.6 不锈钢管板平角焊操作技巧

焊接示例：

板材与管材的牌号为1Cr18Ni9Ti（非标准牌号），管材厚度为6~8mm，板厚为12mm，管径为159mm，如图1-36所示。管板组对间隙为 2.5～3mm，组对定位焊缝 3 个，坡口单侧成 45°角，坡口钝边为 0.5～1mm，焊前将坡口两侧 20mm 内油污、锈清理干净，焊条选用 E347-16，焊前将焊条进行 250℃×1h 烘干处理，在运输与使用时，应放入焊条保温筒内随用随取。

打底层焊接选焊条直径为 2.5mm 和 3.2mm，焊接电流调节范围为 70～100A，焊接电源采用直流反接。

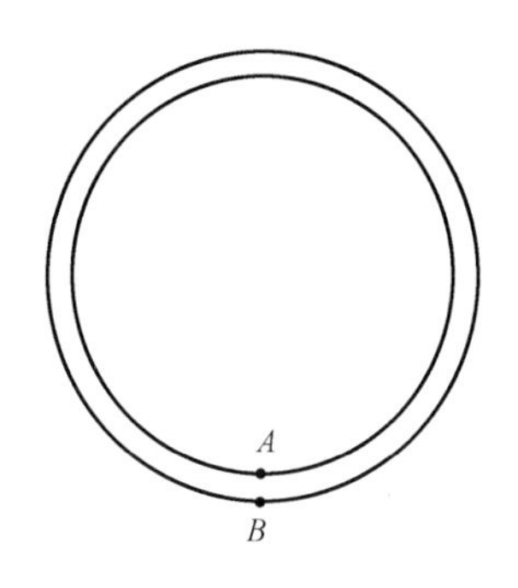

图 1-36　不锈钢管

1.6.1　打底层的焊接

1. 连弧焊

从定位焊缝间隙较大处、焊接间隙较小处做引弧动作，熔滴过渡先贴向坡口一侧，形成点状熔池。电弧在坡口两侧的 *A*、*B* 处形成熔池后，可沿 *B*、*A* 熔池形成线的上边缘，做平行带弧动作至 *A* 侧。电弧于 *A* 侧停留，根据焊条未燃端同 *B* 侧钝边处的比较做电弧下压动作，使熔滴金属过流焊缝间隙稍凸于另一侧板面，再做横向运条于板面 *B* 侧，稳弧后使下沉熔滴平于 *A* 侧过流点，焊槽内熔池表面同管壁熔合处，熔合深度应小于 1mm。如果在频繁的连续走弧时熔边两侧稳弧不能对熔池较高温度进行控制，应适当下调焊接电流的强度，或采用断续焊。

2. 断续焊

如图 1-37 所示，当基点熔池形成后，如 *B* 侧熔池呈金黄色下沉状，应使电弧贴于坡口一侧坡面，做前移带弧动作使其熄灭。当熔池亮色逐渐缩小，再将电弧落入管面 *A* 侧熔池前端。落弧后，焊条未燃端与管壁平面不能贴实，以免发生粘弧。做电弧下压动作时，应采用短弧，迅速贴向管壁平面，形成熔池后再做 *B* 点方向的推弧动作，并使熔池宽度推过 *A*、*B* 之间的中心部位，迅速做电弧前移或熄弧动作。当熄弧熔池颜色由亮黄迅速转暗时，再将电弧落入 *B* 侧，并按 *A* 侧稳弧的方法形成 *B* 侧熔池。

(1) 头遍熔池厚度的掌握　因立侧管壁较薄，一侧坡口形成焊槽较窄，应使少量熔滴过渡，形成较薄熔池，并以连弧、熄弧的动作控制不锈钢焊条药皮脱落的程度，使较细直径焊条熔池成形时，熔渣迅速浮出。

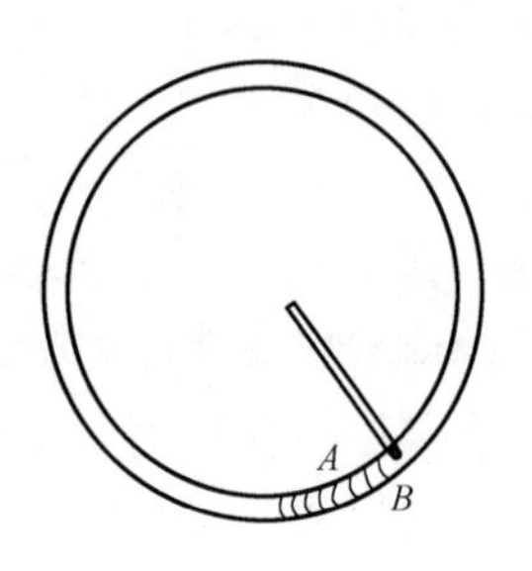

图 1-37　电弧贴于坡口一侧坡面

(2) 较薄熔池成形时的焊条角度　管板头层焊接时的角度变化，对熔池成形影响很大，如果焊条垂直于母材，因电弧对较大间隙的高温熔池难以控制，易使熔池出现下塌等缺欠。焊条与焊道成70°角，此种角度能使熔滴在推托中顺利过渡，并对熔池温度做较好控制。

(3) 打底层焊接熔池表层平度对填充层焊接的影响　管板头层焊接应掌握熔池两侧成形的平度，如两侧成形焊沟太深、中间成形过大等，此种成形是电弧进入熔池时，电弧在坡口两侧没有做稳弧停留，横向带弧速度过慢而形成的。此例焊接管板连接焊槽弧度较小、较深，砂轮打磨难以完成，焊层表面两侧焊沟过深，会使二层焊接出现以下弊端。

1）打底层较薄，温度承受能力较差，在采用较小焊接电流的二层焊接时，电弧吹扫的较低熔池温度对头遍焊层熔化较浅，头遍熔渣会在较低的温度中不能逸出而含在凝固的熔池之中。二遍焊新的熔渣，也会含在较深的焊沟之内不能逸出而形成夹渣。

2）在采用稍大焊接电流对头遍焊层吹扫时，较高的熔池温度会使两侧熔渣迅速浮出。但熔池厚度、走弧运条的速度及坡口两侧稳弧时间不易掌握。过高的熔池温度会使头层焊肉迅速下塌而形成坠瘤，并使铬镍不锈钢中晶界间产生贫铬。

(4) 打底层焊接熔池表面成形的观察和掌握　打底层焊接应根据坡口及立管一侧熔池熔合的状态，掌握电弧在立管一侧的停留时间。如果两侧稳弧的时间较短，做横向带弧的速度较慢，熔池两侧熔合点易出现过深的咬合痕迹，熔池中心出现堆敷成形。此种状态在观察时的表现为药皮熔渣呈尖形漂浮状，金属液在中心熔池呈较快滑动状。此种状态的避免方法如下：

1）延长坡口一侧稳弧的时间，加快横向带弧的速度。

2）将电弧在坡口边缘稳弧与落弧的位置稍微上提，使电弧下压后再形成过流熔滴。立管母材一侧应在稍做稳弧时，观察好熔池温度的变化，如果熔池温度较高，电弧带向立侧管一侧时，稍做前移再划弧回带，形成立侧熔池温度的缓解。

（5）管板打底层焊接的收弧与引弧　熔池起点应由薄至厚形成坡状成形，电弧行至收弧处5~10mm时采用连弧焊接，使电弧下压穿过始焊端间隙后再逐渐向始焊点稳弧上提，稍加延长对端点焊肉的覆盖，再提起电弧。

（6）管板打底层焊接过流熔池成形的熔合　应在坡口两侧稳弧时看准熔池过流坡口钝边处的程度，如坡口钝边边缘过流点豁状下塌、熔池中心下塌成形难以控制、管壁过流点的外背侧成形焊沟过深等情况出现，立管一侧外背面沟状成形过深，多为稳弧位置在坡口钝边外的边缘，在焊接电流稍大、稳弧时间稍长、焊条角度变化缓慢的情况下都易形成此种状态。

管板焊接双面成形的运条与稳弧，应观察熔池另一侧（外背侧）熔滴过渡下沉的位置。如熔池下沉后没有超过外背侧母材平面，则应根据熔池两侧稳弧时间上的变化和进弧位置的变化控制熔池温度的焊接变化。

焊接完成后将焊渣清除干净。

1.6.2　第一填充层的焊接

1. 第一填充层焊接熔池温度的观察

第一填充层焊接引弧后，观察熔池温度和电弧吹扫时对头遍焊层咬合程度的影响。如果电弧每向前一步前移，明显见到咬合的痕迹，熔池形成范围金属液呈亮红色，说明熔池的温度过高。电弧前移稳弧时没有明显可见的裸露线，此种状态说明焊接电流适中，熔池温度适当。电弧前移时，药皮盖在电弧的周围难以推动，电弧与熔渣间没有一条闪光金属液的裸露线，此种状态为熔池的温度过低。

2. 第一填充层焊接熔池厚度的控制

根据熔池温度的变化和电弧对打底层焊缝表层的熔合程度进行准确的观察。如果熔池成形厚度为3mm，熔池形成范围呈迅速外扩状，熔池温度呈亮红色下塌趋势，电弧前移吹扫线咬合痕迹过于明显，说明二遍熔池成形过厚。如果熔池形成厚度2~2.5mm，熔池外扩成形平稳，药皮熔渣在电弧的周围漂浮灵活，电弧前移吹扫线稍见咬合痕迹，说明二遍熔池厚度成形适当。

3. 第一填充层焊接熔池变化的观察与控制

电弧引燃后应采用微小的摆动方法做快速的横向带弧动作，电弧纵向行走保证熔池对头遍焊层熔化，并形成较薄焊层，然后再连续向前快速带弧，并采用80°~85°顶弧焊接，使药皮浮动线与电弧之间始终存在一段清晰的熔池观察线。焊接时应观察焊槽深处药皮熔渣浮动线在熔池中的变化，控制药皮浮动线同金属液的相混程度。如果药皮浮动线盖住电弧不动，液态金属与熔渣难以分辨，应做快速带弧的动作使电弧前移，加大药皮浮动线与电弧之间的距离，使熔渣浮出，如图1-38所示。

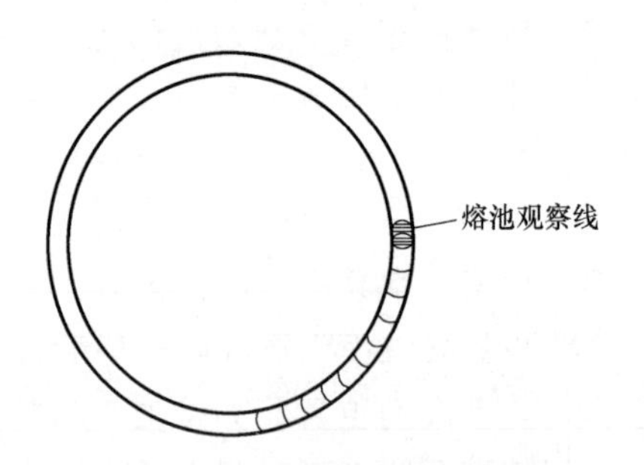

图1-38 第一填充层焊接熔池变化的观察与控制

1.6.3 第二填充层的焊接

1. 药皮熔渣浮动线与电弧之间距离的观察与控制

E347-16（A132）焊条电阻较大，焊接电流较大时焊条燃至2/3后易产生发红、脱皮等现象。如果焊接电流适当，电弧于焊槽内对熔渣推动易产生吃力的感觉。控制三遍焊接熔渣浮动线在熔池中的位置，应采用适当加快焊接速度、控制熔池厚度等方法，使熔渣浮动线始终漂浮在熔池的中间部位。

第二填充层焊接熔渣浮动线呈弯曲状态，也是熔滴金属成形的状态。如果熔渣浮动线在熔池中心部位弧度过大时，则金属液滑动的状态必然加快，熔池的中心部位会出现凸起的较大棱状成形，熔池两侧出现沟状焊渣线。如果熔渣浮动线与电弧吹扫线相混，熔渣在焊槽根部因难以浮出，易形成淤渣。

进行第二填充层焊接熔渣浮动线的控制，除掌握适当的焊接电流、焊条角度外，还应通过熔池厚度的形成加以控制。熔渣浮动线同电弧吹扫线较远，熔池成形可以厚一些。在熔池各种变化的成形时，应采用熔渣浮动线同电弧吹扫线逐渐分清的方法。第二填充层焊接药皮浮动线的最佳位置应为熔池的中心。此点位置的熔渣漂浮灵活，弧度线较小，使熔池形成后表面平整，两侧焊渣线消失。

2. 管面一侧电弧短暂停留线的控制

熔池与立侧母材面相熔合时，应避免电弧过于贴入母材平面。如果熔池两侧熔合线过深，电弧贴向立侧母材的吹扫线过近时，可适当使电弧端部吹扫线稍做外移，并利用电弧推出熔池的张力同母材相熔。然后观察和掌握熔池同母材熔合处厚度的变化，熔池厚度低于中心熔池的厚度时，立侧母材边部将出现沟状成形，此种成形是电弧端的吹扫位置离立侧母材面的距离过大（如2~3mm），或电弧推出熔池没有形成液流熔池的张力等原因造成的。

电弧与立侧母材面的距离，应以熔池的张力对母材面淹没的程度来控制。电弧的吹扫线与立侧母材相距1.5~2mm，熔池张力同母材熔合适当，1.5~2mm线也应为电弧在立侧面的稳弧停顿线。

熔池与立侧面母材相熔时，应观察熔渣在立侧面根部漂浮的位置。熔渣在立侧根部浮动缓慢，金属液同熔渣难以分清，熔渣在焊槽根部浮出时易含在迅速凝结的熔池之中。此种成形是电弧对熔池内侧根部没有形成全部推动，金属液张力没有对焊缝内侧根部进行均匀的熔化所致。

阻止这种现象发生的措施：一是提高操作者对熔池观察的能力；二是掌握熔渣在熔池中反出漂浮的位置；三是增加立侧面熔池厚度的成形。

第二填充层焊接完成后，将焊渣清除干净。

1.6.4 盖面层的焊接

焊接示例：

盖面层焊缝宽度为10mm。焊缝表面凸起1~3mm，选择焊条直径为3.2mm和4.0mm，焊接电流调节范围为115~150A。

1. 焊接电流的调节及焊条角度的变化

1）电弧引燃，熔渣漂浮线离焊条未燃端过远，熔池呈外扩滑动状说明焊接电流较大。

2）药皮漂浮线离电弧过近，熔池成形状态被熔渣覆盖难以分清，说明焊接电流过小。

3）顶弧焊接对熔渣浮动线吹扫时，熔渣在熔池表面浮动灵活，熔渣浮动线与焊条未燃端有一条清晰金属液的裸露线，说明焊接电流适当。

2. 焊条角度的变化

管板表层焊接应掌握不同位置焊条角度的变化，如果在变化中动作迟缓，易使焊缝成形出现以下弊端：

1）熔渣浮在电弧的周围，金属液态成形难以分清。

2）难以在熔池变化时形成熔滴过渡线和熔池内侧的堆敷厚度。

避免上述弊端的发生，操作者应根据熔池的宽度和厚度、一根焊条燃烧后形成焊缝的长度及手握焊把的感觉，找出操作者所蹲处与工件的距离和引弧点的位置。一般情况下，如果立管直径较大引弧点多在左眼的垂直点。此点位置续接便于掌握，焊条角度变化灵活，熔池形成便于控制。如果立管直径较小可向左移动使引弧位置适当延长。

3. 走弧运条对内侧熔池厚度的形成

1）电弧引燃于最佳续弧点，电弧落入续接点的速度要快。如果速度过慢，带向熔池的电弧不能一步就位，电弧在没有落入续弧点之前必然形成过渡熔滴，使电弧前移线因熔渣和金属液阻碍而较难形成电弧对内层焊缝的熔化和吹扫。平板外侧熔池因失控而过宽，熔池两侧成形也易出现夹渣，续接位置表面成形局部出现凸起的现象。

2）电弧带入续接点时，稍加停留，迅速根据熔池宽度横向摆弧。此时如果药皮熔渣盖住电弧不动，可稍做电弧外拨动作使熔渣大部分溢出熔池。

3）正常走弧焊接角度不应过大。熔池两侧成形时，外侧走弧线应以封底表层的圆周外边线为标准，走弧运条以液态熔池根据标准线的淹没多少来控制。还应掌握好在电弧稍加停留时电弧前的熔渣流量，使电弧与熔渣有一段闪光金属液的裸露线。

4）管与板内侧厚度成形应根据凸起熔池的厚度、液流金属的状态使焊条未燃端里侧的吹扫线同上侧母材面之间形成 1~2mm 的间隙，同时利用电弧的推力推动熔敷金属同立侧平面熔合，如图1-35所示。

5）盖面焊接熔池厚度应超过电弧吹扫线的高度。如果吹扫线位置过高，熔池厚度平于电弧吹扫线，熔池与立侧母材表面熔合处易出现咬肉和熔深过大的现象。

6）盖面焊接熔池成形，应保证表面熔波均匀、平整、高度与宽度一致、焊肉饱满、立侧母材面没有咬肉和熔深过大的现象。

1.6.5　封底层的焊接

管板封底层焊接，应掌握熔池厚度成形时凸于母材平面的多少。如果熔池成形过凹，封底层焊接将难以形成饱满厚度，如果熔池成形后局部过厚，或过凹于母材平面，将造成底层焊肉高低不平。封底层焊接只能通过减薄或加厚熔池形成的方法进行适当的调节。

封底层熔池平度的控制方法有以下两种：

1）电弧能够推动熔池进行控制。电弧能够推动熔池进行控制，使焊槽的深度适当，如 2~2.5mm，此种焊槽深度不会形成较高温度的熔池外扩，使内侧熔池同立侧母材面相熔相连。

2）电弧勉强推动熔池进行控制。电弧勉强推动下熔池厚度的成形是焊槽过深（如 3mm 以上）的缘故，此种焊槽深度因熔池过厚、温度过高，熔池外扩成形难以控制，熔池内侧与立侧母材面熔合易出现熔合线过深等现象。

封底层焊接焊槽较深，应采用较薄焊层进行补焊，清净焊渣后再进行焊接。

1.7 水平固定管板焊接操作技巧

焊接示例：

管口直径为159mm，固定管壁厚度为4~6mm。板管组对固定间隙为3~3.5mm，板厚为10~12mm，板侧钝边为0.5~1mm，组对定位焊缝有3处，定位焊缝长度为10~15mm，定位焊缝两侧成坡状成形，组对前将焊口两侧20mm内油污、锈清除，如图1-39所示。选焊条J422(E4303)，焊条直径为2.5mm和3.2mm，焊接电流调节范围为75~105A。

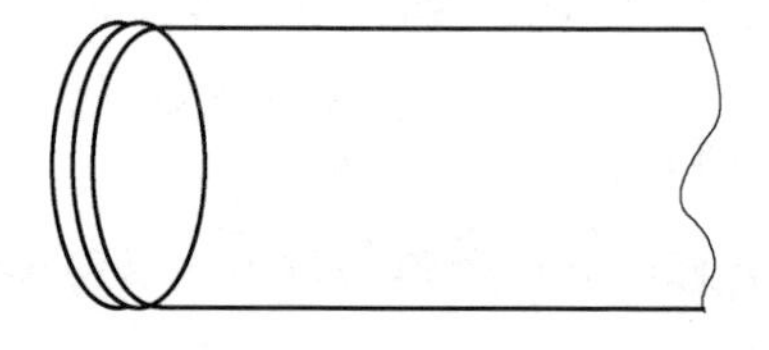

图1-39 焊接示例

1.7.1 打底层的焊接

1. 打底层焊接熔池成形的运条方法

如图1-40所示，先在固定管口仰焊部位板面的钝边处过中心线20mm点引燃电弧，再将焊条未燃端贴于钝边处，使一点过渡的金属熔滴凸于板面外侧平面，使电弧稍做下侧回带后熄灭。电弧熄灭后在熔池的亮色中，将焊条端对准*A*点的上侧垂直管面处，当熔池由亮红色缩成暗红色时，再上推电弧穿过坡口间隙，并于管面处*B*点使熔滴金属过渡。下移带弧同下侧*A*的熔池凝结处相熔，形成基点熔池。然后迅速熄灭电弧，将电弧对准*A*点续弧处做稳弧停留，使熔滴再次过渡，依次循环，如图1-41所示。

将电弧前移，使熔滴依次流过坡口间隙，电弧向上应使未燃端贴于仰焊处管面后，再使焊条未燃端与坡口钝边处进行比较做进弧动作，使熔滴过渡点与钝边处成平行状金属结构。

插管式管板头遍焊接也应做电弧上下一次成形带弧。带弧时电

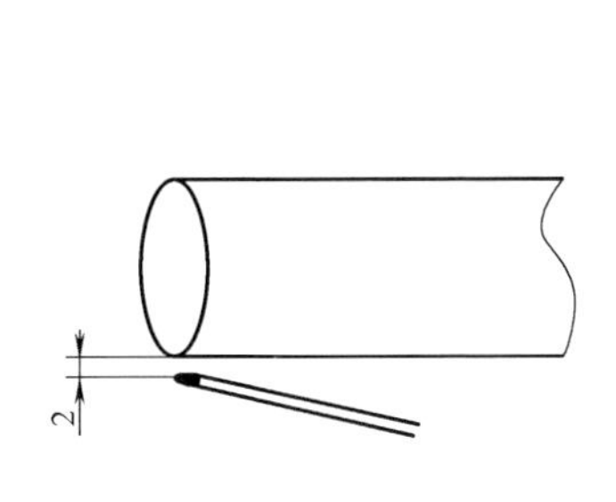

图1-40　引燃电弧

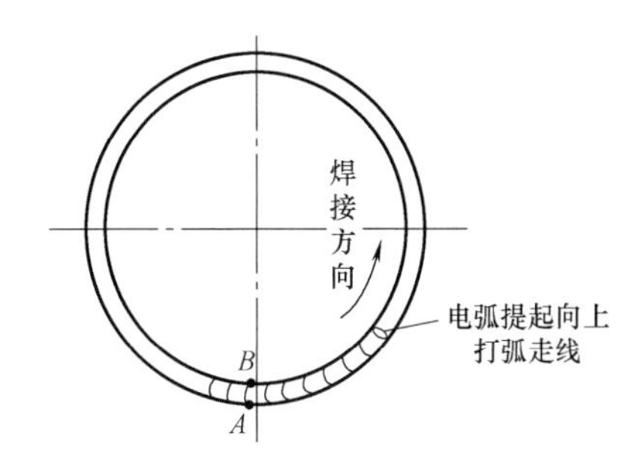

图1-41　打底层焊接熔池成形的运条方法

弧先贴入仰管平面一侧做稳弧停留，使金属熔滴过渡后再稍做下移带弧于下侧钝边处。此方法应注意上下电弧停留时熔滴过渡的上、下厚度与中心熔池堆敷厚度的控制。

2. 打底层焊接熔池成形的平度

管板焊接应掌握熔池内、外两侧成形的平度及外背侧成形，可在观察熔滴过流状态时加长和缩短稳弧的时间，加大或缩小电弧进入焊槽根部钝边处的深度。

在电弧进入焊槽根部时，也应注意观察电弧的吹扫角度，如果电弧贴向管面一侧稳弧，电弧的吹扫方向为坡口过流的间隙处，使熔滴过渡管面熔合处较薄，熔池中心过渡较厚，管面外侧将出现上、下两侧的沟状过流成形。为避免此种成形的发生，在电弧向坡口两侧吹扫运条时应压低吹向管面的仰焊部位，使稳弧后的过流熔滴超过外背侧板面平度，再稍做下移使电弧停于下坡口一侧。

在坡口下侧稳弧时，如果钝边较小，电弧带入下坡口钝边处易出现豁状成形。避免方法是在电弧外移下到坡口钝边处时，外移2~3mm，并通过电弧停留时间的调整，使熔滴稍加溢出坡口过流端点，然后迅速做电弧抬起动作。焊槽内侧熔池形成，如果电弧在仰焊管面一侧（*B*侧）稳弧（见图1-42），稍做回带下压后根部成形应凸于或平于中间熔池，如果稳弧点熔池稍见液流滑动状态，应做迅速抬起动作，再使其回落。也可采用左、右两侧循环落弧的方法，如*A*侧熔滴过渡后做电弧上提的动作于*B*侧，当熔池由亮红色缩成一点时，再迅速将电弧落入 A 侧，或做下带的动作同下坡口 A 侧熔合相连，此种方法能缓解骤然上升的熔池温度。

3. 打底层焊接落弧的位置

管板仰焊部位因坡口钝边处较薄，电弧进入坡口 A 侧根部稍做稳弧后应快速抬起，缩小熔池在坡口钝边处液流的范围。再次落弧点应贴向熄弧熔池斜后方的管面 B 侧，并压低吹向仰焊管面进弧的位置，使其平于熔池下点进弧深度，稍做稳弧后同底点熔池熔合相连。较薄熔池成形后再使其熄灭，仰焊及平焊爬坡段的上、下两点熔池成形，也宜采用稍有错位的落弧方式，其方法可避免金属液流时 A、B 两点垂直落弧所形成的金属液下沉，使下点熔池堆敷成形增厚，药皮熔渣溢满 A 点前移方向等弊端。

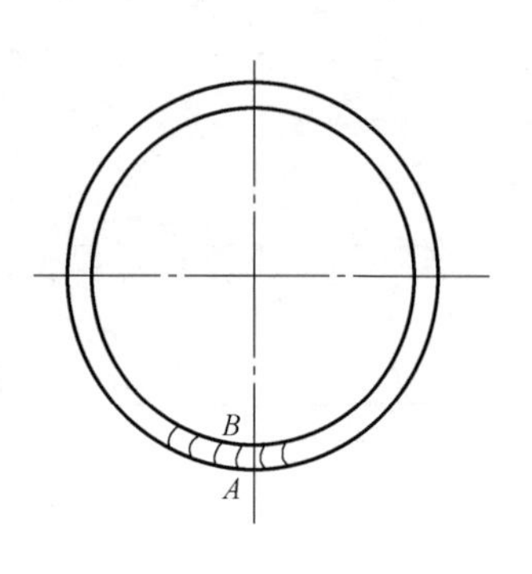

图 1-42 坡口下侧焊接

立焊端进弧位置，因焊缝间隙呈平行状态，A、B 两侧可平行进弧。平焊爬坡段 B、A 两侧进弧，B 侧应先于 A 侧，即 B 点先做稳弧停留，再做平行带弧动作于 A 侧。如果 A 侧先行，因上移后的 A 点高于 B 点，A 点处的药皮熔渣会先于金属液产生液流至 B 点，使 B 点熔池前移方向受阻，在受阻后 B 点的熔滴过渡因电弧的进入不能到续弧位置而使熔滴过渡成形受到影响。

随着焊缝间隙的逐渐收缩，电弧回落宜先穿过坡口间隙，再落弧于熔池的熔轮处做过流吹扫，使电弧吹扫后的熔孔大于焊条的直径再做微小的下移横向带弧和稳弧动作形成金属熔滴的过渡，然后迅速做上移抬起的动作，当熄弧熔池温度稍见降低，再落弧于熔孔的上方，使熔孔延伸，做下移动作于续弧处，依次循环。

电弧依次落下与抬起，落弧位置过下或稳弧形成熔池过厚，使熔孔封死或被淹没，再次落弧的吹扫易产生大面积坠熔。

爬坡平焊段与仰焊段引弧起点，应先形成较薄熔池，再逐渐加厚，呈坡状成形。引弧端点与焊缝收尾处 5～10mm 采用连弧焊接，尽量增高熔池的温度，电弧与端点相熔时也应使电弧下压并穿过坡口间隙后再稍做横向摆动，然后从熔孔根部逐渐带出电弧。填满尾弧熔坑后，使焊条稍做前移再使其熄灭。

仰焊部位另一侧引弧，电弧引燃后不能一步到位，应先使电弧于过流处做带弧动作于始焊端，压低电弧吹扫于坡口底边部的另一侧焊肉之上，形成10mm左右熔池。然后调整焊条角度，在续接点做顶弧吹扫，并上下稳弧形成过流熔池，如图1-43所示。

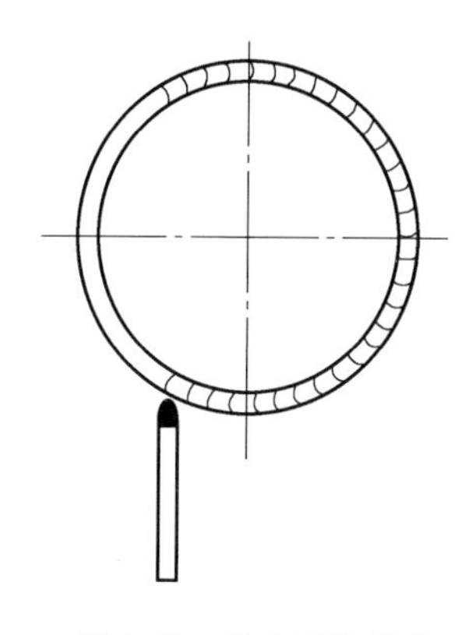

图1-43　焊条下带角度

焊接完成后将焊渣清除干净。

1.7.2　填充层的焊接

焊接示例：

焊槽深度为6～7mm，表面宽度为8～10mm，选择焊条直径为3.2mm，焊接电流调节范围为100～120A。

1. 焊接电流的调节

1）打底层焊缝表面成形，表面沟状成形过深，焊缝成形较厚的焊接电流调节，应使电弧引燃后熔渣浮动灵活，熔池前移延伸，有明显熔合的痕迹。

2）打底层焊缝表面成形，焊缝表层较平，焊缝成形厚度较薄。调节焊接电流，电弧引燃后熔渣呈漂浮状态，熔池前移延伸熔化线清晰。

2. 运条方法

如图1-44所示，填充层焊接引弧起点，应为仰焊部位过中心线20mm处，电弧引燃先形成较薄熔滴过渡，再逐渐加厚形成B、A斜坡面成形。如果此时熔池堆敷成形过大，可做抬起动作，并使其熄灭，当熄弧点（如A点）熔池由亮红色缩成一点暗红色，再使电弧回落于B点。

电弧至B点后，应做回推动作加厚熔池仰坡面成形，并掌握熔池成形的范围和液流的状态。如果熔池成形厚度为3~4mm，电弧回推熔池范围增大，呈液流状，可适当缩短电弧回推时的停留时间，使熔池范围缩小。然后呈斜形向下带弧至A点，做稳弧停留，并在稳弧时控制熔渣在稳弧位置的流量，使B点根部熔渣浮动灵活，熔池厚度成形清晰可辨。管板仰焊部位熔池成形A、B两点，A点在前，管板中段走弧，落弧位置应在续接熔池的中心上方，一次落弧后可先带弧于管面根部，再做下一个带弧动作于坡口一侧，熔池两侧稳弧应使熔渣移出熔池之外，使下落点熔池范围能形成一段闪光的金属液。

中段落弧位置的中心点，应能在电弧的横向吹扫时形成较高熔池温度的再度熔化，避免引弧处缩孔、气孔、熔合不良等缺欠的产生。

如图1-45所示，管板上段爬坡及平焊部位落弧位置，A点应高于B点，即电弧从C点引燃带弧至A点之后使A侧熔池厚度增加，然后平行带弧至B侧点，使根部B侧点金属液饱满，再做上移抬起动作。

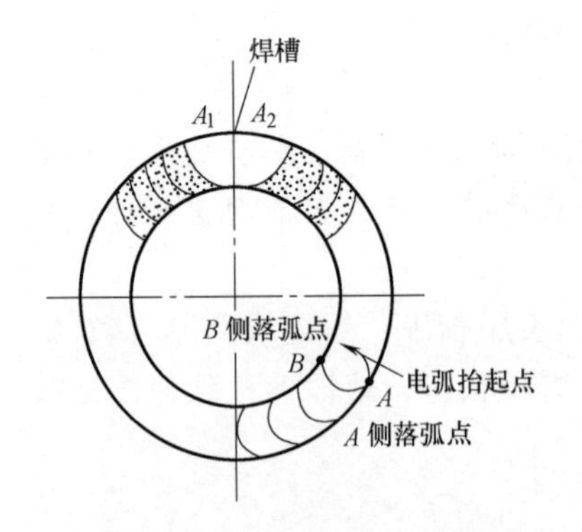

图1-44　管板仰焊部位熔池成形点

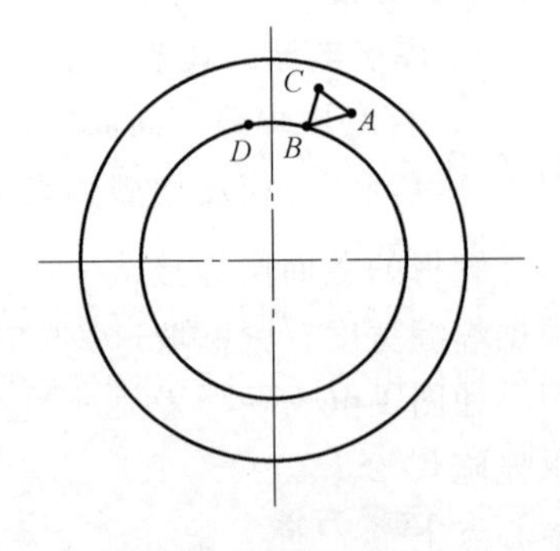

图1-45　运条的方法

管板A、B两侧稳弧，因A点稳弧位置逐渐增高，熔渣液会先于金属液流入管面一侧根部，使B侧点熔池中熔渣堆积量过厚。操作时，应动作迅速，并采用小圆圈形运条，将富集的熔渣推出熔池大半，并控制住管面侧熔池底线成形，避免因焊接电流较小、走弧面较平、熔渣量过多，引起熔池底侧边线不齐、夹渣等缺欠的产生。管板外凸面成形，因上点 A 侧高于 B 侧，应逐渐加大带弧的动作，加厚 B 侧点成形金属的厚度，并使 B 侧稳弧过熔池中心线行至 D 点，然后留下中心线上侧 A 点较深焊槽（见图 1-44）。再采用较大焊接电流从 A_1 点起弧焊至 A_2 点。

3. 填充层焊接熔池熔化深度与表面平度

填充层焊接引弧后应仔细观察熔池温度的变化。如果此层熔池对底层焊缝表层熔化痕迹过大，熔池颜色过亮，熔池成形范围过大，呈下塌趋势，应将焊接电流调小，并适当延长电弧抬起后熄灭的时间。填充层熔池对打底层的熔化，应使熔池熔化范围清晰，熔渣浮动灵活。

填充层焊接熔池表层应保证其成形表面平度，避免熔化区不能同两侧母材产生熔化性熔合，使熔池两侧沟状成形过深，中心熔池凸状成形过厚。此时应观察中心熔池的液态滑动，适当延长或缩短熔池两侧电弧停留的时间，加快或慢移横向带弧的动作。填充层焊接熔池成形应薄厚一致，表面平整，一侧焊接完成，另一侧焊接与此侧基本相同。

焊接完成后将药皮和熔渣清除干净。

1.7.3　盖面层的焊接

管板的盖面层焊接，仰焊部位起点应放到管板的中心部位，并根据焊缝宽度，紧贴坡口底侧边部，先形成 10~20mm 单层焊缝。

如图 1-46 所示，盖面层焊接如果先施焊于右侧，应紧贴 20mm 的中心点上侧，使电弧引燃并使电弧稍做下压与底层焊缝熔合相连，然后继续回弧贴向仰焊管壁平面 B 点稳弧形成基点熔点。再呈斜形贴近 20mm 焊缝右侧至 A 点。稳弧使熔池外扩，同 20mm 焊缝右端点相熔，并使 A 侧熔池外扩，对外圈底

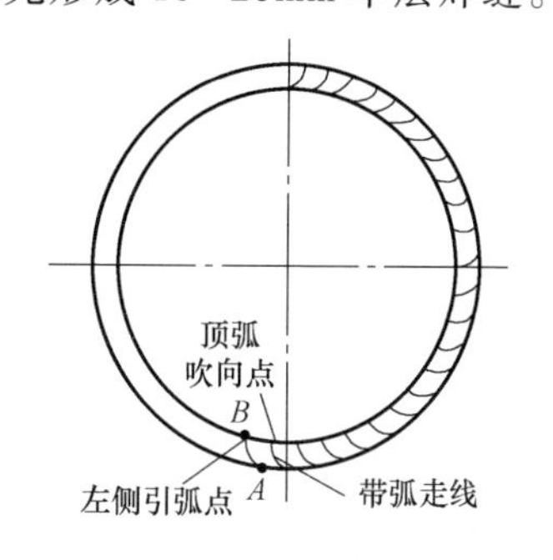

图 1-46　盖面层的焊接

层焊缝边线淹没1mm。熔池成形高度凸于母材平面2mm左右，并利用迅速抬起动作控制熔池液流外扩程度。电弧抬起后，再贴近熔池上端表面，快速带弧至仰焊面*B*点。按基点熔池高度，贴近仰焊面再做一个下滑的落弧动作，从管面根部呈弧形或直线形下带至*A*点，然后向上提起至*B*点，再快速做带弧动作于外侧*A*点，依次循环。

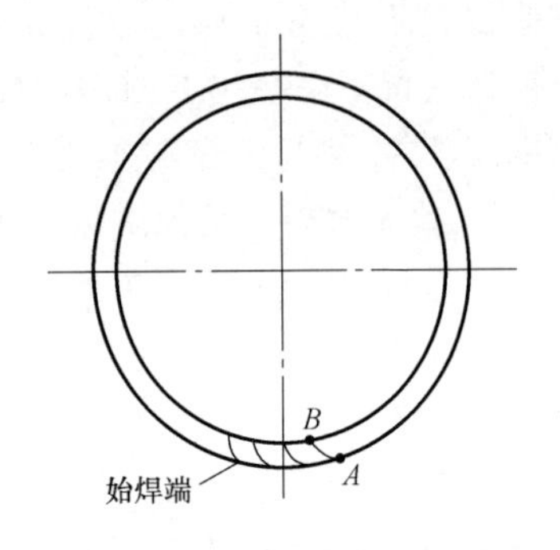

图1-47 始焊端示意图

中间段熔池形成时，电弧从*B*侧稳弧后，平行带弧至外坡口*A*侧，使熔池凸于坡口边部2mm。然后根据熔池的温度，做挑弧或连弧动作。或按熔池厚度采用一侧抬起、一侧落弧的方法，即一层熔池成形后，电弧从一侧如*A*侧做抬起动作，呈弧形线，从熔池上方划至*B*点，再以熔池滑动的范围做上移抬起的动作，依次循环，如图1-47所示。

中心平焊段时，焊条宜多做管面侧走弧，行至上中心线20mm左右时，可将上板面*A*侧不过渡填充金属，空缺之处留于左侧焊接，右侧焊接完成，留住药皮熔渣。

左侧焊接时，从仰焊20mm前10mm处引燃电弧压，低吹向20mm上方右侧引弧焊肉，并按右侧成形的方法形成左侧熔池。

左侧盖面层上爬坡段焊接时，走弧方法与右侧相同，正中收弧处应按右侧成形方法填满上侧成形金属。

1.7.4 封底层的焊接

1. 封底内层焊接

管板内层封底焊接应采用快速焊接，一次成形，避免间隔时间过长而引起的收缩。如果爬坡平焊段间隙收缩后难以形成穿透性熔池，可先完成顶部爬坡段焊接，再以仰焊部位为始端做前移运条于立焊段。

2. 封底表层的焊接

焊接示例：

焊槽深度为2.5～3mm，宽度为8～10mm，选择焊条直径为3.2mm，焊接电流调节范围为115～120A。

封底表层焊接仰焊面熔池成形，可根据熔池成形时凸于或平于母材平面的多少做稳弧运条。焊槽深为3mm，仰焊部位焊槽高为8～10mm。也可采用单层排焊方法，如图1-48所示。头遍下层焊接采用小圆圈形运条，以熔池液流的状态和同母材平面的比较观察，掌握液态金属外扩的范围。如果熔池形成稍平于母材平面，熔池流动状态平缓，则成形熔池高度为6mm。

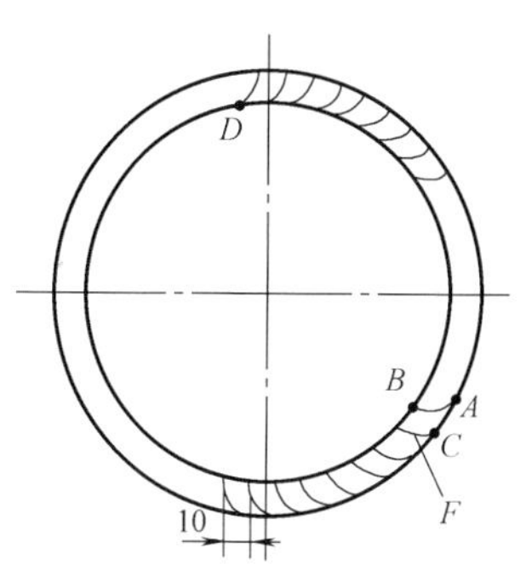

图1-48　单层排焊方法

仰焊部位单层排焊头遍下层焊缝长度应到*F*点。焊接完成后，留住或除掉药皮熔渣。仰焊上边排焊，电弧起点应留出头遍焊缝引弧处10mm。引弧后，先带弧稍做下压，形成上遍熔池并对下遍熔池高点覆盖。然后采用小圆圈形运条的带弧动作，对管道仰焊平面回推运条，形成仰焊面3～4mm，在熔池温度较高时熔池与管道平面熔合处出现焊沟过深点或过深线。可采用一次回推电弧至仰焊平面后，迅速移走或使其熄灭的方法避免。当熔池温度稍微下降，再做电弧回带动作于仰焊平面处。

仰焊时熔池形成的范围不能过大，过大的熔池范围易出现液流金属无规律的外扩，形成过凸的熔池上边部成形。

仰焊至*F*点仰立爬坡部位后，做平行带弧动作于下遍熔池续接点，并形成*B*、*A*熔池宽度，使上、下两遍成形焊接，改为*B*、*A*横向运条一次成形，使熔池厚度稍凸于坡口外圆边线板侧平面，熔池外扩的范围都在坡口圆周边线之内，使原始边线不被破坏。

爬坡及平焊段引弧后先做带弧动作于*A*点，稍做稳弧停留后，再做上坡状横向带弧于管面*B*点。做稳弧停留，使熔池厚度增加并

凸于 *A* 点，再做抬起动作带弧于熔池中心 *C* 点，使电弧回落 *A* 点，依次循环。

爬坡平焊段 *A* 侧成形以坡口边线进行平度比较，*B* 侧管面成形以上侧熔池厚度在比较中做稳弧停留。因 *B* 侧爬坡平焊段较厚熔池中熔渣难以逸出，熔池外扩成形较为吃力，宜在适当提高焊接电流时，采用顶弧焊接，做小圆圈形断续的快速带弧，从前向后使熔池厚度增加。

右侧焊接完成后，左侧焊接引弧点，应选在对接处起焊点前方 10~15mm 处，引燃后带弧吹向续接点，使两侧焊缝对接能形成较好的熔化。

第2章　水平固定管氩弧焊操作技巧

2.1　垂直固定管两次成形氩弧焊操作技巧

焊接示例：

以锅炉的水冷壁管焊接为例，管壁直径为61mm，壁厚为4mm，管距为19mm，选择 ϕ2.4mm 的焊丝，焊接电流调节范围为80~100A。

2.1.1　打底层的焊接

水冷壁管排焊接分为锅炉内外两个作业面。先做内侧面焊接，始焊点宜过管排中心线10mm，这样的始焊端焊缝成形，便于外侧引弧时对端点处的熔化吹扫，使内外对接处熔化金属熔化充分。引弧后，因管排小间隙障碍，氩弧焊枪不能对其点进行垂直吹扫，也可将氩弧枪贴于邻侧管面，做大角度顶弧吹扫预热。焊丝续入时，因间隙较小，直而过长的焊丝直触续入位置会形成焊丝障碍，影响操作者的动作和视线，应在焊丝端30~40mm处折成30°~40°的弯曲角度，再使焊丝端30~40mm外贴于坡口两侧的某一点之上，续丝时再以此点实贴处为焊丝滑动支点，做焊丝进入续丝位置的推进动作。

电弧预热完成坡口两侧钝边处，预热区内的焊丝推向预热点时，为了避免焊丝端与钨极尖部相碰，宜使焊枪稍做移动退出预热点，使钨极尖部与预热管面的距离拉长，再做焊丝的推进动作。

管口对接间隙2~2.5mm，焊丝于坡口间隙中心直推，由半熔化焊丝进入坡口并形成熔池后快速做焊丝退出动作，使钨极尖部同液态金属过渡距离缩短，并从上至下形成电弧走线，使金属过渡完全熔化于上、下坡口钝边线。电弧下带下坡口面之后，稍做向外退出的动作，并挑弧抬起向上坡口面，与此同时，焊丝端再次进入续丝位置，实贴半熔化端头使之脱落。再次从上至下使填充金属熔化，依次循环。

焊接时应注意以下三点：

（1）电弧长度的变化　氩弧焊接钨极尖部与管面吹扫长度的变化，熔池中易进入空气。焊接时，只要钨极尖部退出的条件能够使焊丝端续入熔池，则应控制退出高度并使其最短，并适当加大氩气的流量，使氩气保护增加。

（2）熔池成形的观察　续入坡口间隙的填充金属，在电弧的吹扫时，应能看到其熔透坡口钝边线的内侧情况。如果熔滴熔化时液态金属已熔透并稍凸于内径的坡口钝边线，则相继的焊接应控制每一次坡口钝边线的熔透量。

对于熔池外部成形应观察外露面的变化，正常的液态熔池表面细而闪光，如果发现气泡大小的液态熔池熔波出现，则应停止焊接并采取如下措施：

1）找出气孔出现的原因，如操作手法不正确，氩气输入量过小，焊接环境空气过流较大，应设保护屏障等。

2）对气泡出现的范围做全部打磨清除，打磨时尽量不扩大坡口两侧钝边线，并保持坡口两侧坡面的角度。

（3）钨极行走时高度的控制　氩弧操作时，焊枪进入操作点后应使五指之下的两指弯曲点，支撑于被焊的下管面之上再以实贴支撑处为支撑的轴线，使整体的焊枪及钨极尖部稳定。焊接时因各管口之间的障碍，必须在左右两手持枪，按自身的熟练程度先起焊方向应为动作缓慢的一侧，这样可在两侧相交的尾部收弧时留给较熟练的一侧，并按同样方法完成炉管内外两侧焊接。

2.1.2 盖面层的焊接

盖面层焊接，焊槽深度为1~2mm，高度为6mm。焊接起焊位置应过中心线5~10mm，先使电弧预热。引弧时可先将钨极尖部伸过两管之间的间隙，然后再使钨极尖部轻轻贴向始焊点，戴好焊罩引燃电弧，见预热颜色稍有变化即将焊丝端续入，续入时钨极尖部仍稍做拔长动作，避免两端相碰。随着液态金属的续入，迅速提出焊丝，做上下带弧动作。

此时，应注意以下三点。

（1）液态金属成形的范围　成形的范围向上应使液态金属熔波覆盖上坡口线 1~2mm，覆盖后再做下带的动作，使续入的液态金属呈圆滑状凸于上坡口线。电弧下带至下坡口边线，使液态熔池向下覆盖 1~2mm，续入金属可在电弧移至下坡口后再使焊丝端续入上坡口槽内续入点，焊丝熔化提出，电弧再从熔池的前方做上移抬起至上坡口，依次循环。

（2）焊接时熔池不能上浮　熔池成形后坡口上侧焊缝熔合处有局部凹于母材、熔合线过深、咬肉等缺欠，可采取以下措施避免：

1）焊接前，先检查钨极尖部受损的情况并做打磨，钨极尖部形状取长尖形（见图 2-1）。

2）电弧的吹扫角度由下向上吹扫时，使液态熔池波呈上浮滑动状，并利用液态熔波的上浮滑动形成对上坡口边部的覆盖，如果液态熔池不能上浮滑动，表明熔池的温度过低，应适当增大焊接电流。

（3）收弧方法　封面焊接如果在左侧完成，右侧焊接至收尾处也应走弧压过左侧收尾焊缝 10mm，再稍加填入焊丝后向焊缝上侧方向跳出电弧。跳出时不使电弧熄灭，跳弧停留位置距收尾处不能过远，只要跳出焊缝吹扫使收尾处温度增加即可。3~5s 后再使电弧回到收弧处，此次回弧应使电弧稍拔长，稍做吹扫再使电弧跳出熄灭。

图 2-1　钨极尖部形状取长尖形

内侧焊接完成后进行外侧焊接时应注意对接点引弧时熔化的状态，使续入的填充金属熔化完全。

2.2　水平固定管板氩弧焊操作技巧

焊接示例：

板厚为 8~10mm，管直径为 108mm，壁厚为 6mm，板面坡口角度为 40°，没有钝边，板管组对间隙为 2~2.5mm，定位焊缝长度为

15~20mm。选择 H08Mn2Si 焊丝，焊丝直径为 2.0mm 和 2.4mm，钨极直径为 2.4mm，氩气流量为 6~8L/min。电源采用直流正接，头遍层次焊接电流调节范围 100~110A，填充及表层焊接电流调节范围 130~160A，如图 2-2 所示。

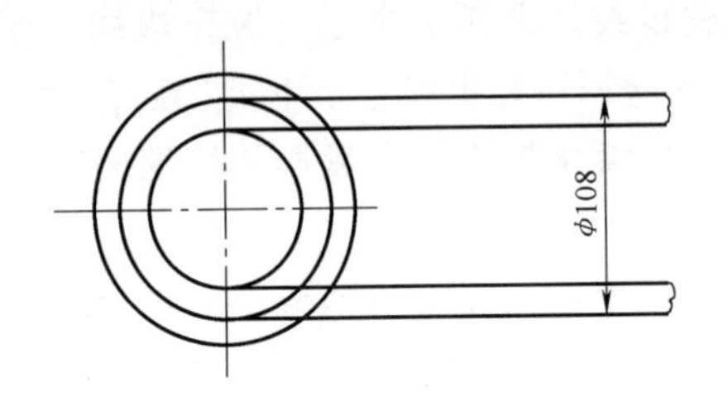

图 2-2 焊接示例

2.2.1 打底层的焊接

水平管的管板焊接应采用左右两侧方法操作，左侧为右手持枪焊接。

1. 焊丝续入

此例焊缝的间隙较窄，直径较小，焊槽较深，焊丝端很难直插焊缝续进吹扫中坡口的钝边处。焊前应按照焊缝的弧形度将焊丝 60mm 长度段弯曲，然后在续入时以焊丝外弧的凸出部分实贴在板面的坡口之上，形成焊丝续入时滑动的支撑点。再使掐丝处的拇指和食指做焊丝固定动作，防止焊丝弧度方向转动。然后再使焊丝端续入熔池的前方，并持久与熔池前沿续入点保持 3~5mm 的距离，使熔池前移区的电弧保持熔透性吹扫，焊丝端续入板面坡口钝边处的位置，外径应平于或稍凹于坡口钝边的外平面，避免熔化的金属液在没有外凸能力时下滑到坡口一侧，使板管焊缝外侧平面先出现凹陷成形。

2. 熔池温度的观察与电弧行走速度

起焊后应在观察熔池温度变化同时做快或慢的前移动作。温度较高时，除加快焊丝续入的动作外，也应加快电弧前移上提行走的动作，并调整焊枪吹扫角度与焊缝成形方向为 75°~80°。电弧吹向焊丝端后，应观察液态金属的熔化情况，电弧吹扫可按左右两侧焊缝的宽度和相邻母材熔化界的情况做横向电弧上提移动动作。

3. 引弧的位置

此例也属于垂直固定口的焊接，始焊点如果选择仰焊部位，始焊端宜过中心 0°点向右 30~40mm，并先使焊丝搭入坡口的根部引弧区，再使身体的重心稳定后使电弧引燃。左侧焊接完成后，右侧焊接应采用左手持枪，焊接完成应对焊缝进行检查。

2.2.2　填充层的焊接

填充层焊前先调节焊接电流至 130~160A，按焊槽深度可采用一次或二次填充焊接。焊接时因焊丝续入量较大，填充层焊槽又具有一定的温度承受能力，焊丝端可不做弯曲处理。续入时也可以用坡口的外边线作为焊丝一段滑动的实贴支撑点，使续入的焊丝端稳定。焊丝的续入量应保证一次续入的半熔化金属被回旋吹扫的电弧熔透，然后做下一次的续弧动作，依次循环。填充层焊缝成形厚度宜平于或凹于母材平面 1~1.5mm。

2.2.3　盖面层的焊接

盖面层焊接应按管板焊缝表面成形厚度 2~3mm 进行焊丝续入时焊丝位置的调整，管侧根部液态金属续入量较大，熔池的过渡应接近于内侧根部。焊接时先使熔化的液态金属形成管面一侧成形，再做横向运条动作于坡口的外侧边缘线，并覆盖高出边缘线 1~1.5mm。然后再做电弧的抬起动作，从熔池的前方划弧形线带回坡口根部，依次循环。

焊接完成应使表面平整光滑。

2.3　垂直固定管板氩弧焊操作技巧

焊接示例：

板厚为 8mm，坡口角度为 40°，没有钝边，管直径为 108mm，壁厚为 6mm，管板组对间隙为 2~2.5mm，管板组对定位焊缝 4 处，焊缝长度为10~15mm，头遍层焊接选焊丝直径为2.0mm，填充及表层焊丝直径为2.4mm，氩气流量为8~10L/min，头遍层次焊接电流调节范围为80~90A，填充及封面层焊接电流调节范围为120~140A。

1. 续丝的方法

仰焊管板焊接续丝的难度较大，条件允许时焊丝可在板面的上方续入熔池，使熔化的液态金属下沉后平于或稍凸于板面外侧平面。坡口内侧焊丝60~100mm段可按照管面的弧度弯曲，然后以弯曲段的内弧实贴于管面之上，使续丝在推进和退出动作中端头稳定。焊丝端续入坡口内的位置应使其外凸点平于或稍凸于坡口钝边处的仰焊外径平面，使熔化后的液态金属下沉，平于或稍凸于坡口钝边处的外平面。

2. 电弧行走的方法

焊接时可使持枪的手掌下端实贴在管面之上，根据电弧的行走速度将实贴点沿管面滑行，使钨极间的电弧在坡口的间隙中平稳前移。为防止焊丝端与钨极尖部相碰，前移钨极应成75°角，并稍低于成形后熔池的下方。在管板焊接焊槽较深时，也可使钨极尖部伸出风嘴的长度适当增加，再适当加大氩气的流量，形成熔池更大范围的保护。

打底层头遍层焊接完成后，填充层与盖面层焊接与水平固定管板的焊接基本相同。

2.4 水平转动管氩弧焊操作技巧

焊接示例：

管道直径为159mm，壁厚为6mm，一侧坡口打磨角度为30°~35°，两两组对成65°角，组对间隙3~3.5mm，组对前将坡口两侧20mm内的油污、锈蚀打磨干净。管道组对定位焊缝4处，定位焊缝长度为15~20mm，选择焊丝直径为2.0mm和2.4mm，氩气流量为6~8L/min，封底层焊接电流调节范围为80~90A，封面层焊接电流调节范围为100~110A。

2.4.1　打底层的焊接

1. 焊接位置的选择

在条件允许的情况下可将被焊管放到能够转动的钢管或能转动的转辊之上。选择焊接位置时焊接中心向下 30°~40°作为引弧端点，焊接时可将身体骑在管件之上，然后将持枪一侧的掌面或下掌面的小指实入于被工件之上使身体重心及焊枪稳定，如图 2-3 所示。

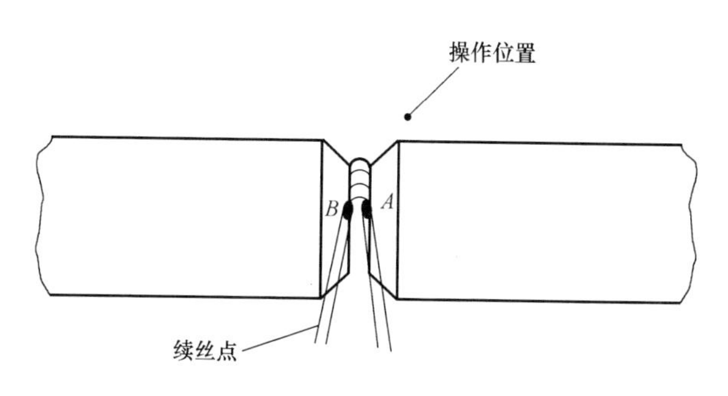

图 2-3　焊接位置的选择

根据焊丝续入的位置大致有以下三种续丝方法。

（1）焊缝中心续入法　焊缝中心续入法又分为焊丝固定续入法和移动续入法两种。

1）在坡口间隙适当时续入的焊丝可在电弧稍做移动的吹扫中将液态金属外扩到熔池侧。续入时电弧可直吹焊丝端头使液溶滴过渡到母材，然后再进行一个回合的运条吹扫。在熔池的温度较高时，也可在电弧移走的同时将半溶化的焊丝实贴于熔池续入点，再做电弧回旋的吹扫动作。

2）在坡口间隙过大时，中心续入的焊丝应使焊丝在续入时频繁地移动着焊丝的端头，并将半熔化的焊丝续入熔池，焊丝续入端应始终躲开电弧的吹扫线，依次循环。

焊丝的半熔化续入也可同熔池前移的位置相连不断，再进行电弧的跳跃吹扫，熔池不断延伸。

（2）坡口两侧焊丝续入法　坡口两侧焊丝续入是在坡口间隙适

当或较小时使续丝端实贴于坡口一侧点，再始终于坡口此侧的边线为焊丝续入的延伸线，电弧带至焊丝续入点时稍做吹扫，便使熔化的液态金属滑动至焊缝形成熔池，随着电弧的吹扫均匀地形成熔池的延伸。此种方法管道的内测形成平整光滑，熔池两侧没有过深的咬合线和过深的熔合点。

(3) 连续的焊丝续入法　焊丝续入在间隙较大时，捻丝的动作缓慢，焊丝续入溶滴量过小。也可采用阶段性上提法，即续丝时不做捻丝动作，而是将焊丝直接续入熔池。当焊丝的掐点随着焊丝的熔化缩至极短时，做电弧迅速移开焊丝接触点的动作，即将半熔化的焊丝粘在坡口一侧，瞬间将手握焊丝的掐点迅速上提，紧握焊丝后再做电弧回吹动作使焊丝熔化。上提时，手心要顺着焊丝上提，不能松开。

在管道坡口间隙适当或较小时，也可做捻丝续入动作，但焊前应做捻丝的准备，即手套要薄一些，焊丝搭在手心的位置，非常适合捻丝的动作。

2. 熔池成形的观察

氩弧焊熔池成形虽然没有熔渣覆盖，但也要注意观察熔池成形时的变化，要特别注意观察熔池中心的3个观察点。在焊接电流较大、熔池温度较高时，两侧熔池与母材的临界线会随着高温熔池的下塌出现较薄的熔池边界熔合线，熔池中心对管道内侧的过流会瞬间增厚，出现较薄的熔池边界熔合线，熔池中心对管道内侧的过流会瞬间增厚，出现悬挂着的突出瘤状下塌物，焊槽内熔池也明显出现大面积的下塌。

在焊接中，熔池成形的观察也可分为早、中、晚三个阶段。早期观察时熔池颜色过亮，熔池范围过大，此时可通过加快焊丝的续入量和加快电弧前移的速度使熔池扩大的范围迅速缩小，熔池温度过高消失。中期观察时熔池范围过大、过亮并伴有下塌趋势，此时应停止焊接，停焊后适当下调焊接电流，检查管道内侧成形下塌的情况。晚期观察时发现熔池下塌，继续加大焊丝续入量，想在大剂量的焊丝续入时做快速行走的动作，但熔池下塌趋势增加，此种状态应停止焊接，用砂轮切片切掉下塌点，对坡口两侧焊缝做打磨处理后再重新焊接。

2.4.2　盖面层的焊接

水平转动管封面时，按最佳位置的选择，可分为四个阶段。第一个阶段使立焊段 90°，点焊至顶部。点焊接完成再做 90°移动。依次循环。

盖面层焊接引弧之后，先做预热动作于始焊端，再使焊丝端续入预热点，熔滴过渡后，先推向坡口一侧 *A* 侧，并使液态金属覆盖坡口边线 1~1.5mm，再做电弧横向带弧动作于 *B* 侧，随着电弧的带过液态熔波覆盖坡口 *B* 侧边线 1~1.5mm。再做电弧提起动作，从 *B* 侧呈弧形线吹扫前沿熔池的根部熔接线（见图 2-4），至 *A* 侧，依次循环。

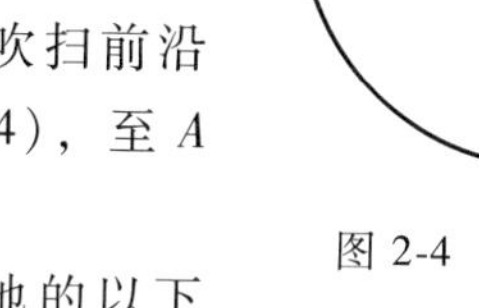

图 2-4　盖面层的焊接

焊接时，应注意观察熔池的以下两个变化：

1. 液态熔波外浮覆盖线的观察

液态熔波外扩时，应观察熔波覆盖坡口边线之上，覆盖点没有过深的熔合线和熔合痕迹，但熔池外扩时，也会出现过深的咬合痕迹。这种现象大致可分为两种原因：一是钨极尖部过钝，电弧出现散花状；二是电弧吹扫位置不正确，熔池外扩时，电弧的吹扫线应在前移熔池的后侧，液态熔波在电弧的吹动下，覆盖于坡口的边线。如果直吹坡口的边线，做熔波外扩的带弧动作，在焊接电流较大时，即会出现过深的咬合线和熔合痕迹。

2. 熔池成形厚度的观察

在熔池两侧外扩时，中心熔池厚度应明显凸于两侧。带弧时，电弧成弧形上提，将液态熔波推于两侧。回旋稳弧应能使中心熔池厚度增加，并比较中、加快和放慢电弧横向带弧的速度，中心熔滴的续入量应多于两侧，续入时使其均匀，使焊缝完成后，熔波平整光滑。

2.4.3 封底层的焊接

封底层的焊接采用氩弧焊接引弧，也应根据输出电源的设备，做出合适的调整动作。高频脉冲式氩弧枪因为配有自动的起火装置，可在引弧时将钨极尖部对准坡口一侧，钨极尖部与引弧处留有1~2mm距离高度，然后戴上焊罩，打开起火装置，使电弧引燃。电弧引燃后，应先带入被焊处，做预热动作，再加入焊丝进入正常焊接。

普通逆变式弧焊机只能配有划弧枪，引弧前应先将钨极尖部对坡口一侧，钨极尖部离板面的高度也在1~2mm之间，然后戴上焊罩，再使钨极尖部轻擦板面表皮，引燃电弧带入始焊点。

封底层焊接的最后收尾，可在电弧对熔池连续吹扫并带过相交焊缝或坡口一侧面10~20mm后，再做电弧逐渐上提拔起动作，使其熄灭。

2.5 水平不锈钢管氩弧焊操作技巧

焊接示例：

管材牌号1Cr18Ni9Ti，管道直径为89mm，壁厚为5mm，组对前对坡口两侧20mm内进行打磨处理，并使坡口成30°~35°角，没有钝边，选焊丝ER321，焊丝直径为2.0mm、2.4mm，氩气流量8~15L/min。电源选用直流正接，头遍层焊接电流调节范围75~80A，二遍层焊接电流调节范围90~100A。

1. 焊前准备

不锈钢管的氩弧焊接应做好焊前的一切准备，其步骤如下：

① 管道的充氩准备，目的是防止液态金属成形时管道内部的氧化和氧化后氧化渣和气孔的形成。采用的方法除焊接时备用的氧气成套设备，还应备有一套独立的充氩设备，包括氩气瓶、减压表和输气胶带。把胶带的出口插入被焊管道端的一侧，用透明胶带粘好封住，再使用透明带封住被焊管的另一端出口。

② 钨极尖部部打磨长度宜超过钨极直径的3倍，没有钝尖，使其尖状成形。

③ 焊接采用高频逆变式弧焊机，应先做焊接设备通电通气检查，并调节好头遍焊接位置，焊丝过长时可将其部分切断，焊接前身边应备有装上一定厚度的切片手磨砂轮，进行焊接过程中的切磨处理。

2. 工件组对的方法

小直径管道的组对与较粗直径的管道方法也有所不同。先将管道摆正后，再留出管道所需间隙 2.5~3mm，然后按坡口的内径平面调整两侧的平度。上下调整之后还要做左右两侧的调整，再使其固定。不锈钢小直径管道的连接应不破坏管道内侧钝边线，焊接时可采用较小的焊接电流，从坡口的外侧边缘成弧形，形成较细焊肉并延伸至坡口的另一侧。按同样的方法完成管道的 4 处定位焊缝的焊接，再用纸胶带封住组对后的焊口，开始管内充氩，管道内充氩的气流量也要根据管道直径的大小做适当的调节，如图 2-5 所示。

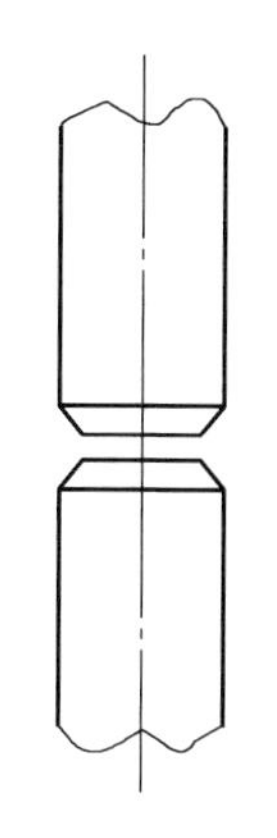

图 2-5　工件组对方法

2.5.1　打底层的焊接

1. 焊丝续入的位置和方法

焊前先将被焊处胶带少量划破，再听被焊处是否有氩气流量的声音和大小，然后按被焊工件位置选择仰焊部位中心 0°点左右 20°为起焊端。引弧后，因不锈钢焊丝液态熔滴的下沉量较大，上浮量较小，熔滴续入应接近续入的位置。仰焊部位续入时，应使焊丝端穿过坡口钝变线 1mm，再按焊丝熔化液的下沉状态，做出焊丝端向上或者向下的微量调节。为了控制焊丝端续入时的稳定，也可将焊丝续入端的一点实贴于坡口的一侧，并随着溶滴需要量的多少，将焊丝沿实贴点稳定推向续接熔池，较粗管道的焊接也应采用这种方法。

坡口的间隙较大时，仰焊位置也可采用半熔化焊丝连续续入法。操作时，将半熔化的焊丝按其坡口间隙的大小和坡口内径钝边处上平面的位置连续贴向坡口的间隙，吹扫时并不产生续断。为了避免熔池温度增加，电弧吹扫应绕开焊丝续入端，只做焊丝续入后坡口两侧钝边的吹扫。

2. 熔池温度的观察与改变方法

在标准的焊丝续入时，坡口两侧出现了熔化边界过薄、凸状熔滴过多量坠入焊槽中心，管道内径成形金属面过大的现象，其原因是焊丝续入时温度过高和电弧吹扫时使熔池温度过高。焊丝续入时，已形成管道内径溶化金属与管道内平面熔合平整。电弧后续吹扫应在观察熔池的变化时做适当调整，温度较高时，应加快焊丝续入速度，并使其吹扫线快速带过所吹位置，如反复吹扫或稳弧时间过长，不但会造成过高熔池温度，也会造成母材金属组织的晶粒粗化，降低金属材料的综合性能。

在坡口的间隙较大时，中心续丝和坡口一侧续丝，电弧带过使液态金属滑动的位置是有限的。超过其界限时，在电弧的高温下，就会形成一定程度的下淌，使本来合适的熔化边界变薄。焊接时，焊丝续入的动作，应根据熔池成形的变化进行快速调整。如熔池坡口两侧已出现熔透状态，坡口两侧界面熔化平整光滑时，应通过焊丝端快速的前移滑动，加快电弧带过的速度，缩短坡口两侧稳弧的时间，形成金属液的最佳凝固。

3. 管道定位焊缝的处理方法

对管道定位焊缝应采用切片方法，并顺其坡口的斜面度进行切除。切除时，应保证坡口的斜面和坡口根部的钝边线不被破坏。各点的切除也应根据焊缝延伸至位置后再逐一切除，保证管道组对的平度不变。

4. 收弧的方法

氩弧焊收弧的方法可以分为以下两种：

（1）利用电源弧衰减装置收弧　带有高频振荡引弧同时也带有电弧衰减装置的氩弧焊机，收弧时，头遍层焊接电弧可带向坡口的一侧，然后将按引弧开关的拇指缓慢地向上抬起，使燃烧的电弧逐渐减弱，直至消失。

（2）划弧枪收弧法　带有划弧枪的氩弧焊接设备收弧时，应带弧于坡口一侧，再做电弧前移10~20mm后，使电弧带出逐渐上提使之熄灭，在熔池尾部相交点收弧。封面焊接时，可在加快焊丝续入动作之后，稍做停留，再以划弧枪的吹扫线移至焊缝一侧的边缘线上，再前移 10~20mm，然后拔起电弧使之熄灭，如图 2-6 所示。

2.5.2　盖面层的焊接

1. 续丝的方法

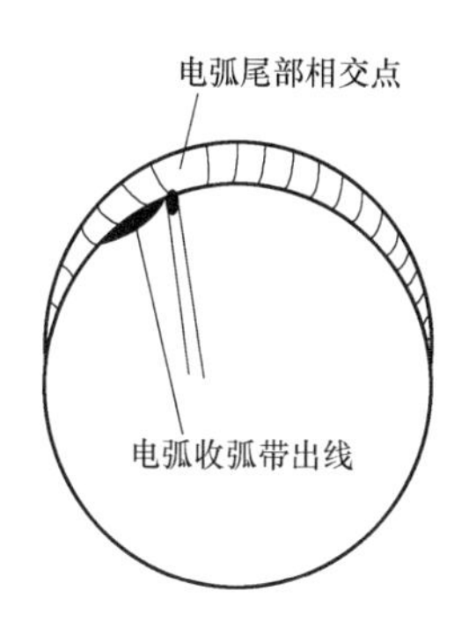

图 2-6　划弧枪收弧

不锈钢管道与普通低碳钢管道氩弧焊续丝的方法是有所区别的。封面焊时，普通低碳钢焊接可断续将焊丝直插熔池或溶化的边缘，这种断续的续丝方法会使不锈钢熔池出现熔渣返出状态，虽然这种状态在电弧的吹扫时能够消失，但熔渣返出现象也会使熔池成形受其影响。操作时，也可将断续续丝动作设为连续续丝动作，即将焊丝贴于焊缝的中心或一侧，然后做电弧摆动动作，熔透并形成熔池外扩，焊丝续入熔池端，应始终处于没有熔化又在电弧外设覆盖线的吹扫中。焊丝续入时，最好与焊接方向成 20°~30°角。

2. 对外扩容熔池的吹扫

电弧对熔化后的液态熔波应始终为笔直的吹扫线，一侧边部熔池覆盖应在电弧吹扫时，形成外溢的均匀覆盖。如液态熔波外扩时出现外扩范围过小或过大，电弧吹扫带过线，熔池外扩边线，呈条状咬合痕迹，应采用以下方法进行处理。

1）更换并打磨钨极尖部成形。

2）调节电弧向上或向下的强度。

3）改变电弧的吹扫角度，并在稳弧时，使熔波出现外溢的滑动，如没有滑动状态或滑动状态过慢，说明焊接电流过小。熔池温度过低。

3. 盖面层焊接熔池成形的速度

氩弧焊熔池的成形速度受以下两种因素的影响：

1）钨极尖部伸出封嘴的长度过短。当今行业上流行的摇把焊枪，为了使风嘴的底侧实贴于被焊的管面之上，进行左右的摇摆动作。为了使焊枪的角度变大，封面焊接时又没有焊槽的支撑，加大风嘴与被焊熔池之间的距离，只能缩小钨极尖部伸出风口的长度。焊接时，钨极尖部伸出风嘴的长度过短，液态金属熔化滑动速度就越慢。

2）稳弧的时间过长。电弧在一侧吹扫时，于一处做稳弧，使高温熔池区呈持久状态，这种情况，很容易引起焊接区域内组织的粗大，使母材塑性和韧性下降，焊接区域引发裂纹的倾向也会增加。不锈钢管道焊接也应根据不锈钢材质的特点，采用窄焊缝、快速焊，尽量缩短高温熔池在每一个阶段停留的时间。

盖面层焊接应使熔池均匀外扩坡口边线 1~1.5mm，熔池高度成形 2mm，且焊道表面呈银白色或金黄色。

2.6 水平固定不锈钢管板氩弧焊操作技巧

焊接示例：

板厚 12mm，板面侧坡口角度 40°~45°，没有钝边，被焊管直径为 89mm。管板组对间隙为 2mm，选择焊丝 ER321，焊丝直径为 2.0mm 和 2.4mm，焊接电流调节范围为 80~140A，氩气流量为 8~15L/min。

焊前在板管焊缝的外侧做封闭处理，如采用软薄铁板，锤成圆弧状用胶带或其他方法粘在软板外背侧，焊接时使吹出的氩气留在封闭的空间。

2.6.1 打底层的焊接

1. 打底层焊接焊丝续入的位置

如图 2-7 所示，此例焊接属于立焊焊接范畴，因坡口的间隙较小、较深，续丝难度较大，按焊接习惯宜先起焊于左侧。按时钟选定引弧位置过中心 6 点向右至 5~4 点之间，并沿其坡口的间隙，将焊丝顶到坡口钝边的间隙处，电弧引燃后，先做焊接区 5~

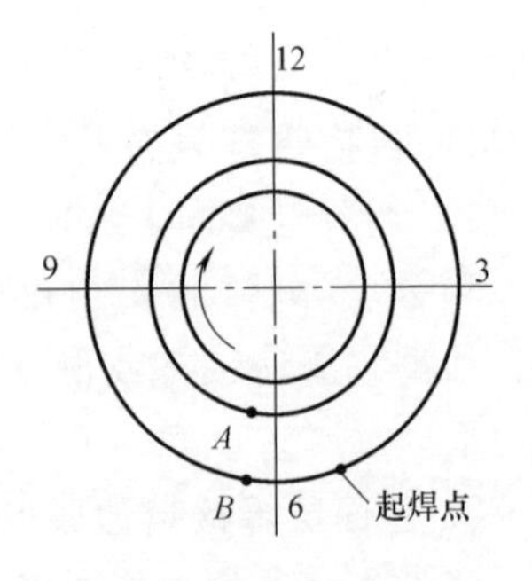

图 2-7 打底层的焊接

10s 预热，再使焊丝进入预热区坡口的钝边处，使端头熔化。电弧吹扫宜先使金属液熔透于仰焊处平面，再做下带吹扫动作，使熔滴过渡于坡口的钝边处。按熔滴自坠成形方向。焊丝续入端宜按管面的弧度，实贴于管面之上，再按熔滴外凸的多少使焊丝端直插坡口的钝边处。焊丝续入量一次宜使少量过渡，使电弧熔透一次量金属液之后，其吹扫线始终吹扫前沿熔池的坡口间隙，并随其再次熔滴的快速续入，做电弧快速的上提动作。

按时钟的上移方向，立焊段和上平焊段应使焊丝的续入端逐渐转向板面坡口一侧，并沿其钝边线的过渡点，使过渡的金属平于或稍凸于板侧平面。

2. 带弧的方向

管板带弧行走的方向与稳弧吹扫的方向不同，如图 2-8 所示。仰焊段电弧稍加停留，并应始终位于管面仰焊部位的一侧，熔滴过渡并使之熔透后，再做垂直下带动作于下坡口钝边处 *B* 点，电弧稍稍停留。*B* 点稳弧后的电弧向 *A* 点进弧时，其带弧的方向应为前沿熔池的前方，呈弧形从 *B* 侧点上提至上侧 *A* 点，过渡时可做前沿熔池的吹扫。依次循环。

2.6.2　填充层的焊接

填充层应根据坡口焊槽深度，调节一次填充层厚度的多少。填充表层板侧宜稍凹于母材平面 0~1mm，管面侧凸于 1mm，封面表层焊接坡口边线应凸于板面 0~1mm，管侧表层凸于 2~3mm，焊接时宜注意以下两点：

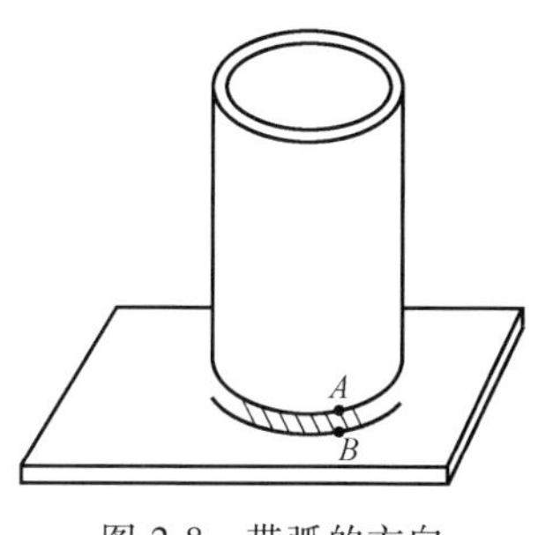

图 2-8　带弧的方向

1. 填充层焊接一次成形厚度的控制

填充焊接时，宜根据板槽深度做一遍成形和二遍成形的调节。一次成形应按熔滴过渡电弧吹扫熔透的状态控制好液态金属的熔入量，其熔透状态的观察有两种区别：

1）焊丝熔化后，并做快速的电弧前移动作，使新建熔池的熔界线和被焊缝表层没有形成高温熔池的熔化。

2）熔滴过渡后，电弧对熔滴进行吹扫，形成熔透熔池后再做电弧上提前移，并使熔滴再次续入。

2. 不锈钢管板焊接和管道焊接熔池成形颜色的控制

可分为采用以下方法：

1）氩气流量的调节。通过氩气流量大小的调节后，进行颜色的观察，并通过观察选定氩气最佳流量。

2）熔池温度的观察。熔池温度过高、持续时间过长时，焊缝表层呈暗黑色。

3）焊接速度。焊接速度过慢时，熔池黯淡无光。

4）氩弧焊缝表层以银白色为最佳，其次是亮黄色、黄色、蓝色、黑色。

5）层间温度的控制。不锈钢管板和不锈钢管道焊接时，应控制两个焊缝层之间的温度。管道头遍层焊接完成之后，温度过高时，应使其在空气中冷却至50~100℃后，再做下遍层次的焊接。

2.6.3 盖面层的焊接

管板盖面层焊接完成后，应使焊接成形宽度均匀，焊缝表层光滑平整。

2.7 水平固定管两遍成形氩弧焊操作技巧

焊接示例：

管道直径为89mm，壁厚4mm，两管组对成角65°，没有钝边，两管组对间隙3~3.5mm，焊前将坡口两侧20mm内做打磨处理。定位焊缝长度15~20mm，定位焊缝位置在上下及左右中心处。选钨极直径为2.4mm。封底层焊接电流调节范围80~90A，封面层焊接电流调节范围90~110A，氩气流量为8~10L/min。

2.7.1 打底层的焊接

1. 氩弧焊焊接姿势的选择

水平固定管的吊口焊接，焊接方向从下向上，焊接前先做焊罩头部固定动作，再使身体贴近焊缝。如蹲式焊接，操作者不能死蹲，其身体弯曲向下后，能随焊接走向延伸，并能逐渐上移抬起。从一侧底端至收尾顶部平焊中心处，两臂肘与掌指之间。如右臂为擎焊炬之手，应使右臂肘端顶实管道某一处管面，再使左侧掌端抬起，滑动手中焊丝。大臂多悬在空中，但小手指与平行底侧掌端以某一点支到管面，并以此支点为轴，平稳使焊炬上移。

2. 续丝的方法

（1）换掐式续丝法　此方法适用于焊丝续入量较大，熔池较宽、较厚的粗形管道焊接，其方法是引弧之后，随着焊丝掐至点与续入点一节的逐渐缩短，燃至掌底的焊丝，随着焊炬连续的横向摆动，找准坡口一侧熔池的续入点，使焊丝实贴在熔池的相反方向，或贴于坡口一侧。随着焊丝触点温度的降低，焊丝已实粘在熔池之上，瞬间平掐焊丝的指端以手握焊丝的感觉移动，以长短不同的距离，使掌指上移完成此段焊丝换掐的位置。

（2）连续续丝的方法　连续续丝多是焊丝在手掌之上，一处搭于拇指的虎口底处，一处搭于中指与无名指的连接端。续丝时，以拇指根部的前后移动，使焊丝向前滑动。

（3）焊丝依靠续丝法　焊丝依靠续丝法是焊丝擎制掐点与焊丝续入点的距离较长，掐点与续入点之间焊丝多贴于坡口一侧坡面钝边处，并以此点为焊丝下滑支点，使焊丝平稳下滑续入熔池。

3. 焊丝向熔池过渡的方法

（1）焊丝实贴熔池过渡法　焊丝续入时，以实贴动作贴入焊丝续入点，再以其停留时间的长短控制焊丝过渡金属熔化量的多少。在电弧对熔焊丝续入点回带的瞬间，做焊丝的提出动作，焊丝提出的位置悬在续接丝点的前方或近贴于坡口的一侧，但与熔池间的距离应在 10~20mm 之间。过远时焊丝再一次续入的难度过大，过近时焊丝端易发生与行走的钨极相碰，造成短路电弧。焊丝提走后，电弧做一次或两次横向吹扫动作，对半熔化过渡的熔滴进行再一次熔化性的吹扫，使坡口两侧根部熔透，并使其完全熔化成形后，再做一次焊丝实贴熔池续丝动作。依次循环。此种方法有利于液态金属过渡时对熔池温度的控制，使焊缝内外两侧成形平整光滑。

（2）熔滴过渡法　熔滴过渡是焊丝进入续入区时，没有贴实进入熔池的位置，在电弧的吹扫下，液态金属是高温状态瞬间过渡，因过渡的液态金属呈滑动状态，处于仰焊部位易形成管道内径成形下塌、焊槽内成形过厚、两侧成形过薄等缺欠。其适用范围仅限于管道坡口间隙较小、工件较厚、熔池温度较低的工件和焊接速度较快时的操作环境。

（3）连续过渡法　连续过渡是工件较厚、焊丝续入量较大、熔池温度较高时的续入方法。操作时，先使焊丝实贴并熔化于坡口的一侧，再随其电弧吹扫的前移。呈半熔化状态贴入熔池并移至坡口的另一侧。再紧随电弧的吹扫，做连续的横向续丝动作。依次前移。

4. 焊丝续入的位置

（1）仰焊部位焊丝续入的位置　应根据坡口间隙的大小、工件的厚度、焊丝续入管道的位置，做焊丝续入方位的调整。坡口间隙较大，工件较厚又处于仰焊位置时，焊丝应贴向坡口钝边线的根部，并使之平行或超过与管道内径平面。随着电弧预热温度焊丝端先贴在坡口一侧钝边处，再随其电弧做横向续丝动作至坡口另一侧钝边处，如图 2-9 所示。

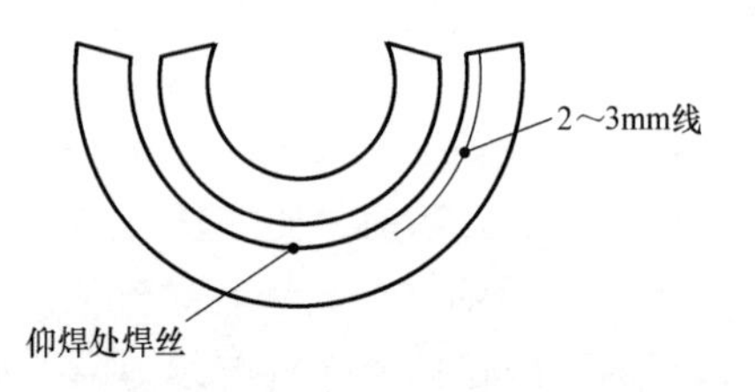

图 2-9　仰焊部位焊丝续入位置

焊丝续入时，要观察坡口两个熔化点中心熔池过渡的状态。坡口两侧熔合，应使其熔合处没有下凹的咬合熔合线。如发现液态金属呈下滑的趋势，除适当下调焊接电流的强度，还应改变续丝处吹扫的时间。如稍做吹扫液态金属有下移滑动感，应迅速改变电弧的吹扫方向和位置，并使焊丝实贴进入高温熔化熔池续接处，形成熔池下滑温度的缓解。焊丝续入时还应观察液态金属熔化时坡口两侧钝边线的平度，稍有凹陷可使焊丝续入端再稍做上移抬起，过凸时适当下移。

管道中心熔池下塌时，应使坡口一侧续入的焊丝呈平行横移滑动，动作要快，电弧吹扫线也应一带而过，并随其焊丝坡口两侧的续入使电弧快速前移，控制熔化后金属的下沉温度。

（2）立焊部焊丝续入的位置　应根据坡口间隙、熔池温度及工件厚度，做焊丝续入位置的调节。在熔池温度高、坡口间隙较大时，焊丝贴紧续入端，应贴于坡口钝边处的内侧，再以外扩熔池凸于坡口边线的多少，做焊丝端内移的调节。如焊丝端内移坡口钝边 2~3mm 线，熔池外扩范围过渡坡口间隙，坡口钝边处的熔化是坡口钝边熔化后的外凸，坡口间隙处没有形成液态熔池均匀的整体外凸，是因为续丝的位置偏离坡口钝边线过多，液态熔池外滑动不均匀造成的，应使焊丝端的续入接近于坡口的钝边线，并使液态金属与母材熔化均匀。

立焊段焊丝的续入时，出现熔池范围过大、熔池厚度明显增加、电弧前移速度过慢、电弧在坡口两侧钝边线咬合缺口过大等，是因为熔池的温度过高、熔池整体滑动范围过大、焊接速度过慢、焊丝端续入凸于管道内径平面过多造成的。焊丝熔化时的温度超过了坡口两侧，钝边线温度的承受力。避免的方法是在适当降低电弧的吹扫强度时，使电弧的吹扫线从坡口钝边线内移 3~4mm，将电弧线的吹扫范围多移向焊槽的斜面，同时加快续丝的速度，使熔池的温度降低，再将焊丝端续入的位置内移坡口钝边处 2mm。

（3）管道爬坡段及顶部平焊焊丝续入的位置　管道爬坡及顶部平焊氩弧焊接，在坡口间隙 3~4mm 时，焊丝的续入也应使续入端实贴坡口钝边线，并保持焊丝与管道内平或稍凹于坡口钝边线。如焊丝端的续入凸于坡口内平面，熔化后的焊丝端液态金属滑动会迅速下沉。在熔池温度稍高时，也会造成坡口间隙间的整体滑动，形成焊缝过大的内凸现象。

续丝时也应保证焊丝端平稳续入，应以焊丝端底侧凸点与坡口钝边线的比较使焊丝实贴续入点。

5. 管道氩弧焊接引弧的位置

管道氩弧焊接引弧的位置也应根据坡口间隙的大小、焊接的位置、固定点的多少及相隔的间隙做出选择。水平吊口的引弧位置多以仰焊中心线左右 20~30mm 为起点，即焊接走向为左侧，引弧位置为中心线右侧 20~30mm 处。这样会使另一侧引弧端的熔滴过渡不处于从上向下的低点对接，使电弧熔化后的引弧端因熔滴呈下坡状过渡，能顺利形成上浮熔池。

较大间隙时的管道仰焊部位引弧，如间隙 4~6mm、中心线左右 20~30mm 范围内的熔滴过渡，也易形成端部熔滴的下滑、下塌、局部堆状成形过大等缺欠。可在左侧方向的焊接时，选偏向右侧中心线 100~120mm 处为起焊端，以从上向下的熔池走势，使液态金属在较大的间隙中顺利过渡。

6. 引弧的方法

（1）划动带弧法　起焊前，将钨极尖部近贴于坡口一侧起焊处，使钨极尖部稍做点碰，即迅速抬起使电弧引燃。

（2）带丝引燃法　引弧前，将钨极尖部对准坡口一侧，再掐住焊丝于钨极尖部所对的坡口之间，戴好焊罩后，使焊丝在钨极尖部所在的坡口间隙处从下向上做上提带丝动作，并相碰于钨极尖部，使电弧引燃。此种方法电弧引燃迅速，又能避免钨极尖部与板面相碰时受损现象发生。

7. 氩气流量的大小

1）氩气流量可在流量计安装后，根据室内及室外空气过流的强度做大致流量的选定。室内焊接没有空气风向干扰，氩气流量可做低的调节，室外焊接时空气风向干扰较大时，除做一定的遮挡防护外，应使氩气流量增加。

2）在氩气流量的调节时，也可根据焊接后熔池成形的熔化质量做出选定。焊缝表层亮，并带有光泽，为氩气保护效果最佳。有点状及密度气孔浮出时，首先要加大氩气的流量，并检查氩气气管路有无破损、中间控制阀调节得正确与否。

3）氩气流量过大不但会造成材料的浪费，也会因氩气覆盖时对熔池的推力而形成熔池紊乱。

4）正常焊接时的氩气流量为 8~10L/min。

8. 钨极尖部伸出风嘴的长度

钨极尖部伸出风嘴的长度，应与管道焊接工件的厚度相适应。

工件较厚时，应使钨极尖部伸出风嘴的长度适当增加，即稍长于风嘴的直径。钨极尖部伸出风嘴长度的选择，正常焊接应小于风嘴的直径。

9. 走弧的方法

过管道仰焊中心10~20mm使电弧引燃，再做坡口两侧预热。预热温度以坡口钝边线1~2mm呈半熔化状态，再使焊丝贴于坡口一侧。如钝边处做实贴续入过渡后，过渡间隙2.5~3mm，电弧可做连续横向带弧，由该侧至另一侧，焊丝可在瞬间提出熔池，电弧由熔池熔合线前方做抬起动作。抬起时，电弧的吹扫范围不离开熔池前移熔合线，并使熔池的前移熔化，使在电弧从该侧至另一侧的跳跃时进行充分的过渡熔合。再使续入的焊丝端实贴于间隙间，并平于或稍凸于管道内径平面，随其焊丝熔化的多少做焊丝再次向前的提起动作。电弧再一次从该侧至另一侧做横向带弧，进行液态金属熔池过渡吹扫。依次循环。

（1）焊丝续入的速度过慢　氩弧焊最重要的一个环节是焊丝续入时的速度，熔滴一次一次过渡后，电弧做一次横向吹扫，此时熔池温度最佳，电弧吹扫强度最合适，熔池成形厚度适当，熔化处平而光滑。但电弧从一侧至另一侧时，电弧过渡后的熔池没有焊丝相继的续入，电弧的稳弧点已使熔池温度迅速升高，中间熔池也产生了局部下塌和整体下塌的趋势。

氩弧焊接在电流调节合适之后，熔池温度的调节主要来自焊丝的续入速度。焊丝续入的速度越快，熔池的温度则越低，电弧前移的速度也越快。当电弧横向吹扫时，焊丝端可在熔池前方的预热区进行等待，电弧从一侧至另一侧吹扫并抬起之后，焊丝端应迅速实贴或将熔滴过渡到高温熔池续入点，使熔池温度缓解，电弧上移迅速。这种动作的掌握，在熟悉要领后，要反复练习加以提高。

（2）焊丝续入的位置过偏　氩弧焊应保证焊丝续入的准确度，在采用焊丝断续续入时，仰焊位置一个动作续丝完成。应使焊丝提出熔池后，停留的位置在电弧覆盖下的预热区内。焊丝停留时，焊丝端应始终对准续入的位置，如仰焊位置焊丝续入应使焊丝上端稍凸于坡口钝边线的上平面，保证焊丝熔化后，下滑位置平于管道内径平面。其方法的运用也可在焊丝的颤动或难以续入时，使其端头始终贴于坡口钝边线的边缘，并以续丝端的一段的某一个位置为依靠点，稳定焊丝端头续入时向前的快速滑动。

仰焊位置的焊丝续入也可在电流熔池温度和合适的坡口间隙时，使实贴熔池后的焊丝不做断续的提出动作。而使焊丝平贴与两侧坡口钝边线的间隙间不动，然后做两侧的快速带弧动作。电弧在两侧点使焊丝熔化时，横向带弧可不使焊丝出现熔穿式的吹扫，只使其熔化。

（3）钨极尖部与焊丝相碰的避免　氩弧焊常常会发生钨极尖部与焊丝端的相碰，发生后焊接区笔直的钨极吹扫线迅速出现较大的吹扫范围，使焊丝过渡后的熔池区失去了电弧的点状熔化，熔池局部或大部出现下塌、下滑。

产生的原因是焊丝端进入熔合区时，没有形成钨极尖部与焊丝端在同一位置的相错，即钨极尖部于一侧点吹扫时，焊丝端应对准该侧点做等待准备。钨极跳弧于另一侧后，不再对准该侧点，使焊丝端进入续入位置做实贴金属的过渡。电弧于该侧点回带时，应做回撤提出焊丝端的动作，坡口间隙较大。焊丝于两侧同时做焊丝续入动作时，钨极吹扫宜避躲焊丝端向熔池的进入位置。

钨极尖部与熔池应始终保持 3～4mm 距离，如钨极尖部发生颤动，应改变焊把的手握方法，由底侧小拇指和底侧掌面支撑于被焊管道面，使钨极尖部运行稳定。焊丝续入端也按同样的方法使掌侧面支撑于被焊管面之上，同时在焊丝贴于坡口钝边的某一点，进行点状续入，保持断点续入时的准确。焊丝端与钨极尖部相碰后，应先做钨极端打磨和相碰处熔池的打磨处理，再进行焊接。

10. 熔池下塌的原因及控制方法

管道焊接仰焊部出现熔池下塌有以下 4 种原因：

（1）续丝位置过低　仰焊部位续丝，续入的焊丝端应平于或稍凸于管道内径平面，续丝位置过低时熔化后的液态金属会出现自坠下沉。

（2）坡口间隙过大　在坡口间隙过大时，挺入熔池位置的焊丝超过了管道的内径平面，但熔池温度使液态金属持续的时间过长，液态金属凝结速度过慢，使熔池下沉范围过大。

（3）过高熔池温度时的熔滴过渡 焊丝端进入仰焊续丝的位置，在坡口间隙较大和熔池温度较高时，采用滴状液态金属进入熔池会更促使熔池温度的增加，形成液态金属的下滑。

（4）续丝速度过慢 氩弧焊控制熔池温度的方法之一就是焊丝续入熔池的速度，焊丝续入熔池动作过慢时，合适的焊接电流也会使熔池温度升高，形成熔池大面积下沉。

避免熔池下塌的措施如下：

1）保证焊丝端续入熔池的位置。

2）在坡口间隙较大时，应加快焊丝续入熔池的速度。

3）缩短电弧高温区稳弧停留的时间。

4）改熔滴过渡为焊丝实贴过渡。

11. 仰焊部位表面成形问题的原因及防止措施

仰焊部位表面易出现成形中间过凸、过厚，两侧成形过薄的问题。

在坡口间隙较大、续丝速度较慢、熔池温度较高时，管道内径出现熔池下塌，那么焊槽内熔池表层中心多为凸起的堆状成形点。凸点处又多有堆状气孔发生，过凸熔池与坡口两侧成形线为沟状成形连接。

改变氩弧焊时出现此类成形，除了改变续丝的方法，也应增强操作时观察熔池变化的能力。焊丝续入后，熔池不能做前移延伸或延伸缓慢，电弧难以前移或没有前移时吹扫的位置，熔池颜色过亮，并伴有不规则下沉感、加厚感。应迅速改变操作方法：

1）停止焊接，降低管道被焊温度。

2）适当减小电流。

3）改断续实贴式续丝为连续实贴式续丝。

4）对熔池下塌成形段做打磨处理。

5）做焊槽内电弧吹扫线外移宽度的增加，即电弧稍做偏离熔池中心及坡口钝边线的吹扫，延至方向可在坡口两侧坡面。

12. 管道立焊中段熔池过厚及内径过凸熔池的出现原因

1）当坡口间隙较大熔池温度较高时，采用了熔滴过渡的续丝方法，使高温熔池在液态金属的推力下，形成外凸熔池下滑。

2）当坡口间隙较大、熔池温度较高时，续丝的触点凸于钝边外的管道内径平面，使下滑的液态金属形成了较大的熔池外凸成形，造成管道内径成形过凸。

3）在续丝速度过慢的情况下，熔滴过渡和实贴过渡的熔池都会出现熔池的前移困难、熔池下滑量过大和堆状成形过厚的现象。

4）在熔池温度正常的情况下，断续实贴焊丝的续入不会产生液态金属的局部或大面积的滑动，过渡熔滴与被焊工件的熔合只是电弧吹扫下与被焊工件的全部熔化，管道立焊段以上弊端的避免，较大间隙焊接时，应选用焊接下限电流，并采用连续实贴焊丝续入方法。熔池温度过高时，焊丝实贴续入位置应停留于坡口钝边线的里侧，再以电弧吹扫下的熔池外扩，平于或稍凸于管道内径平面。

13. 管道爬坡及平焊段焊接时内径过瘤的产生及防止措施

焊接时焊丝端触点没有凸于或平于母材钝边线内径平面，但熔池下沉仍凸于管道内径平面过多。

管道爬坡平焊段焊接，在熔池高温范围较大时，焊丝端的滴状过渡又使熔池温度增加，电弧吹扫停留位置向前时，坡口钝边线受损，后移时凝固后的熔池液化形成下滑。此种状态的出现是初级焊工在焊接时电流调节和续丝方法及速度没有形成相互间的一致。同样的焊接电流对于电流焊工甲非常合适，是因为焊工甲在焊接时利用续丝的速度时高温熔池进行了合适的调节，实贴焊丝续入方法又能使电弧处扫点迅速前移。由于电弧吹扫位置的合适变化，形成了最佳熔池的凝固。而焊工乙焊接时在最佳熔池成形后，由于续丝速度没有使新的填充金属续进熔池，而电弧不能前移，使电弧吹扫仍停留于最佳熔池的边缘，造成了液态金属的持久使之下沉。

管道封底焊接合适的电流，应在续丝速度缓慢时做向下的调节。管道组对时，坡口间隙的选择应根据管道的厚度、直径、焊丝的直径进行组对。管道直径在200mm以下时，不宜超过4mm，并尽量采用焊丝实贴断续和焊丝实贴连续续丝方法。在熔池温度较高、电弧没有吹扫位置时，可使焊接停止，待高温熔池降至低温后，在做电弧引燃动作。

管道顶部焊接尾端与另一侧焊缝相接处，电弧吹扫应带过相熔点10~20mm后，再从坡口一侧坡面缓缓提起使之熄灭。

2.7.2 盖面层的焊接

焊接示例：

焊槽宽度6~8mm，深1~2mm，选择焊丝直径为2.4mm，焊接电流调节范围100~110A。

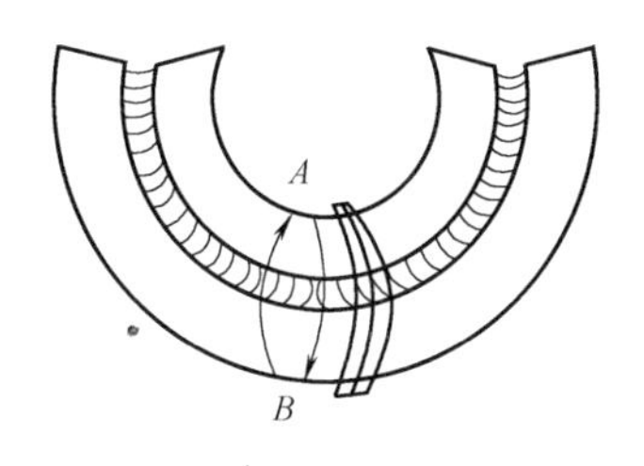

图2-10 电弧移动操作方法

焊接方向从右向左，过中心右侧10mm使电弧引燃。引弧后，先于始焊端做预热动作，被焊工件稍见汗状，即将焊丝端进入预热点，并使之熔化。再迅速做焊丝带出动作于预热边。如图2-10所示，电弧于坡口一侧如*A*侧使熔池外扩，并覆盖另一侧*B*侧边线1~2mm。再呈弧线形使电弧回带，使熔池外扩宽度增加，并覆盖*A*侧边线1~2mm。再呈弧线形使电弧回带，使熔池外扩宽度增加，并覆盖另一侧*B*侧边线1~2mm。电弧于*B*侧后，迅速做抬起动作，从*B*、*A*侧熔池的上方，呈弧线形从*B*侧点跳跃至*A*侧点边线。此时，新的焊丝端的续入已熔化于*B*、*A*侧熔池间，再做电弧从*A*点至*B*点的横向带弧吹扫，使熔池外扩宽度再次覆盖坡口两侧边线，再做电弧抬起动作。依次循环。

在电弧的依次吹扫中，应注意以下几点：

（1）熔池两侧外扩宽度的观察　氩弧焊电弧续入金属的吹扫，应使液态金属迅速出现外扩的液滑动，其状态像微弱的水波状，覆盖坡口的外边线，使成形后的熔池两侧平整光滑。如电弧吹扫时，液态熔波没有滑动或熔池外扩坡口的边线时，是电弧外移带出的熔池覆盖造成的，其成形后的焊缝两侧必然出现咬肉、两侧熔合线过深、边线不齐等缺欠。这种现象大致有3种原因：

1）电弧吹扫线出现散花状，电弧不能有力笔直地吹向过渡金属。改变方法是对钨极尖部重新打磨，钨极成形选用长形尖状，不留钝尖。

2）改变电弧吹向液态金属的角度，液态金属熔池向坡口两侧外扩，应是电弧的吹扫线，从里向外的顶弧方向的吹扫，使液态金属产生向外的滑动后，覆盖边线使之成形。

3）采用从里向外微小的小圆圈形摆动方法，电弧从 *B* 侧至 *A* 侧，停留于 *A* 侧的边线内 2mm 停留线，并由底向上、从里向外做电弧的吹扫动作。

（2）坡口两侧成形的方法　坡口两侧金属外扩停留线，应在液态熔池的滑动时，以坡口外侧边线的比较做电弧的吹扫动作。如液态熔池已覆盖于坡口边线，并在覆盖时见液态熔波外凸线已超过坡口边线 1~2mm，应做迅速的下滑吹扫带弧动作，使电弧角度产生变化，并吹向熔池中心及至形成另一侧 *B* 点方向的顶弧吹扫。

（3）熔池中心平度的成形　熔池中心下滑平度是电弧多次横向的带弧吹扫形成的熔波成形线，电弧一次从 *A* 侧向 *B* 侧吹扫，使液态熔池波产生滑动。向上应以坡口两侧边线的比较，在比较中使熔池产生一定厚度成形，向下应使下滑熔池与下层凝固熔池线相连平整，并以电弧横向运动时的带弧吹扫，做熔化平度的吹扫。

（4）走弧的方法　盖面层焊接电弧走线与封底焊接走向相同，电弧从 *A* 点做始端带弧呈平行线或采用正月牙下压弧形线，从 *A* 侧至 *B* 侧停留形成吹扫后，再从 *B* 侧点使电弧上挑，并稍做电弧起抬起动作。呈反月牙上推弧形线从 *B* 侧熔池的上方带弧于 *A* 侧停留点，电弧带过时，熔池前沿熔合线应在电弧吹扫时形成熔化。

（5）盖面层焊接收弧的方法　管道氩弧焊盖面层两侧焊接，一侧完成后，接近与另一侧焊接相接时，电弧吹至对接点，应过另一侧尾部收弧焊缝熔池的范围，收弧前先使少量焊丝填入熔池后，再使电弧向焊缝两侧方向迅速跳出。当熔池温度稍有下降，再带弧跳回熔池的收弧处，稍做吹扫后再迅速跳出并使之熄灭。这样的收弧方法可避免氩弧封面焊接时收尾时缩孔熔池的产生，这样的收弧方法叫作二次回氩。

第3章　管材 CO_2 气体保护焊操作技巧

3.1　插入式管板 CO_2 气体保护焊操作技巧

1. 垂直俯位焊

1）一般采用单层单道左向焊法，焊枪角度如图3-1所示。

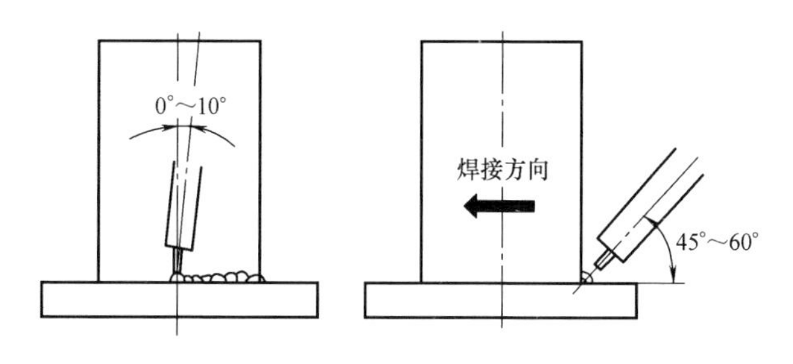

图3-1　焊枪角度

2）在定位焊缝的对面引弧，从右向左沿管子外圆焊接，焊至距定位焊缝约20mm处收弧，磨去定位焊缝，将焊缝始端及收弧处打磨成斜面。

3）将试件旋转180°，在收弧处引弧，完成余下焊缝。焊接时，电弧应偏向板材，同时焊丝应水平平移。

4）在施焊过程中，采用斜圆圈形摆动。

5）在施焊过程中，应随焊枪的移动调整人身体的姿势，以便清楚地观察熔池。

2. 水平固定全位置焊

水平固定全位置焊接难度较大，要求对平焊、立焊和仰焊的操作都要熟练。

1）水平固定全位置焊接时焊枪角度如图3-2所示。

2）焊接方向一般是先从 7 点位置逆时针方向焊至 12 点位置，再从 7 点位置顺时针方向焊至 12 点位置，如图 3-3 所示。

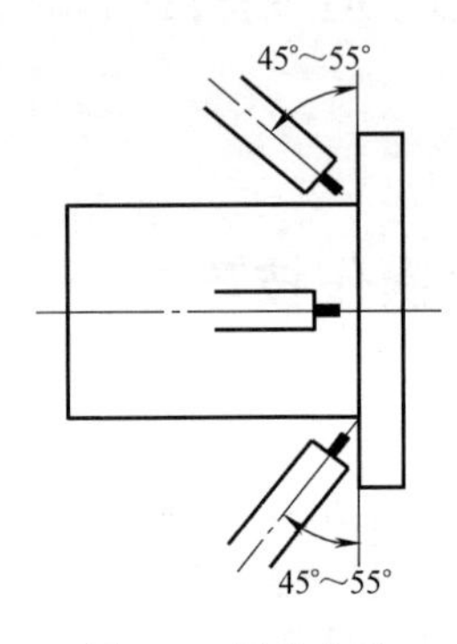

图 3-2 焊枪角度

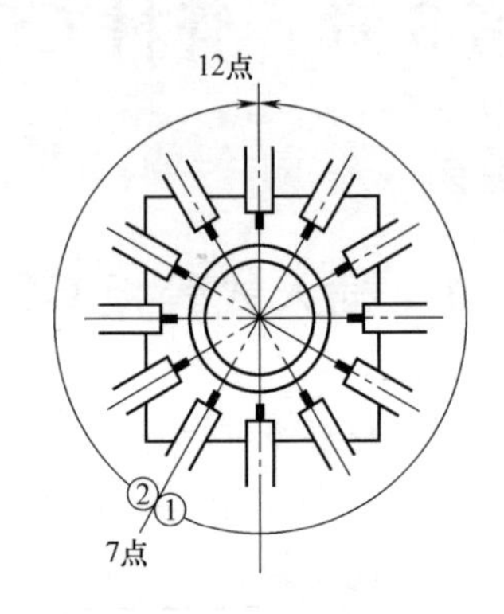

图 3-3 焊接顺序

3）焊到一定位置时如果感到身体位置不合适，可熄弧保持焊枪位置不变，快速改变身体位置，引弧后继续焊接。

4）在焊接过程中，焊至定位焊处时应将原焊点充分熔化，保证焊透。接头处要保证表面平整，填满弧坑，保证焊缝两侧熔合良好，焊缝尺寸达到要求。

5）如果采用两层两道焊接，在焊第一层时焊接速度要快些，以使焊脚尺寸较小，根部充分焊透，焊枪不摆动。在第二层焊接前，要用钢丝刷清理干净第一层焊缝表面的氧化物，焊接时允许焊枪摆动，保证两侧熔合良好，并使焊脚尺寸符合要求。

3. 垂直固定仰焊

垂直固定仰焊一般采用右向焊法，焊枪角度如图 3-4 所示。

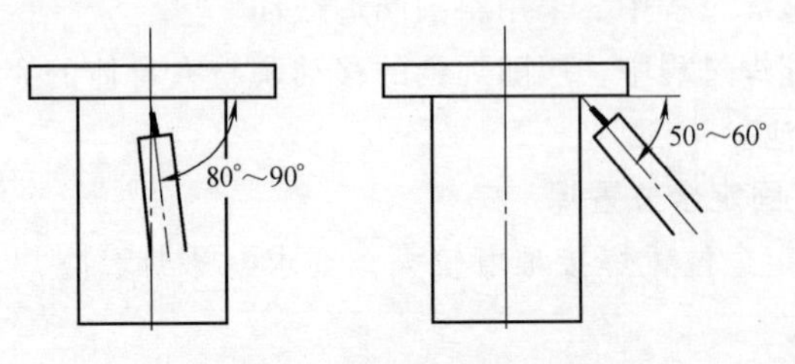

图 3-4 仰焊时的焊枪角度

打底焊时，电弧对准管板根部，保证根部熔透。不断调整身体位置及焊枪角度，尽量减少焊缝接头，焊接速度可快些。盖面焊时，焊枪适当做横向摆动，保证两侧熔合良好。

3.2　水平固定小直径管对接 CO_2 气体保护焊操作技巧

水平固定小直径管对接焊时管子固定，轴线处于水平位置，焊接过程包括平焊、立焊及仰焊，属于全位置焊接。

1）焊接过程分前后两半周完成，焊枪的角度变化如图 3-5 所示。

2）焊前半周时，由时钟 6 点到 7 点位置处引弧开始焊接，至 12 点钟位置处停止，焊接时保证背面成形。

3）焊接过程中不断调整焊枪角度，严格控制熔池及熔孔的大小。

4）改变身体位置时如果发生熄弧现象，要注意断弧时不必填满弧坑，熄弧后焊枪不能立即拿开，等送气结束、熔池凝固后方可移开焊枪。

5）为了保证接头质量，可将接头处打磨成斜坡形。

6）后半周焊接时与前半周类似，处理好始焊端与封闭焊缝的接头。

7）如果需要加盖面焊，则焊枪要稍加横向摆动，保证熔池与坡口两侧熔合良好，焊缝表面平整光滑。

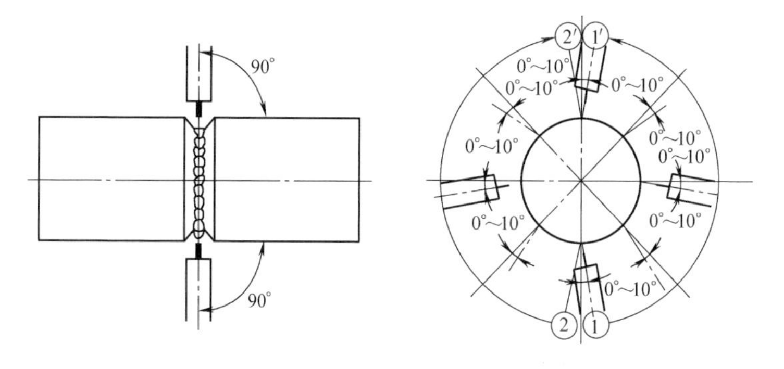

图 3-5　水平固定小直径管对接焊时的焊枪角度

3.3　水平转动小直径管对接 CO_2 气体保护焊操作技巧

水平转动小直径管对接焊时由于管子可以转动，整个焊缝都在平焊位置，比较容易焊接。

1）用左手转动管件，右手拿焊枪，焊接时左右手动作协调进行。

2）由时钟 11 点位置处开始焊接，当焊至 1 点位置时熄弧，快速将管子转动一个角度后再开始焊接，如图 3-6 所示。

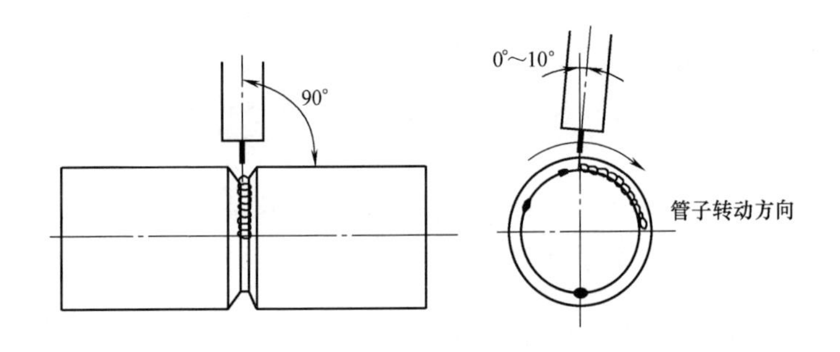

图 3-6　水平转动管对接焊的焊枪角度

3）焊接时要使熔池保持在平焊位置，保证焊缝背面成形。

4）如果采用多层焊，盖面焊时焊枪适当做横向摆动，保证坡口两侧熔合良好。

5）其他操作要点与平焊相同。

3.4　垂直固定小直径管对接 CO_2 气体保护焊操作技巧

垂直固定的小直径管对接焊，焊缝在横焊位置，操作要点与平板对接横焊相同，只是在焊接时要不断转动手腕来保证焊枪的角度，如图 3-7 所示。

一般情况下采用左向焊法，首先在右侧的定位焊缝处引燃电弧，焊枪做小幅度横向摆动，当定位焊缝左侧形成熔孔后，开始进入正常焊接过程中，尽量保持熔孔直径不变，从右向左依次焊接，同时不断改变身体位置和转动手腕来保证合适的焊枪角度。

如果采用多层焊接，最后盖面焊时，焊枪沿上下坡口做锯齿形摆动，并在坡口两侧适当停留，保证焊缝两侧熔合良好。

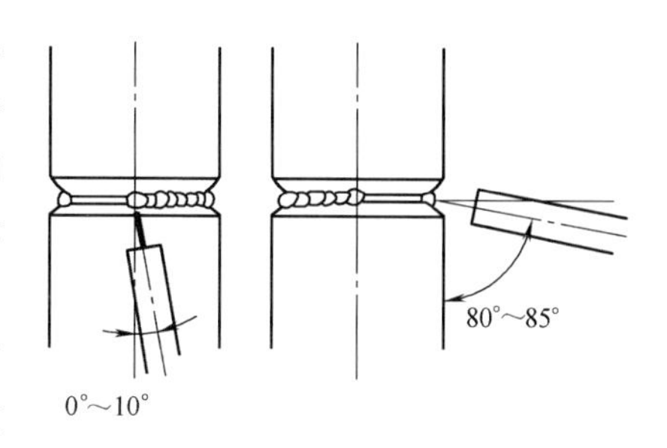

图 3-7　垂直固定小直径管的焊枪角度

3.5　水平固定大直径管对接 CO_2 气体保护焊操作技巧

大直径管是指直径超过 ϕ79mm 的管子，其焊接时有如下特点：

1）水平固定大直径管对接焊一般采用多层多道焊，包括打底焊、填充焊、盖面焊。

2）时钟 6 点位置处不要有定位焊缝，且间隙最小。

3）在时钟 6 点位置之前 8~10mm 的 A 点处引弧起焊，如图 3-8 所示，引弧后进行仰焊操作。当电弧引燃后，不要停在原处，要使焊枪沿坡口两侧做小幅度横向摆动，使电弧在离底边 3~4mm 处燃烧，当起焊处坡口底部出现熔孔，说明已经焊透，即应转入正常焊接。

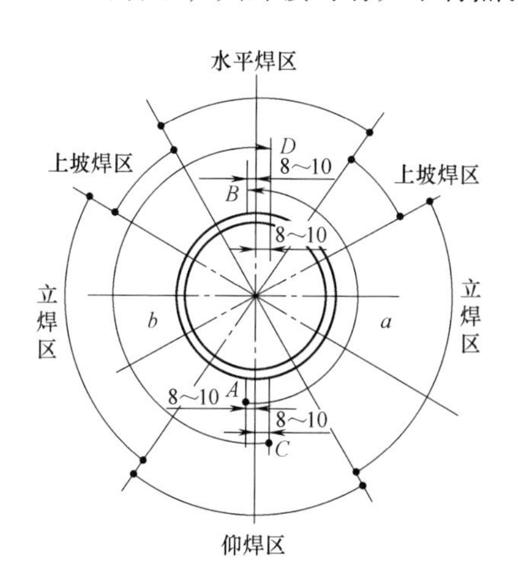

图 3-8　打底焊时引弧的焊丝位置

a—前半圈焊接　*b*—后半圈焊接

4）正常焊接后沿 *a* 逆时针方向从仰焊转到立焊，又由立焊转入上坡焊，最后从上坡焊到水平焊，焊至 *B* 点收弧，完成前半圈焊接。

5）打磨 *A*、*B* 处焊缝成斜面，以利于后半圈焊接时引弧与收弧的首尾焊缝圆滑连接，保证充分焊透。

6）在 *C* 点处再次引弧，沿 *b* 向进行后半圈焊接直至 *D* 点位置，这样打底焊一圈全部完成。

7）清除打底焊缝上的氧化物层及焊瘤，调整好填充层的焊接参数，进行填充焊。

8）在时钟 6 点前 8~10mm 处引弧，沿逆时针方向先焊前半圈，焊枪做锯齿形往复摆动，摆动幅度应稍大些，并在坡口两侧适当停留，以保证熔合良好，焊缝表面下凹，并应低于母材表面 2~3mm，不允许熔化坡口两侧棱边。

9）前半圈焊完后，打磨起焊处和收弧处成斜面，并清除引弧和收弧端 15~20mm 范围内焊缝上的氧化物，以同样的步骤和方法沿顺时针方向完成后半圈填充焊缝，焊接时要保证焊缝始端和末端接头良好。

10）清理填充焊缝的氧化物及局部上凸焊缝，并按盖面层焊接参数调整焊机，完成盖面层焊接。

11）盖面焊时焊接速度要均匀，余高要在合格范围内。焊枪摆动幅度可比填充焊时大些，以保证熔池边缘比坡口棱边宽出 1.0~2.5mm。

3.6 垂直固定大直径管对接 CO_2 气体保护焊操作技巧

1）采用左向焊法，焊接层次为三层四道，如图 3-9 所示。将管子垂直固定于工件固定架上，起焊位置的间隙要小于 2.5mm。

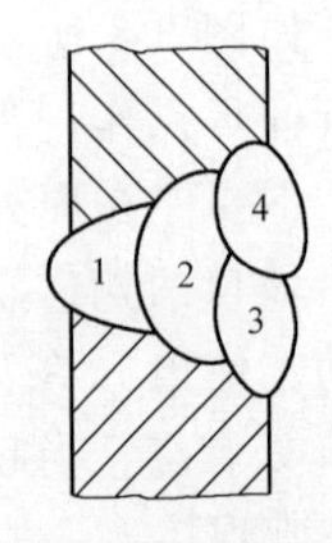

图 3-9 焊接层次

2）打底焊时在工件右侧定位焊缝上引弧，自右向左开始做小幅度锯齿形横向摆动，待左侧形成熔孔后，转入正常焊接。

3）打底焊时的焊枪角度如图 3-10 所示。

4）打底焊过程中，应保证熔孔直径比间隙

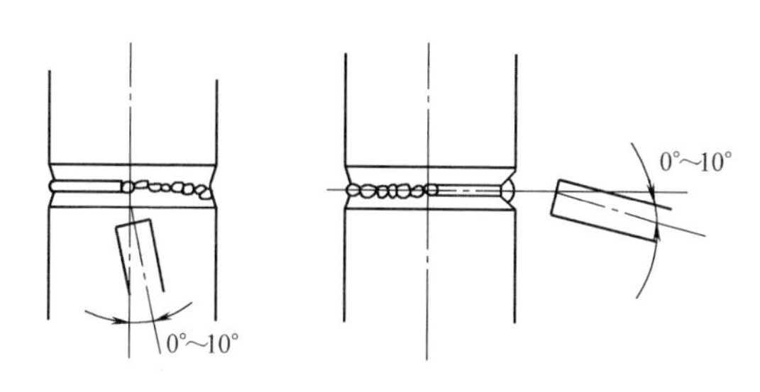

图 3-10　打底焊时的焊枪角度

大 1~2mm，即熔孔深入坡口两侧各 0.5~1mm，如图 3-11 所示，且两边对称，保证焊根背面熔合良好。

5）为便于施焊，熄弧后允许管子转动位置，此时可不必填满弧坑，但不能移开焊枪，需利用 CO_2 气体来保护熔池到完全凝固，并在熄弧处引弧焊接，直到焊完打底焊缝。

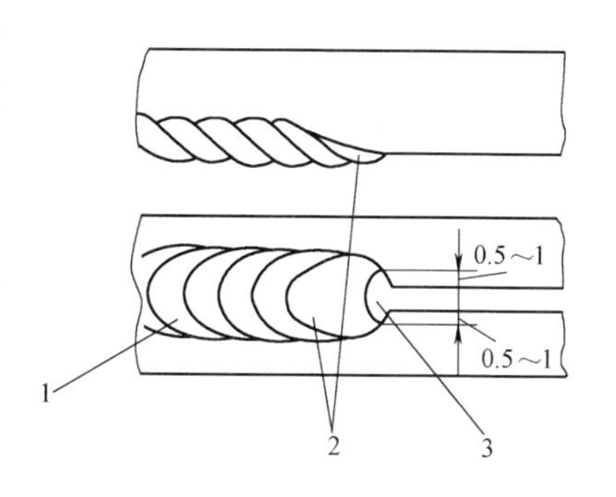

图 3-11　熔孔位置及大小

1—焊缝　2—熔池　3—熔孔

6）除净熔渣、飞溅后，修磨接头局部凸起处。

7）自右向左进行填充焊接，起焊位置应与打底焊缝接头错开。适当加大焊枪的横向摆动幅度，保证坡口两侧熔合良好。

8）填充焊时不要熔化坡口棱边，并使填充层焊缝表面低于母材 1.5~2mm。

9）除净熔渣、飞溅，并修磨填充焊缝的局部凸起处，进行盖面焊。

10）为保证焊缝余高对称，盖面层焊缝分两道，焊枪角度如图 3-12 所示。焊接过程中，应保证焊缝两侧熔合良好，熔池边缘需超过坡口棱边 0.5~2mm。

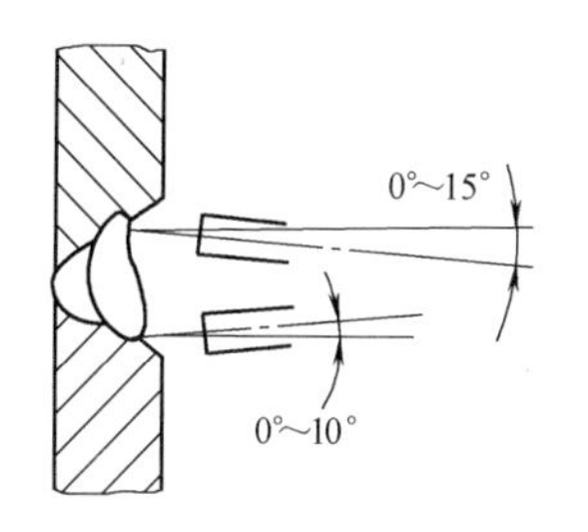

图 3-12　盖面焊时的焊枪角度

第4章　埋弧焊操作技巧

焊接示例：

材料牌号Q345R，焊接厚度20mm，焊接材料H08A，焊丝直径为4.0mm、5.0mm，焊剂HJ430，工件容器直径为2.5m，对接间隙为2~3mm，坡口钝边为3mm，坡口组对成65°角。内坡口两口组对最大错边量1~1.5mm，定位焊缝用焊条型号E5016，焊条直径为4.0mm，定位焊缝位置在坡口外侧。

1. 焊接参数的确定

（1）焊接电流　埋弧焊焊接电流的调节应以焊丝的直径、板面厚度及焊接层次而选择，做板厚20mm为封底头层焊接，焊丝直径为4.0mm，焊接电流调节范围宜在350~450A之间。焊接时，如熔池温度难以确定，可在焊接起步后，用扁铲将起点稍稍凿破。熔深较浅可适当提高焊接电流。

（2）电弧电压　电弧电压过大时，熔池宽度增加，熔池深度及高度缩小，焊接时药剂难以覆盖电弧燃烧点。因电弧不稳，封面焊接易产生咬边缺欠，填充焊接易形成气孔缺欠。

（3）焊丝伸出导电嘴的长度　焊丝伸出导电嘴过长，焊丝会出现红状端头，焊丝熔化速度加快，熔池外扩能力减小，熔池高度增加。焊丝伸出导电嘴过短，高温熔池离导电嘴过近，易造成导电嘴破损。焊丝伸出导电嘴的长度应在25~40mm之间。

（4）焊丝倾斜角度　焊接时应保证焊丝横向垂直母材90°，如倾斜角度过偏，焊丝在坡口中心的走弧位置易产生偏离，熔池成形易出现过偏、夹渣等缺欠，避免方法可通过焊丝校直滚轮进行校直调节或通过调整机头进行校正，校正时可空放焊丝，将偏差节去掉再进行焊接。焊丝纵向下丝应垂直焊缝90°，此种角度熔深适当。

（5）焊丝走弧的位置　平板焊接应使板面放平，容器环缝焊接。

在机头定位时，要摆正定位下丝点在圆形环缝上的位置，如图 4-1 所示。如定位过偏，焊丝在环口的下坡部位，熔池液流成形在电弧的推动下，向低点部位会迅速形成液流滑动。因自动焊平焊焊接，电弧不能做横向摆动，熔池液流会出现中间成形过高、两侧成形过低的现象。封面焊接会出现熔池宽度过窄、两侧边部成形过深、中间棱状成形过厚的现象。封底焊接两侧焊沟过深，下一遍焊接如焊丝熔化推动点，不能做两侧焊沟的熔化，必然形成大块条状夹渣。

避免电弧下丝触点在下坡部位，除在焊前通过容器环缝弧度在比较中定位之外，还应在焊缝成形之后，迅速敲开药皮熔渣观察后进行调节。

走弧位置在上坡焊处时，封底焊接因为电弧对熔池的熔化和推动力，不能形成熔池的前移滑动。因堆敷成形过厚，熔渣难以排出，而含在凝结的熔池之中，如图 4-2 所示。

封底内层和封底表层焊接时，下丝位置宜选在容器环缝中心最高点稍偏于上坡处，此位置便于熔池平度及厚度成形。

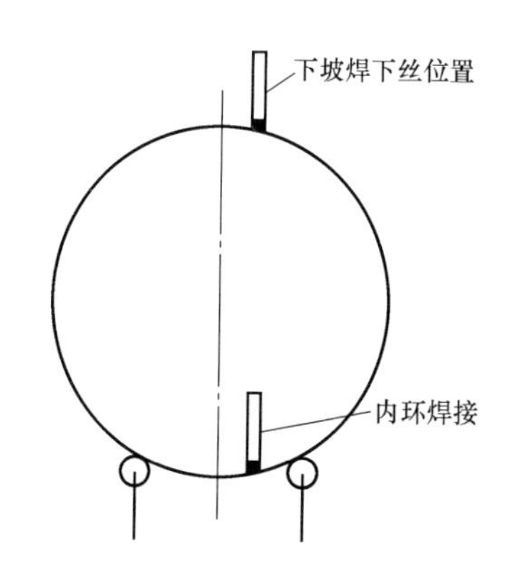

图 4-1　下坡焊下丝位置

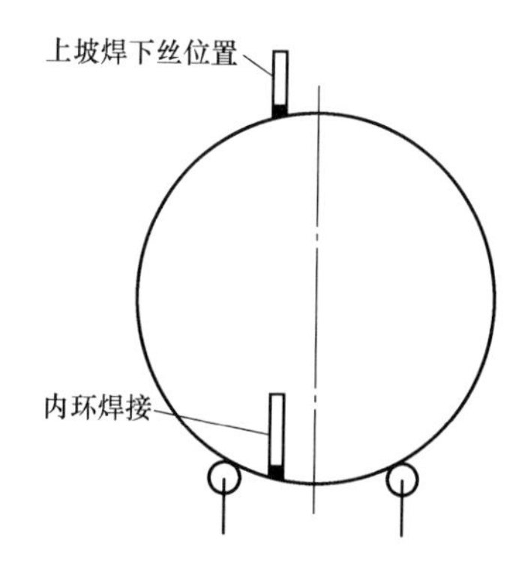

图 4-2　上坡焊走弧位置

填充焊接时，选在环缝中心稍偏于下坡处，此位置便于填充层较厚熔池熔渣的反出，与熔池厚度成形。

直线平焊焊接时，下丝定位前先应调节好封底及封面焊接走向的平度。

2. 夹渣

(1) 夹渣产生　埋弧焊焊接时，因罐身放到自动转辊之上，由于各种原因，会使罐身出现微量的横向窜动，造成焊丝在坡口中心的走弧位置出现偏差。在多层填充焊接中，对熔池温度金属液过渡位置判断与观察失误，使熔池温度过低而形成夹渣。头遍层次及填充焊层出现局部成形过偏或点状成形过偏，下一遍焊接前，因为没有对过偏点进行修补也使夹渣发生倾向增加。

(2) 防止措施

1) 在自动焊环缝焊接中，纵向焊接应时刻观察罐身横向地滑动，保证电弧地燃烧点始终在焊槽中心。横向单节平缝焊接应时刻观察焊丝在焊槽中心的走向，出现偏差应及时调节。

2) 焊接时，应根据焊接电流的指数及熔池多遍成形颜色的变化，掌握合适的熔池温度，并根据焊接走弧点熔池范围的大小及温度变化做合适的焊接电流调节。

3) 每层焊接应对过偏缺欠或出现焊渣点彻底清除，并做手工修补，形成与焊层同等厚度的熔池金属。

3. 气孔

(1) 气孔形成的原因　焊前坡口存有油污、锈蚀，工件组对时有气割氧化物、焊剂过潮、焊剂覆盖面过薄、一次形成熔池过厚等。

(2) 防止措施　焊前应对坡口内外20mm内的油污、锈蚀、表面污染物清除干净，并对焊剂覆盖时工件接触面的油污进行火燃吹烤。对受潮焊剂应根据焊剂说明书进行烘干处理，焊剂覆盖厚度以能对电弧燃烧点覆盖没有明弧外露为宜。

4.1　单节直段埋弧焊操作技巧

焊接示例：

以直径2.5m的容器单节平面直缝焊接为例，定位焊缝位置为坡口外侧，焊缝纵向两端加装150mm×150mm引弧板与引出板各一块。焊前将坡口两侧及焊槽200mm范围内的油污、锈蚀清除干净，然后将工件放到带有托药的自动托辊之上，将焊缝放正、放平，焊缝底层一侧应具备能自动鼓起的药剂垫，如充气式药剂垫。

（1）药剂垫制作方法　将铁板焊成宽 200mm、高 150mm、长 2.5m 铁槽，并在铁槽 150mm 两侧边部镶上宽 20mm 的铁边，再将尼绒布放松镶在宽 20mm 的板面之上。封死两头接入风管，再将焊剂撒到布上。当工件摆好后，充气进行托垫，如图 4-3 所示。

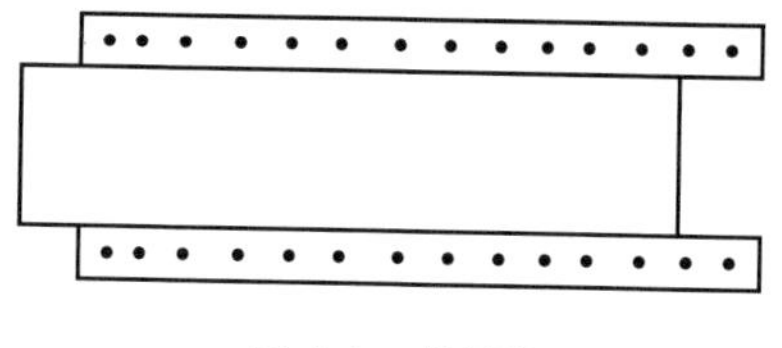

图 4-3　药剂垫

（2）焊接小车的位置　焊前先放正焊接小车跑道再移动焊接小车，先下丝对准焊槽内一端引弧中心点，然后上提焊丝，移动焊接小车至焊槽另一端下丝，并根据下丝触点与焊槽中心的距离调整焊接小车机头方向。或移动焊接小车跑道，调整后将焊接小车拉回引弧处，下丝顶实在焊槽外引弧板之上埋好焊剂带紧离合器，如图 4-4 所示。

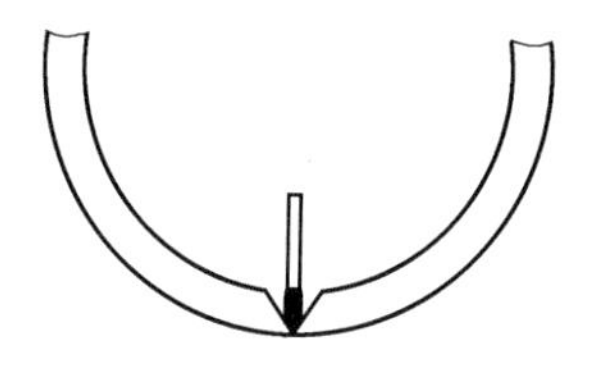

图 4-4　内径单节焊接

（3）打底层焊接　选择焊丝直径为 4.0mm，焊接电流为 350~450A，电弧电压为 34~38V。焊接引弧后应首先观察焊接小车控制盘电流与电压指数、焊机电流与电压指数，并根据熔池成形的状态做适当的调节。焊接时一手握住焊接小车横向调节手轮，眼睛盯住焊机指示灯在焊槽内照射的位置，随时进行微量横向调节。并通过焊丝燃烧的声音和熔池燃烧沸腾的状态，观察焊接是否正常。焊接至一侧端点进入收弧板 50mm 后，按下焊丝停止键，使焊丝停止燃烧，然后上提焊丝，松动离合，将焊接小车推出工件。

头层焊接完成后除净焊渣，对气孔、夹渣点应采用碳弧气刨或砂轮打磨等方法彻底清除，然后补平，再根据焊槽深度做一遍或两遍填充焊接。

（4）填充层焊接　选择焊丝直径为 5.0mm，焊接电流调节范围为 500~650A，电弧电压为 36~38V。填充层焊接厚度成形以槽深 10mm、坡口外槽宽度 16mm 计算，二遍填充层厚度在 4~5mm 之间，并可在电弧引燃行走300~600mm之后，敲开熔渣再做观察，准确定位焊接行走速度。填充层焊接的电弧走线不能偏离焊槽内的中心，并应时刻观察焊接小车控制盘电弧、电压及电流指数分波动范围，观察电弧燃烧点声音的变化。填充层焊接完成后除净焊渣。

埋弧焊的填充焊接应根据焊槽的宽度及深度，适当掌握焊接层次的厚度。如填充层焊接焊槽堆敷成形较窄、较高熔池温度不会形成大的外扩，可放慢焊接小车行走的速度，使熔池厚度增加。如果封底层焊槽较宽，较厚熔池易出现在坡口两侧，造成边线的外扩。这种熔池厚度的调节，应根据每层焊接电流的大小、电弧电压的高低、焊接小车行走速度的定位以及坡口的组对间隙等，在比较中做准确的调节，并对焊接中局部的下沉点采用焊条电弧焊进行相互的增补。

埋弧焊应掌握好各层次熔池的平度，如中间熔池堆敷成形过高、两侧成形过低，应适当增大焊接电流和电弧电压的上调指数，使熔池外扩宽度迅速增加。如熔池两侧焊沟过深，应在焊前采用焊条电弧焊增补的方法，避免下一层熔滴金属外敷熔化难以到位而形成淤渣。

（5）盖面层焊接　选择焊丝直径为5.0mm，焊接电流调节范围为550~700A，电弧电压为37~40V。盖面层焊接应以宽度及厚度成形适当调节电流及电压的大小，并在始焊端熔池形成后，敲掉药皮覆盖面进行察看。熔池出现过宽或过窄成形，应通过电流、电压及焊接小车行走速度的调节使其改变，并保证焊丝在焊缝中心的走弧位置。如焊接小车轨道在颤动中出现偏差，应缓慢做机头横向摆动手轮的调节。调节时速度过快或调节过度也会使熔池边部外扩，出现坎状焊道边线成形。

（6）单节直缝焊接　在焊缝中间段，收弧时应尽量填满熔坑，引弧应在焊缝形成后，对引弧点过多焊肉进行打磨、修平处理。直缝焊接的引弧端点及尾部收弧位置，应放到两端引弧板与引出板之上，焊接完成后，再用气割去掉引弧板，并做打磨修平处理。直缝焊接完成后，也应对焊缝表层过凸及气孔等处进行打磨和修补。内侧直段焊接完成后，将圆筒上转80°或90°，做碳弧气刨外侧横缝清根。

4.2 筒节外侧封底焊及盖面层埋弧焊操作技巧

在外侧筒节焊接之前，应对焊槽较深点段做局部手工补焊，焊接完成，除净焊渣，并根据整体刨槽深度进行一遍或二遍成形焊接。

1）如焊槽深度为4mm、槽宽8mm，采用焊丝直径为5.0mm，焊接时适当放慢焊接速度，一次焊接也能使焊槽金属饱满成形。外侧封底及封面焊接一次完成，熔池宽度成形也可根据板材厚度适当超过焊槽两侧边部一定宽度，如3mm。

2）如焊槽深度在8mm左右，应采用二遍成形焊接，即一遍封底层焊接与盖面层焊接，封底层焊接是将轨道及焊接小车放正调整后，再将焊丝端顶到始焊端引弧板上，然后进行焊接电流、电弧电压及焊接速度的初步调节，如焊接电流为500~600A、电弧电压为36~38V、焊接速度为0.8m/min。电弧引燃后再将起焊端药皮敲开处察看，如熔池厚度凹于母材平面2mm为运转正常。过凹应适当放慢焊接小车行驶速度，封底焊接完成后，除净焊渣。

3）盖面层焊接时，应先下丝顶到焊缝引弧一端的中心位置。然后再将焊接小车推向另一侧下丝，顶到焊缝的中心处调节后，打开离合，再将焊接小车拉向始焊端一侧的引弧板之上，下焊剂埋住焊丝。在焊接电流、电弧电压、焊接速度调节后引燃电弧，并观察焊丝是否偏离焊缝中心位置，敲开引弧处，察看焊缝成形厚度及宽度。

4.3 单节组对后容器内环埋弧焊操作技巧

1. 内环的打底层焊接

内环焊接应根据工件的薄厚、组对间隙及坡口、钝边量的大小，选择合适的下丝位置，坡口钝边较厚、坡口组对间较小时，焊接方向从左向右，下丝的位置应为过中心线左侧0~50mm，如图4-5所示。

内环打底层焊接选择焊丝直径为4.0mm，焊接电流调节范围为400~500A，电弧电压为36~38V。

引弧起焊后，因罐体在自动转辊上，会发生微量的窜动。焊接时应观察好大臂车纵向指示灯在焊槽内照射的位置，并做微量的电弧调节。头遍焊接时，因罐体转动会集焊渣物于坡口根部，熔池形成后气孔发生倾向增多，打底层焊接熔池成形不宜过厚，厚度 3~4mm 即可，这样气孔产生后便于处理。

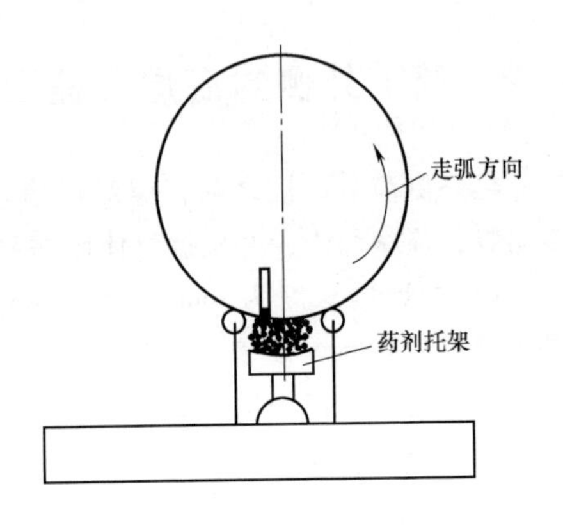

图 4-5 内环头遍层次焊接

打底层焊接完成后，除净焊渣。

2. 内环的填充层焊接

焊槽深度 10mm，表面宽度 12~14mm，选择焊丝直径为 5.0mm，焊接电流为 550~650A，电弧电压为 38~40V。焊接方向从左向右，下丝位置应为内环最低点中心线向左偏 20mm，使走弧点稍处于下坡状态。此种位置能使较厚熔池的液态滑动，便于熔渣的浮出。填充层焊接完成后，除净焊渣。

3. 内环的盖面层焊接

焊槽较宽、较深，下丝位置宜为罐体中心最低点，使熔池在形成一定宽度、厚度时，也形成整体平度。如果下丝位置与中心线最低点过偏时，下丝过中心线偏向走弧方向 50~100mm，熔池堆敷成形宽度增加。但熔渣在焊槽内根部呈液态滞留状，易形成熔化不完全、夹渣等缺欠。下丝点偏向中心线左侧 0~100mm 处，易出现熔池表面成形中心凸于两侧等缺欠。盖面层焊接下丝位置应为圆中心，熔池成形宽度与厚度凹于坡口边线 1~2mm。焊接完成后，对引弧点及收弧处做适当打磨，并对缺肉及凹陷点做手工修补。

4. 外环焊接

外环焊接应根据焊槽深度，做一遍或二遍成形焊接。下丝位置应根据焊缝深度做焊接走弧位置的调节，如向右偏移中心线 0~

100mm，使焊缝表面成形平整光滑。

4.4 埋弧焊缺欠产生原因及防止措施

1. 气孔

（1）气孔的产生　焊接时使用焊剂潮湿，工件存有油污、锈蚀等，焊接时焊剂过厚、气体不易排出、焊剂覆盖过薄焊接时产生明弧等。

（2）防止措施　对受潮焊剂应进行250～300℃的烘干处理，对罐筒节加工时存有的表面油污应做火焰吹扫及砂轮打磨，焊接时应适当覆盖焊剂。如焊槽内填充焊接，应将焊剂仅埋过坡口，没有明弧即可。填充表层及封面焊接，因电弧电压较高，熔池形成面较宽，应适当增加焊剂覆盖厚度，避免明弧的出现，防止空气侵入熔池而产生气孔。

（3）处理方法　因自动焊熔池一次成形较厚，单气孔形成较深，返修前应确定好返修位置。再根据气孔在X射线片中清晰的程度和焊缝内外两侧多遍成形的深度宽度，判断内环处两侧的返修项目。

（4）气刨返修　根据焊缝的厚度及宽度，选择碳棒直径为7mm，焊接电流调节范围280～350A，用压缩空气吹扫，使熔渣能顺利浮出。在起刨前，应根据母材厚度，确定延长返修点两侧的范围。如一侧30mm，再从一端起刨。查找碳弧气刨的返修点时，应先做轻刨浅镗，再观察刨面返修痕迹。然后将碳棒沿起刨线逐步前移并利用碳棒端头强大光度做返修查找，逐步增加刨削深度，罐内侧返修刨削深度以母材厚度的2/3为宜。如先起刨内侧一定深度后，仍不见查找点，应停止刨削。采用焊条电弧焊填平后，再以此点中心为标准，画出外侧返修位置进行返修。

（5）手工补焊　刨削后，如坡口两侧存有粘渣，应采用砂轮打磨。修补焊条为E5016，焊条直径为4.0mm，焊接电流调节范围170～180A。较小焊槽平焊位置补焊时，应注意起焊端受焊槽两侧阻力，引弧后易出现熔渣倒流、起点熔池熔化不到位等缺欠。

补焊槽内焊接如图4-6所示。电弧起点应选在刨槽一侧端头内移10mm处，然后压低带入焊槽顶端，顶弧将熔滴推入并形成熔化，再根据焊槽宽度做横向运条。收弧时电弧应在根部稍做压弧，填满弧坑后再将电弧稍做回带使其熄灭。头层焊接完成后除净焊渣。

填充层的补焊起焊端应放到收弧一侧尾点，并按同样方法引弧与收弧，完成填充层焊接，以后层次均按同样方法。盖面层焊接完成后，应使焊肉饱满，对引弧点与收弧处可做砂轮打磨。

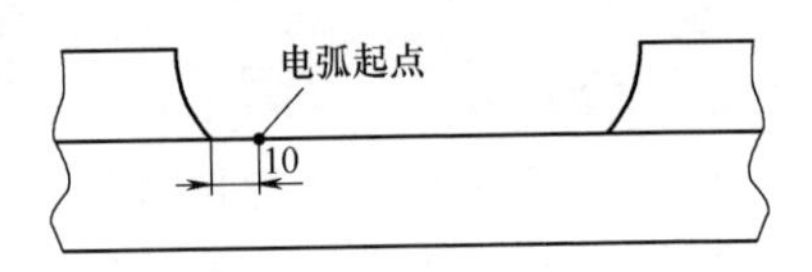

图4-6　补焊槽内焊接

2. 夹渣

（1）夹渣的产生　环缝填充焊接走弧位置过偏于罐体中心的抢坡位置时，因过多熔渣溢过电弧前端，在坡口根部不能全部逸出，而含在凝固的金属液之中，易产生夹渣缺欠。在多层焊时，因坡口两侧清根不净，使熔池形成不能全部熔化，熔渣含在焊层之中不能浮出，也会形成液渣与金属液相互的凝结。在坡口两侧清渣较干净时，因焊接电流较小，较厚熔池也易使熔渣不能全部逸出而形成夹渣。

（2）防止措施　起焊前，下丝位置应根据所焊层做适当调节。如填充层焊接，因焊槽较深、成形较厚，下丝点应选择熔池流动成形较好的下坡部位。各层次焊接前应将坡口两侧沟状焊渣清理干净，并进行焊接电流的调节，使被焊面根部熔渣浮出，再根据走弧的位置和焊接速度形成合适的熔池厚度。罐筒焊接应在起焊前做罐体试转，掌握罐身窜动方向及窜动量。焊接时应盯住下丝走向及下丝横向偏移量，保证下丝在焊槽的中心位置。

（3）返修方法　采用碳弧气刨清除焊渣点。起刨前，如夹渣发生在坡口两侧，应确定夹渣的准确位置，然后根据焊缝内、外两侧成形的宽度确定返修面。如条状夹渣在坡口两侧，并基本接近内环焊缝表面的宽度，应确定条状夹渣在焊缝内环的筒节里侧。采用碳弧气刨清除夹渣时，起刨前适当延长返修点，起刨后应逐步轻刨。如下刨时，轻刨难以掌握刨削的厚度，可在下刨6mm深度时，改用砂轮打磨。

3. 未焊透

（1）产生原因　焊接电流较小，熔池熔化能力较差，或焊丝走向过偏，易使未焊透发生倾向增加，一侧焊接完成而另一侧清根时留有未熔线等。

（2）防止措施　在气刨清根时，应对被清除根线一次连续刨削清除之后，再以此段被清除根线的长度，做一次轻刨，再做碳棒的提回动作。利用碳棒端头的亮度，反复查找，对炭黑覆盖点应采用砂轮打磨。焊接应时刻观察控制盘上电流与电压表指针的波动范围，随时调节，并保证焊丝在焊槽内走弧的中心位置。

（3）返修方法　下刨前根据未熔线所在位置及外环清根时刨槽的深度，判断未熔线在焊缝外环中心，深度为4~6mm。采用碳弧气刨清除时，起刨前应适当延长返修点两侧长度，起刨后逐步轻刨。如下刨时轻刨难以掌握刨削的深度可在下刨4mm深度时改为砂轮打磨。

4. 未熔合

（1）产生原因　焊接时，熔池外扩两侧熔合线没有形成熔化性的结合，电弧电压较低或焊丝走向过偏，熔池熔化不到位，易使未熔合发生倾向增加。

（2）防止措施　焊接时，应保证焊丝走向在焊槽内的中心位置，并随时观察电流及电压表指针的波动范围，使液态金属的张力形成一定的外扩能力。

（3）返修方法　采用碳弧气刨清根，下刨前根据未熔线在焊缝的位置和内外环成形焊缝的宽度，判断未熔线已接近外环焊缝表层宽度。外环焊缝成形良好时，未熔线应在内环填充表层深度5~6mm。下刨后，先根据未熔线镗出2~3mm较浅刨槽，再加深至4~5mm，如下刨不稳或未熔线颜色较浅可改用砂轮打磨。

5. 裂纹

（1）裂纹产生的原因　裂纹产生的原因很多，如焊丝与工件材料匹配不当，焊丝与工件材料中含硫、碳过高，焊接时环境温度较低，熔池冷却速度过快，罐筒组对时应力过大，头遍焊接一次成形熔池较薄等。

（2）防止措施　焊接前应认真选择焊丝同工件材料的匹配，选择高质量工件材料与焊丝，焊接时注意温度变化，焊前、焊后应根据焊接材料要求预热，并延长焊缝冷却时间。筒节组对时，应避免较大应力强行组对。对椭圆较大筒节，应重新滚压，找正圆后再进行组装。焊接前，对应力较大段应首先加长，加厚定位焊缝。

（3）返修方法　采用手磨砂轮进行裂纹清除。打磨时如难以看清，应与荧光检测相配合。裂纹清除后，焊前应根据焊接环境及母材型号预热，焊后应采用保温处理。

第 5 章　锅炉本体管焊接操作技巧

5.1　锅炉下降管焊接操作技巧

焊接示例：

下集箱直径为 219mm，壁厚为 6~8mm，下降管直径为 89mm，壁厚为 4~6mm，如图 5-1 所示。选择焊条直径为 3.2mm，焊接电流调节范围 110~120A，采用打底层和盖面层两个焊接层次。

5.1.1　打底层的焊接

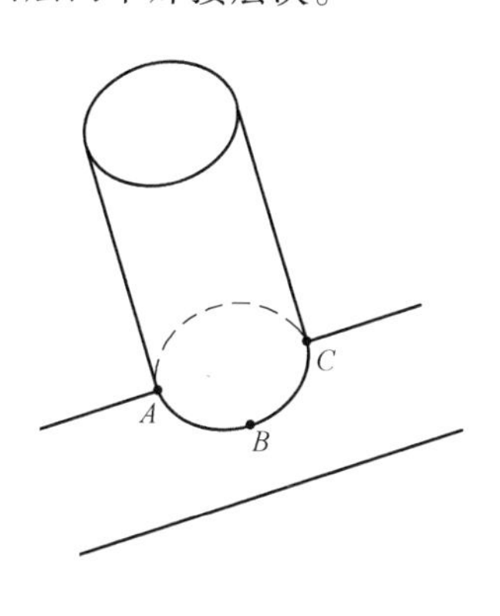

图 5-1　焊接示例

下集箱直径较大，焊接位置可分为 1/3、2/3、3/3 三段，1/3 和 2/3 段为爬坡平角焊段。打底层焊接从熔透坡口间隙到饱满外坡口表层，做电弧前移和稳弧动作，焊接电流的大小以熔池外扩的速度和范围为标准来确定。焊接方向从左向右，始焊端电弧起点过中心线 10~20mm，这样可由薄至厚使液态金属外扩宽度增加，熔滴过渡应先做穿透动作，再增加熔池厚度。3/3 段也可先做穿透进弧，除净焊渣后，再加厚成形。熔池表面外宽度应按原始边线的弧度上移，覆盖外扩线位置应保留原始边线不被破坏，熔池成形厚度以凸于母材表面 1~2mm 为宜。

两侧焊接完成后，除净焊渣。

5.1.2　盖面层的焊接

焊接方向从右向左，先于始焊端点过中心线右侧 20mm 使电弧引燃，再带弧于 A 点（见图 5-2）处做稳弧，起焊端熔池厚度由薄至厚。其方法是从起焊端液态金属稍做覆盖后，以焊脚的根线为标准，按熔池外扩宽度，从上向下做弧线形的外扩动作，使熔池外扩宽度增加然后再做向上抬起动作，或使其熄灭。再次落弧的位置为里层熔池的最高弧度线。落弧后，以此段熔波宽度的和熔波在焊脚根线覆盖的面积，做电弧微小的下带动作，至熔池中心的 1/2 线，并使电弧停留于 B 点。这一次电弧的停留后，应观察熔池向下和向外溢流方向的面积，向里观察液态金属堆敷高度。

因熔池外扩宽度较大，温度较高，一次电弧回落，应看准像水纹一样的熔波呈弧线形整体下滑。此时，如内侧根线上浮的熔池较少，电弧可做向内偏吹的微小动作，使根线内侧面堆敷金属增厚。如厚度增加时，根侧上熔合线痕迹过深，液态金属堆敷过渡，熔池温度过高，应调小焊接电流，或以电弧向里的吹扫角度做向外的离开动作。

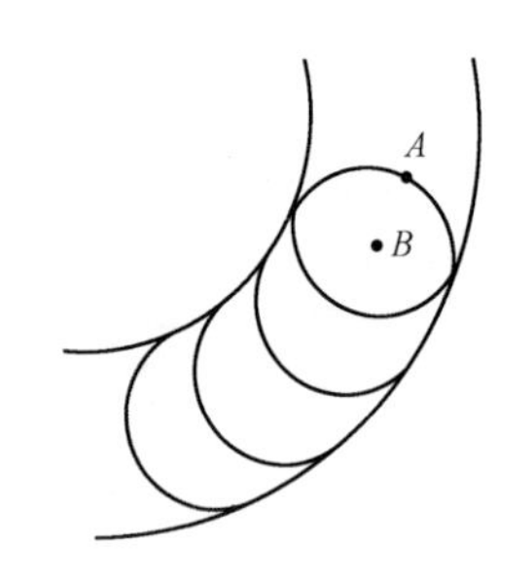

图 5-2　最高弧度线

熔池中心处熔池的滑动，同下底层的熔液弧度线相比较。如依次上移的外扩宽度 1.5～2mm，并以 1.5～2mm 的熔波下滑位置依次上移的外扩宽度 1.5～2mm，依次形成熔波上移的宽度，电弧可再根据外侧原始边线的宽度和此熔池覆盖 1～2mm 的宽度，做从上向下、从里向外的快速跳弧动作，使电弧形成一定的高度或熄灭。再一次落入的电弧仍以底层熔池最高弧度线中心正点为落入点，稍做下移至熔池中心 A 点后，做同样电弧停留的动作，形成此层熔波，依次上移。一根焊条燃尽后，留住药皮熔渣，连续焊仍按同一个动作，完成液态金属的过渡。

另一侧焊接，引弧点应在续接点前 10～20mm 处，使电弧引燃，再做电弧提起动作带入续接处。落弧后，根据熔波相熔程度做电弧的抬起动作。熔池下滑的外扩观察点，为续接位置的熔池成形点，熔波的下滑线，即为此侧熔池的成形线。

熔波的中心滑动线要求是平行滑动线，用电弧的下压动作进行控制。

熔池上中下成形，其引弧与落弧的动作要迅速，焊接收弧处应采用连续回落打弧动作。

5.2　水冷壁管与下集箱焊接操作技巧

焊接示例：

下集箱直径为 219mm，壁厚为 6~8mm，水冷壁管直径为 57mm，壁厚为 3.5~4.0mm，选择焊条 E4303，焊条直径为 3.2mm，焊接电流调节范围 120~130A。

5.2.1　打底层的焊接

打底层焊接时电弧走向从左向右，电弧起点应过 ϕ219mm 下集箱中心线左侧 10mm，使电弧引燃，熔滴过渡以熔池两侧没有过深熔合痕迹为基本要求，熔滴过渡要迅速。

按水冷壁管平角焊熔池一侧成形的电弧走向，电弧前移分为从上向下和从下向上的两种方式，并以被插入管直径的大小，确定电弧的下坡走势弧度和上坡走势弧度。如将管侧面分为两段，前 1/2 段下坡面熔渣走势为滞留区域，后 1/2 段为下滑区域。

打底层焊接熔池过厚时，二遍成形的前 1/2 滞留区能在电弧的控制下使熔池中的液态金属与药渣迅速分离，但外扩宽度增加趋势加大。后 1/2 段因头遍层次焊接的厚度，使金属液与药渣呈上坡滑动状。在熔池的范围中，药渣液随着下滑的金属全部浮出熔池之外，下滑后的金属在管侧面的熔合处过深，熔池外扩成形线宽窄不齐，熔池中心支状凸起过厚，如图 5-3 所示。

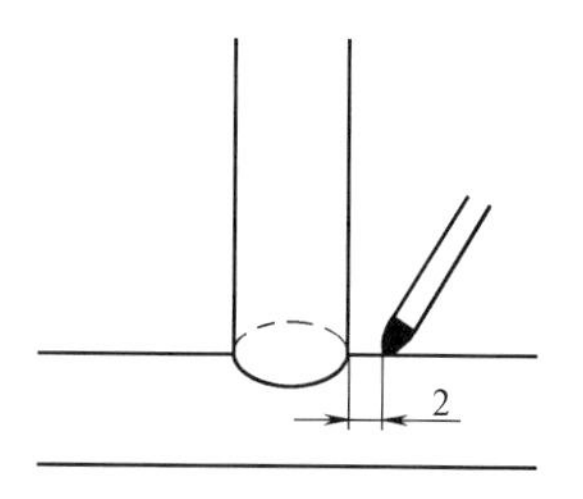

图 5-3　打底层焊接

打底层焊接熔池厚度的选择宜在 2mm，并使后 1/2 段成形平而光滑。

打底层焊接要求内外两侧全部完成，然后除净焊渣。

5.2.2 盖面层的焊接

盖面层焊接应先做为内侧焊接，引弧位置要求过集箱平面中心线 5~10mm。电弧引燃后，先使集箱侧面成形 8mm，采用反月牙弧形线做带弧动作于焊缝根侧管面，推浮金属液与药渣上浮高度 2mm。在电弧上推时，电弧未燃端应根据立侧管面的温度，缩短或延长电弧行走的速度。管道根侧电弧，应避免电弧做实贴走线的动作，并根据向侧面推弧时电弧推出液态金属的范围，确定电弧端离开立侧管面的走线位置。

液态金属外扩与母材迅速相熔，若熔池上浮立侧熔合处有烧损痕迹时，可调小电流，电弧前移前 1/2 走线。若焊脚的根线过凹，前 1/2 线熔池的熔渣不易浮出，可再适当地增大电流。

电弧前移后 1/2 线，应保证熔池外扩的宽度，并逐步前移，再做内侧根线向里的带弧动作。以金属液根线厚度的增加和中心熔池的滑动变化改变电弧前移的角度，即原来的顺弧 80°焊接，改为顺弧 70°焊接，将前移的电弧走线外移，至头遍焊层内侧的根线。采用反月牙弧形方式走线，从熔池前方将液态金属推至立侧管面熔合处。

焊条收弧位置应过集箱平面中心线相熔焊缝 1.0mm。收弧时，将电弧稍做回带后，再使其熄灭。一侧焊接完成后，另一侧引弧电弧处要距续接处 10mm，采用长弧带入续接处，先做预热吹扫，再压低电弧使液态金属过渡，使熔池熔化，并覆盖续接焊缝的最高凸位线、焊脚根线和外扩线。

5.3 水冷壁管下集箱一次成形焊接操作技巧

以二遍二次成形焊接为例，始焊端宜过集箱平面中心线 10mm，并使 10mm 熔滴过渡处由薄至厚，按底平面熔池宽度 8mm，上浮液态金属厚度 3.5mm，形成起焊处熔池。因焊缝根线处立管面管壁较薄，液态金属堆浮厚度宜观察前移时 3 点走向。

(1) 熔池外扩的宽度　熔池外扩宽度 8mm，以焊脚根线向外 8mm 形成弧形走线，避免出现圆凹凸现象，使焊缝整体形象受损。

控制方法多以电弧外扩的液态金属延伸线同焊脚处根线在比较中使电弧内移或者外扩。如前 1/2 段的引弧宽度 2~8mm，并以此处电弧端的吹扫宽度，形成不变的电弧前移走线，如熔池呈滑动状态时，也可做电弧稍小的外移滑动，并形成后 1/2 段圆弧线。

（2）焊脚根线高温熔池容易出现弊端　过多的液态金属富集于焊脚根线，立侧管面的前移熔池高度线会出现明显的熔合痕迹，并伴有亮度增加，或半熔化的状态。其成形后的金相组织也会因其晶格的变化而发生质的变化。20 钢以下钢材虽然不会发生淬火与回火的金相组织转变，但氧化后的钢也会使钢的各种金属含量受损，使其塑性和韧性明显下降。在承压和高温锅炉安装中，只能形成暂时的压力承受，但不能形成持久的锅炉运转。

（3）控制熔池温度的方法　在焊接电流调节时，平角焊多以较大的焊接电流形成金属熔滴的过渡。也可采用不停变化焊条纵向吹扫角度和不停变化电弧吹扫方向的控制方法，使一侧管面的前 1/2 段的液渣前移覆盖，利用焊条变化的吹扫方向改变熔敷金属的过渡厚度。这些方法也可在焊接电流适当降低时，使液态金属厚度顺利增加，熔池变化的过程，也应是熔池成形观察的过程。液态金属过渡于焊脚的根线后，被焊的立侧管面熔合处高度会出现三种状态的变化。

1）立侧管面熔池厚度达 3~4mm 时，如熔池亮度增加，立侧管面熔合线过深，并伴有根线下塌感，为液态金属温度过高，应做焊接电流降低的调节，并改变电弧带向立侧管面的吹扫线，并使电弧前移弧形走线，做电弧外移的吹扫动作。使焊脚根线立侧管面熔合处温度缓解，再做反月牙形走线（见图 5-4）使液态金属厚度再次增加，依次循环。

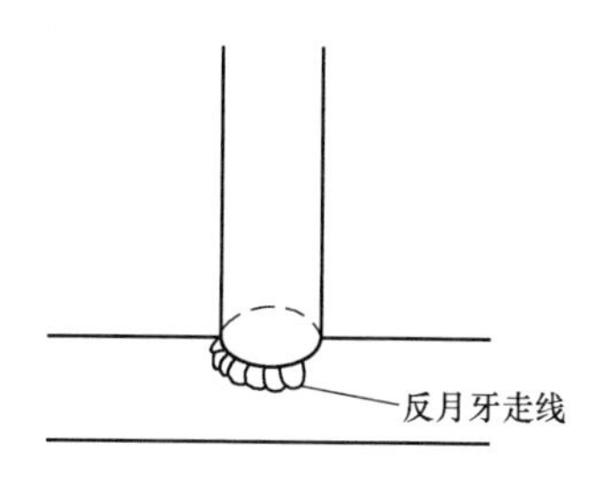

图 5-4　反月牙形走线

2）液态金属相熔于立侧管面，熔池堆敷厚度明显增加，熔池上表面根线熔合处饱满，熔池与立侧管面形成了一条圆滑的熔化痕迹。

焊接时以这条痕迹线的深与浅、高与低改变电弧向焊脚根部进弧的方法，降低或提高焊接电流的大小，在观察时，如液态金属熔合处没有立侧管面母材的熔化痕迹，熔合线与熔池高点上浮处没有立侧管面母材的熔化痕迹，熔合线与熔池高点上浮处熔渣富集过多且没有滑动，熔池外扩能力过小，为液态金属过渡温度过低，应做电流焊接升高的调节。相反，熔池过渡时，液态金属的范围过大，熔渣滑动过快，焊脚根线熔合处过深，并伴有吃进母材的现象，为液态金属的过渡温度过高，应做焊接电流降低的调节。

立侧管面后1/2线段多以上浮液态金属表面中心的滑动同焊脚根部正常过渡线的比较，做快速微小的横向摆弧动作和利用电弧前移时焊条与成形金属成70°~80°角的顺弧吹扫，及电弧于焊脚根部熔池外侧成形时停留的时间，控制电弧爬坡走弧段液态金属的整体滑动。

3）水冷壁插入管焊接引弧位置宜过中心线5~10mm，通过短弧形成熔滴外扩，再使起焊端5~10mm的熔池范围由薄至厚，进入正常焊接。电弧过中心平面中心线5~10mm后，稍做稳弧，再做回带使其熄灭，使收尾熔池吹扫点丰满，避免电弧熄灭后缩孔的发生。

一侧焊接完成后，后一侧引弧，电弧于连续续接处前端10~20mm，使其引燃，以长弧带入续接处。按收弧时续接处熔池凝固的范围，使电弧吹向最高成形点。再以短弧的动作使液态金属过渡的宽度、厚度、覆盖续接处。尾部收弧时，宜使电弧压过起焊端焊缝5~10mm，稳弧使尾部熔池饱满后，再做向后的回带动作，使其熄灭。

5.4 对流管束焊接操作技巧

对流管束的平角焊与平面法兰的角焊有很大不同，平面法兰采用一遍较薄成形和一遍较厚成形两个层次，且焊接管端较长，熔角处受热较少。平角对流管束焊接时，因焊接管端较短，受热增大，焊接多采用一遍层次。

1. 熔池外扩熔化能力减弱

ϕ57mm管径端头焊接时，因管径较薄又为立侧，加厚的熔敷液态金属会使管侧熔温迅速增加，为了控制熔池温度的增加，适于加厚的液态金属成形，多采用小焊接电流进行焊接，这样使角平面锅筒侧板难以熔化，熔渣与液态金属难以分清，熔池成形缓慢。

2. 易产生熔穿现象

如果采用较强的电弧吹扫，熔渣与液态金属滑动状清晰。但熔池堆敷厚度增加时，管端温度增加趋势过大，管侧面熔合线过深，易产生熔穿现象。如做电弧前移吹扫时，ϕ57mm 管内径有明弧穿过时应停止电弧前移，敲掉及清除穿透点熔渣，再采用断弧点焊方法焊接。

3. 管束平角焊运条方法

对流管束平角焊，可采用一个蹲位点和两个蹲位点两种起焊的方法，如图 5-5 所示。

1）两个蹲位点焊接为操作者顺着锅筒纵向方向，从左侧 90°点引弧，止弧位置为右侧 90°点。此侧焊接完成，再以 90°收弧点作为引弧点，引弧点作为收弧点。一个蹲位点的焊接引弧点在 0°点或 180°点，而且引弧点也是收弧点。

2）一个蹲位点的焊接多为反向运条，两个蹲位点的焊接为正向运条。

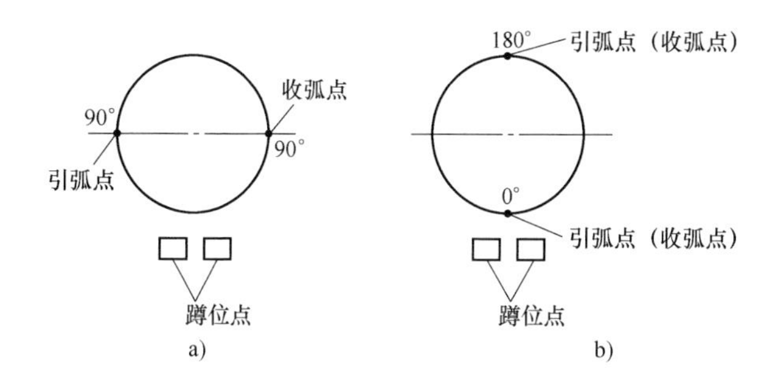

图 5-5　蹲位点放大图

a）两个蹲位点　b）一个蹲位点

第 6 章　平角焊操作技巧

6.1　焊条电弧焊平角焊操作技巧

焊接示例：

底平侧板厚 12mm，立板侧厚度 10mm，选择焊条 E4303，焊条直径为 4.0mm，焊接电流调节范围 170~185A。

6.1.1　打底层的焊接

电弧引燃先从焊脚底侧平面开始，使熔池形成外扩宽度 6~8mm。再将电弧于熔池前端呈弧形带弧走线，向立板侧做进弧动作，使立板侧熔池厚度增加。然后做电弧的下带动作至底侧平面，根据熔池的宽度成形做电弧的前移，根据底侧板面的熔池前端呈弧形做电弧上提动作。依次循环。

1. 上推电弧的位置

1）电弧推进后，熔池外扩加大，熔池与立板侧母材熔合线加深，难以控制。产生原因是焊接电流过大，熔池温度过高，进弧的方法不正确。

2）防止措施：适当下调焊接电流，做立侧板进弧动作时，焊条未燃端与立侧板面间留有一定的走弧间隙，如 1~2mm。

2. 进弧高度

底侧板熔池外扩后，上侧板的熔池外扩高度应小于底侧平面的焊缝宽度，再用液态熔池上浮力使熔池适当上浮 3~5mm。

3. 熔池外扩能力

1）电弧前移时，熔渣随其电弧的移动含在熔池之中。做电弧的上移动作时，平侧板面的熔池前移线被熔渣封堵，熔池外扩能力减弱。产生原因是焊接电流过小，熔池温度过低。

2）防止措施：适当加大焊接电流，增加稳弧熔池的温度，改变电弧对内侧板面的进弧高度，并使电弧在根部焊线稳弧时熔池厚度增加。

4. 续接方法

一根焊条燃尽时，稍做稳弧后使电弧带向熔池后方将其熄灭。

续接引弧为熔池前方10~20mm的根线，电弧引燃后做快速带弧提高带向熔池中心，见熔渣外溢呈滑动状时，再将电弧做后移方向的吹扫，并迅速使电弧前移滑动，填满续接位置，才进入正常焊接。

打底层焊接完成后，除净药皮熔渣。

6.1.2　盖面层的焊接

1. 盖面层的下层焊接

引燃电弧后，以弧形带弧走线方式从熔池前端带向打底层焊缝的中心，稍做稳弧使液态金属上浮，高度超过头遍焊缝的2/3线，然后呈弧形下带电弧，使电弧到头遍焊缝的底线边部。继续稳弧使熔池厚度增加，再做电弧上提动作。依次前移。

焊接时应注意中心熔池成形的两点变化：

（1）熔池厚度的增加　下层坡状焊缝的液态金属堆敷时，观察底侧熔池的外扩宽度及厚度，做电弧推进动作，变化电弧推进时停留的时间，使闪光液态金属的最高点同底层金属的外凸点熔合。

（2）中心熔池的平度　在电弧的高点推进时，观察外扩熔池范围的大小和滑动趋势，熔渣浮动迅速，熔池范围过大，会出现液态金属的尖状滑动，说明熔池的温度过高，熔池堆状形成过厚，电弧顶弧吹扫的角度过大。此时应迅速减小焊接电流，缩小电弧向高点熔池进弧的动作幅度，电弧吹扫由顶弧改为90°。

盖面层的下层焊接完成后，留住药皮熔渣。

2. 盖面层的上层焊接

电弧吹扫走线为头遍焊缝的上边缘线，焊条与立侧板面成40°~50°角，纵向走弧吹扫角度90°。电弧下滑时使液态金属覆盖接近于下层焊缝最高凸点，并以此线的延伸，形成上、下层熔池成形。

6.2 氩弧平角焊操作技巧

焊接示例：

平面法兰厚度为12mm，法兰内侧倒角深度为3~4mm，被焊管直径为60mm，壁厚为3~4mm。选择焊丝H08Mn2Si，焊丝直径为2.4mm，焊接电流调节范围为140~160A，氩气流量为8~15L/min。

6.2.1 打底层的焊接

焊前先做法兰定位焊，定位焊前先确定管与法兰平面成90°角。焊接槽深度3~4mm，焊缝成形高度4~6mm，平面焊脚宽度5~6mm，焊丝的一次续入量应使熔敷金属一次成形高度4mm。电弧吹扫时，先使立侧焊脚成形高度4mm，再根据平角宽度与焊脚根线的比较做高点处液态金属的下带动作，并使熔池成形宽度达到5~6mm。电弧下带时，先做熔池平度的吹扫，使之平滑过渡。上提时，再使电弧吹过熔池前沿熔合线，并在电弧的上移抬起时使金属液再次过渡。依次成形。

6.2.2 盖面层的焊接

法兰盖面层焊脚高度凸于法兰平面3mm，焊丝续入量应先使液态熔波上浮高度3mm。上浮时应不使电弧直吹管面根部的最高熔合线，而应使熔池在上浮时同母材熔化成形，这样可避免焊脚的最高熔合线出现熔深过大和局部的咬肉现象。

下平侧板面成形焊接时，应根据底侧焊脚成形的宽度，使下带熔池外扩2~3mm，然后做熔池上提动作，形成前沿熔池的吹扫。依次循环。

盖面层焊接完成后，应使焊缝成形宽度一致。

6.3 CO_2气体保护焊二次成形平角焊操作技巧

焊接示例：

平侧板厚14mm，立侧板厚8mm，选择焊丝直径为1.6mm，焊接电流调节范围为200~240A，电弧电压调节范围24~30V，焊丝伸出风嘴的长度15~20mm，气体流量15~25L/min，采用直流反接焊接电源。

6.3.1 打底层的焊接

1. 打底层的焊接技巧

在起焊前，首先选择好电流与电压之间的匹配，如焊接电流定为200A，电弧电压大致定为24V，再用废弃铁板进行试焊焊接。引弧后，焊丝伸出风嘴过长，飞溅增多，并存有“啪啪”的响声，熔池成形宽度过窄，说明电弧电压过低，应增大电弧电压。反之，焊丝伸出风嘴长度过短，液态熔波外扩成形宽度增加迅速，熔池高度成形缓慢或难以增加，说明电弧电压过高，应减小电弧电压。

2. 导电嘴常见问题的处理方法

1）起焊时，用钳子将焊丝端切成一侧尖状成形，避免通电起焊时短路发生、焊丝端烧损、熔化的焊丝浮在风嘴之上。

2）引弧位置应选在光洁处。

3）焊接过程中续接，应将风嘴插在硅油中，减少飞溅物粘在风嘴之上。

4）焊丝轻微粘在导电嘴上时，可先使焊枪左右转动，然后再做焊枪开关的启动。如焊丝粘在导电嘴上不动，应卸下导电嘴进行处理。

5）风嘴飞溅物增多，应使用硬物撬掉飞溅物，再将风嘴插进硅油盒内。

3. CO_2 气体含水量过多的处理方法

使用 CO_2 气体焊接时，易出现堆状气孔，其原因主要是气体含水量过多造成的。

1）CO_2 气体施工现场运输时，应尽量避免滚动运输，这样会使瓶内分离的气体相混、相溶，扩大 CO_2 气体在瓶内空间的占有量。

2）开放气阀门，放出上浮水含量过多的 CO_2 气体，宜先做两次阀门开启，每次5~10min。再进行试焊，如气孔逐渐减少，可再适当增加开放次数，如气孔消失，则进入正常焊接。

4. 气孔产生的原因及防止措施

1）起焊前，对焊缝 20mm 内表面的油污、锈蚀及水气进行清理，可采用气焊焊炬或气割割炬进行吹烤，再进行表面电刷打磨。

2）气孔发生时，应首先检查气体流量是否合适，以及风嘴飞溅物是否过多时形成堵塞。

3）CO_2 气体保护焊可采用左向焊法，始焊端应向右延长 400~500mm 并使焊枪垂直。

4）在焊接区域内，风速不宜超过 1.5m/s。风速过大时，应构建一个长、宽、高 1~1.3m 用钢筋制作的三面蒙有棚布的简易棚罩，挡住风向后，再进行焊接。

5）焊丝伸出风嘴过长，有两种原因：一是焊丝被人为拉长；二是焊接电流与电弧电压不匹配。

6）CO_2 焊接时烟雾较大，观察电弧前移的延伸线时，要求视线避开烟雾最浓蒸发处，使清晰度增加。

6.3.2 盖面层的焊接

盖面层焊接焊缝成形高度 7~8mm，电弧引燃后，先带向打底层焊缝的上方，使熔液外扩，成形高度达到 7~8mm，再做电弧下带的动作，使平面板侧头遍的宽度外扩熔池 2~3mm，如图 6-1 所示。

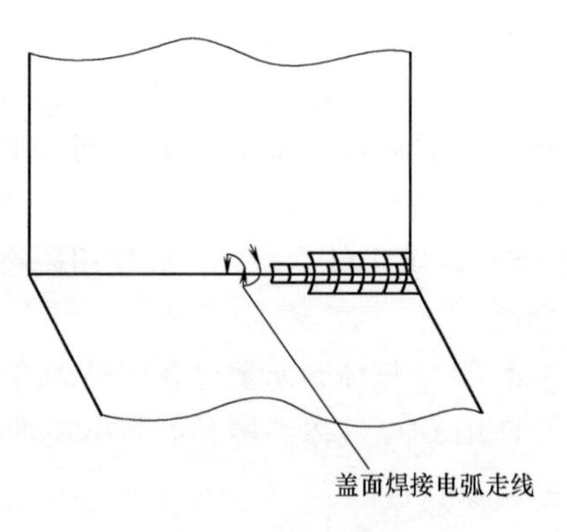

图 6-1 盖面层焊接

焊接时宜注意以下两点：

（1）熔池成形表层平度的控制　CO_2 焊焊丝的输出过快，稍加停留电弧会使大量的液态熔波相聚于一点或一处。焊接时，应根据液态熔波的输入量，加快电弧前移的速度，加大锯齿形运条两齿之间的距离，并在观察熔池平度的变化时，适当做电弧电压向上的调节，这样可有效控制熔池成形表层平度。

（2）外扩熔池成形宽度和高度的控制　外扩熔池成形高度，应以上一次电弧上提高度的位置和时间为依据，作为下一次电弧稳加停留高度的控制线。平面板侧电弧停留的位置，多以打底层焊缝的边线作为下带电弧的止弧线。

盖面层焊接完成后，应检查焊缝成形的上角熔合线是否有熔合线过深和咬肉现象，并进行补焊和打磨处理。

第7章　法兰焊接操作技巧

7.1　平角法兰焊接操作技巧

1. 焊接示例

法兰管直径为219mm，法兰板厚为14mm，内径倒角3mm×3mm，焊脚成形平面宽度为8mm，焊脚高为5~6mm。选焊条E4303，焊条直径为4.0mm；焊接电流调节范围为170~180A。

2. 引弧的位置

打底层焊接先形成宽4~5mm、深4mm的熔池，并保证熔池宽度与高度，完成后除净焊渣。盖面层焊接，应先选好所蹲的位置，在根据自身的习惯及条件、焊条直径、熔池成形宽度等，选择引弧点的位置。一般正向焊接引弧点不超过左眼的垂直放射线。引弧前，先在工件一侧试出合适的焊接电流，此种感觉以采用80°或75°顶弧焊接，熔池外扩成形能够控制，药皮浮动灵活为标准。

3. 熔池宽度成形的技巧

熔池平面外侧成形，应以里层焊缝宽度作为电弧外移的掐线点，如里层打底层成形宽度4~5mm。电弧外移稳弧点，应以外加3~4mm宽度的成形，做电弧的外移走线。此种走弧的方法为，电弧引燃先推向里层焊缝中心，然后稍做外移，使焊条端部中心燃烧点吹向里层焊缝的外边线，并根据熔池外扩的多少，掌握稳弧的时间和电弧外推熔池外扩的宽度，然后采用斜锯齿形运条的方法带弧推向焊缝里侧根部。电弧向上带弧走线，应为内层焊缝的上边缘。

4. 熔池厚度的控制，与熔渣浮动的位置

平角焊熔池一次带弧形成熔池的厚度，应观察熔池外扩后所形成的状态，电弧在内侧根部稳弧并形成一定的熔池厚度后，熔池上边部外扩与立侧平面迅速形成较深的熔合线。此种成形如焊接电流

适当，焊条端部燃烧点与立侧母材平面距离适当，那么熔池上边部较深的熔合线为电弧向高点熔池进弧的位置过高，稳弧的时间过长而形成。

电弧向高点熔池进弧的位置，及稳弧停留的时间，应以电弧在做高点熔池稳弧停留时，熔渣的浮动及金属液裸露面的大小而掌握，如稳弧时，通过焊条角度的变化，使熔渣能始终漂浮于电弧的边缘，熔波滑动平稳，此种状态电弧上侧稳弧的时间可长一些，熔池形成可厚一些。如上侧电弧推进后，熔渣迅速浮出溶池，在焊条角度的变化时仍难以控制。并出现熔波裸露面过大，熔池上侧边部同母材大侧面出现熔深过大的现象。除适当减小焊接电流之外，应适当加大平角焊的侧高点熔池横向走弧的距离。并以电弧在里侧根部稍做稳弧后，迅速做带弧动作于熔池外侧。使管面内侧熔池保持一定的平度，电弧至外侧低点边部后，应先控制平角面过多流入熔池底边部的熔渣，即熔池边缘的熔渣浮动线不能超过电弧前移的稳弧吹扫点，同时也应观察，控制熔池底侧低点边缘的熔渣流量不能离电弧的吹扫线过远。

5. 焊条角度的变化

平面法兰焊接应熟练掌握顶弧焊接的角度，利用焊条角度的变化，控制熔渣浮动的位置，不超过电弧的吹扫线。即随着圆度走向的90°焊接或顺弧焊接，而产生电弧过长、熔池整体外扩失去控制、熔池外扩宽度难以掌握、使熔池上侧成形出现熔深过深的弊端。此种现象的避免，应在焊接前，首先掌握一根焊条所形成焊缝的长度，并根据每根焊条燃烧时长度的变化，掌握身体离法兰远近的位置。并以自身的腕力，使焊条始终保持顶弧焊接的角度。

6. 续接的方法

法兰封面焊接一根焊条燃尽后，留住药皮覆盖点的熔渣，再根据熔池成形的宽度、厚度、熔坑的形状及大小，从收弧点前10mm处引弧，再以80°顶弧焊接的角度，采用长弧落入续接熔池的前端。电弧吹向熔池后，如熔渣浮动量较大，可从里向外稍做横向拨动。拨动时应使熔渣不出现快速滑动状，控制熔池裸露的范围，使熔池拨动点宽度不超过正常焊面成形的宽度为宜。电弧续接运条以电弧吹开熔渣后，带弧向后，再根据续弧位置、熔池的形状，稍做横向摆动，先形成较薄熔池后，再逐渐增宽、增厚，压低电弧进行正常焊接。

7.2 微型法兰焊接操作技巧

焊接示例：

微型管直径为57mm，壁厚为4mm，长为150mm。法兰平面厚度为12mm。选0点和180°点作为引弧位置。如从180°点引弧，可做顺时针方向从0点至12点，从右向左，形成平角面，成形宽度3mm，高2mm。焊接完成后除净焊渣。

盖面层焊接以0点为引弧点，电弧引燃成左侧走向，先形成底面宽6~8mm、高4mm的基点熔池。然后回腕将焊条成顶弧80°角，眼睛可通过上身弯曲观察焊接走向及熔池形成。电弧推动熔池方法与大直径平面法兰基本相同，随着焊缝的延伸，头部及上身先后超过法兰管左侧及180°管上端，使眼睛俯视焊缝清晰。手臂逐步沿焊缝弧度平稳转动。内侧高点边部以熔池对立侧母材边部相熔没有较深痕迹，作为电弧停顿点及稳弧停留时间的控制依据；平面外边部成形以熔池外扩宽度形成时，稳弧并能控制熔渣浮动作为控制依据。电弧转右侧后，上身及头部随之向右侧偏移，继续采用稍加顶弧角度，尾部收弧应在引弧与收弧端未熔合前，电弧的吹向引弧端点，相熔后稍做稳弧，再从熔池中心使电弧稍做回带再使其熄灭。

7.3 一次成形对接法兰焊接操作技巧

焊接示例：

法兰凸位管直径为32mm，对焊管直径为32mm，凸位点与管端各成30°~35°角，组对前将两侧20mm的锈打磨干净，两口组对成60°~65°角，组对间隙为3~3.5mm，没有钝边。选择焊条E4303，直径为2.5mm；焊接电流调节范围为75~85A。

对接法兰式带颈的并有圆管过渡与管子对焊连接的法兰，其操作方法与管道焊接基本相同。此例焊接因管径较小，组对时的定位焊宜采用三侧固定点，定位焊时最好采用小电流从坡口外平面边线呈弧形线以长肉的方式使之连接。起焊端位置选择两个固定之间间隙较大处，如图 7-1 所示。

焊接时应注意和掌握以下 3 点：

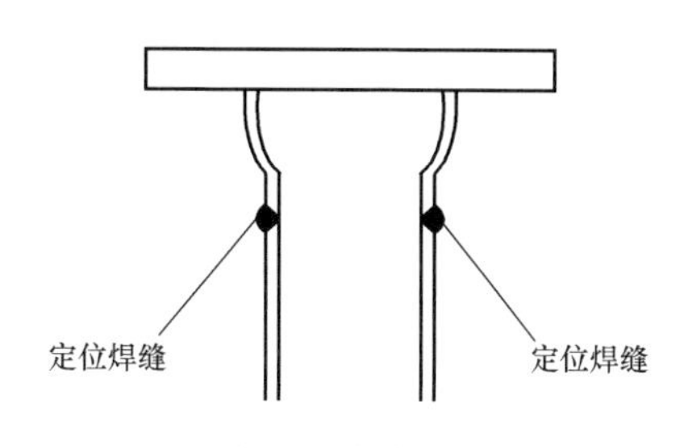

图 7-1　定位焊缝

1. 焊接位置的选择

小直径管的焊接，管道内侧成形应使液态金属熔透后平滑过渡，焊条端点向坡口钝边处进弧的位置，过凸于坡口的钝边处，液态金属易在高温中使过渡量增加，造成管内平面外凸量过大和管径内径增加。对接法兰可采用转动焊接方法，焊接位置按顺时针选择 0~1 点之间，落弧后的液态熔波过渡也易在稳弧后的高温熔池时，形成下塌。焊接位置选择在 4~2 点之间，可在焊条端燃点进入坡口位置适当的调节时，控制金属内凸现象的发生。

2. 进弧的方法

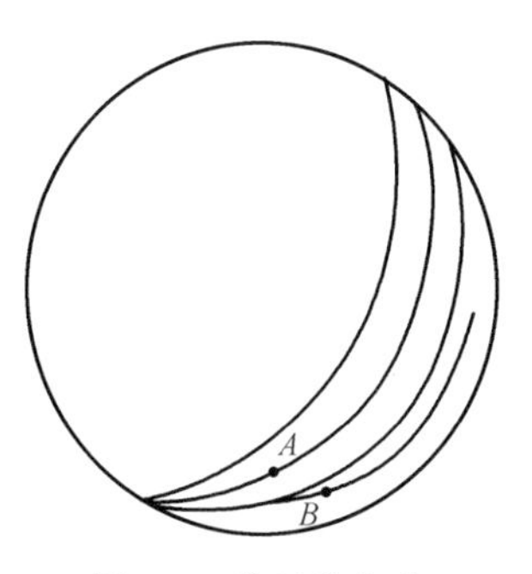

图 7-2　进弧的方法

进弧时，电弧可先停留在坡口一侧（如 *A* 侧）钝边处外移 2mm 线（见图 7-2），落弧并稍加停留后，使液态熔波稍凸于坡口的钝边线，如液态熔坡外凸过慢，可稍增加停留的时间并迅速做外移带弧动作于坡口的外边线，使液态熔波凸于外坡口边线 1mm，再使电弧沿坡口面迅速上提，使其熄灭。当熄弧处的熔波迅速缩成一点暗红色，再做 *B* 侧点的电弧回落动作，落弧后先使 *B* 侧点 2mm 线熔池温度增加，熔渣浮出，使液态熔波稍凸于坡口的钝边线，并熔化于 *A* 侧金属凝点再稍做电弧外带动作，使液态熔波凸于外坡口边线 1mm，再做电弧上提动作，依次循环。当电弧上升到定位焊点时，应用砂轮切片，顺其坡口面将其切除。

3. 收尾焊接

电弧前移接近尾部收尾时，应先将始焊端焊缝磨成坡状，接近收尾处 10mm 时，宜采用快速连续进弧焊接，电弧相压于始焊端后，应稍做稳弧停留，再带弧前移使液态金属填平砂轮打磨处，形成尾部饱满熔池后，再做电弧抬起熄灭动作。

焊接完成后清除焊缝两侧飞溅。

第8章　压力容器焊接操作技巧

焊接示例：

容器直径为6mm，壁厚为22mm，内坡口深度为12~13mm，外坡口深度为6mm，坡口钝边为3mm。两口组对内坡口成65°角，组对间隙2~3mm。选择焊条E5016，焊条直径为4.0mm；焊接电流调节范围165~180A。垂直固定口的横向焊接采用4人分段手工操作。

起焊前，先对坡口内外的锈蚀进行打磨处理，对强行组对段，除做加密定位焊缝外，还应备有立式加强固定板。

为保持层间温度，延长焊缝冷却时间，应对施工现场周边采用屏障遮挡，采用硅酸铝等挂片对焊缝做焊前预热，预热温度100~150℃，时间1h。焊前预热的目的是保证焊接时一定熔池温度的停留时间，释放焊缝内氢的含量，消除脆性组织，避免焊缝冷裂纹的产生。

8.1　焊接材料的选择和使用

选用抗裂纹性能好、焊材与母材匹配合适的焊接材料。

在焊条的选用时，普通低碳钢、低合金钢焊接材料主要是从焊接接头的韧性、塑性及强度出发，按等强度原则来选用；对刚度大、拘束大、裂纹发生倾向大的焊接头等级，应在同等原则的基础上，选用抗裂性能较好的焊条，如碱性低氢型焊条。

焊前应对所选用焊条E5016进行300~380℃、恒温1h烘干处理，焊条要放到焊条保温筒内随用随取，剩余焊条应放入烘干箱内分类单放，再次加热焊条要控制好最多的烘干次数，对开裂及脱皮焊条应禁止使用。

8.2 焊接层次及焊接电流

（1）焊接层次的选择　焊条电弧焊接焊接层次的选择应从被焊材料的板材厚度、所焊位置及走向来考虑，横向焊接只能选用窄焊缝多层排续焊接方法。

（2）填充层液态金属过渡的厚度　对刚度大、拘束大的被焊材料，应使一次熔敷金属的过渡量形成一定的熔池厚度。微量熔滴过渡的较薄熔池，在工件快速加热与冷却的大拘束的内应力变化中，往往在熔池凝结之前和凝结之后具有产生裂纹的倾向。一次一定厚度的熔池凝结成形，可避免此类现象的发生。

（3）过渡熔池的温度　过渡熔池温度由焊接电流确定，焊接电流分为较小、较大和合适等。

1）较小电流过渡后的熔池温度，熔池结晶的组织虽然细化，但其熔化凝固的速度太快，焊材与母材间没有形成一定的熔化范围。熔池中半熔化和熔化的非金属化合物在熔池中还没有大部分和全部浮出熔池，使凝结之后的熔池易形成中心偏析和裂纹。

2）过大电流的液态金属过渡，虽然满足了焊接操作的条件，但热输入过大时，又形成了粗大胞状的树枝晶组织。因高温停留时间过长，在刚度大、拘束大、应力大的焊接结构中，二次结晶的粗大组织也会转变为过热组织，使焊缝金属的力学性能和抗裂性能下降，成为焊接接头中最薄弱的环节。

3）较小电流和较大电流过渡熔池的感觉：过小电流液态金属过渡时，液态熔池的范围仅在电弧的周围，熔池没有外扩能力，液态金属在熔渣的覆盖下半明半暗，勉强半熔化于被焊的母材之间；较小电流的液态金属过渡时，液态熔池范围在电弧的运动中不断扩大熔渣与液态金属间明显的分界线，但液态金属外扩时，熔池的范围过小，熔池金属与母材的熔化痕迹不明显；较大电流液态金属过渡母材后，有过强渗透力的感觉，被焊母材金属熔合量过大，被焊面熔化痕迹过深，熔池滑动趋势过大。

合适焊接电流的调节，宜在较小和较大的电流之间。熔滴金属的过渡能在亮红色熔池的范围中顺利增加，熔池两侧熔化痕迹适当。

8.3 焊接速度

对较厚工件填充层的焊接，也可用焊接速度的快与慢控制较高熔池温度在一个区域内停留的时间。这样可以使稍大的电流的熔池成形时，晶粒得到细化。

焊接时为了避免过热组织的出现和形成较厚的熔池，在焊槽内熔池形成时，先形成一定的熔池范围，再做电弧前移行走10mm，使中心熔池的温度在电弧外移的瞬间出现缓解，然后做电弧回带动作。这种重复动作也能在稍大或合适电流时形成较厚的熔池中，控制熔池过高温度在一个区域内停留的时间，又能使液态金属晶粒细化，提高焊接接头的塑性和韧性。

8.4 焊接裂纹

1. 裂纹的种类

（1）内外应力引起的裂纹　焊接过程中出现的裂纹多来自于焊缝环境中的内外应力，内坡口起焊后，焊缝的定位焊位置为坡口的外侧，强行组对段多备有上下母材的固定板。焊接时，组合的热源变化，不会冲击液化熔池凝固的过程。但坡口内侧焊接完成后，坡口外侧焊前也应具备多种准备条件：清除外坡口所有固定板；对坡口周边定位焊痕迹补焊并打磨；碳弧气刨清根；清根打磨。以上四点之中碳弧气刨清根后的变化，会使焊缝内外应力呈反弹状态。在进刨时，外侧焊缝坡口钝边清除线深度8~10mm，槽高8~10mm。

由于清根后焊槽深度和高度的变化较大，外侧焊接热源的输入及液态金属的输入量差别较大，使热循环后的金属组织在内应力和变化的外力作用下，裂纹产生的倾向不断增加。

（2）电弧偏吹与电弧高度引起的裂纹　焊接过程中，电弧偏吹和电弧高度的变化，也是产生氢致裂纹的主要原因。在坡口头遍层次的焊接中，引燃后的电弧不能形成挺直方向使熔滴过渡，而是在焊条一侧未熔化药皮的挺直偏向熔池的方向，因熔滴的过渡点与熔滴的过渡方向不同，过渡后的熔滴没有完全过渡到所需要过渡的坡口间隙中，而是形成了电弧进入熔池中的阻碍，使电弧难以形成对熔池熔合区的熔化性吹扫。过渡到坡口间隙中的金属凝固时，因为没有形成完全的电弧保护和熔化，而使裂纹产生倾向增加。

碱性低氢型焊条的电弧长度不能超过焊条的直径，外部环境较差时，电弧长度还应控制为小于焊条直径的一半。电弧过长时，不但使气孔产生倾向增加，也会使熔池中氢的含量增加，在熔池的凝结时，不能全部逸出的氢，也会在内外应力的作用下形成裂纹。

（3）较厚熔池成形尾部收弧引起的裂纹　填充层焊接时，随着焊条相继的续接，在间隙时间较短时，不会产生大的影响。但时间较长时或尾部收弧时，过渡熔池中突然移走的电弧，不但会出现熔池中心缩孔的产生，也会因熔池中非金属化合物在没有热源的推力下不能大部或全部逸出熔池，使凝结后的熔池中金属产生严重偏析，在焊缝区内外应力作用下产生裂纹。

2. 焊接过程中的层间温度及焊后热处理

Q345R 的容器焊接，应保证相继焊接层次之间的层间温度为 100~150℃，焊后热温度 300~500℃ 保温 1h，这样可以松弛和降低焊接过程中残余应力，清除焊缝中的淬硬组织，并使富集于焊缝中的氢得到释放。

第9章　单面焊双面成形操作技巧

单面焊双面成形技术是锅炉、压力容器、压力管道焊工应该熟练掌握的操作技能，也是在某些重要焊接结构制造过程中，既要求焊透而又无法在背面进行清根和重新焊接所必须采用的焊接技术。在单面焊双面成形操作过程中，不需要采取任何辅助措施，只是在坡口根部进行组装定位焊时，按照焊接时采用的不同操作手法留出不同的间隙即可。当在坡口正面焊接时，就会在坡口的正、背两面都能得到均匀整齐、成形良好、符合质量要求的焊缝，这种特殊的焊接操作称为单面焊双面成形。

“眼精”“手稳”“心静”“气匀”八个字就是练习单面焊双面成形操作技术的心法要诀。

（1）眼精　所谓“眼精”就是在焊接过程中，焊工的眼睛要时刻注意观察焊接熔池的变化，注意“熔孔”的尺寸，每个焊点与前一个焊点重合面积的大小，熔池中熔化金属与熔渣的分离等。

（2）手稳　所谓“手稳”是指焊工的眼睛看到哪儿，焊条（或焊丝）就应该按选用的运条方法、合适的弧长、准确无误地送到哪儿，保证正、背两面焊缝表面成形良好。

（3）心静　所谓“心静”是要求焊工在焊接过程中，专心焊接，别无他想。任何与焊接无关的杂念都会使焊工分心，在运条、断弧频率、焊接速度等方面出现差错，从而导致焊缝产生各种焊接缺欠。

（4）气匀　所谓“气匀”是指焊工在焊接过程中，无论是站位焊接、蹲位焊接还是躺位焊接，都要求焊工能保持呼吸平稳均匀，既不要大憋气（以免焊工因缺氧而烦躁，影响发挥焊接技能），也不要大喘气（在焊接过程中，会使焊工身体因上下浮动而影响手稳）。

总之，“眼精”“手稳”“心静”“气匀”八个字是焊工们经多年实践总结而得到的，指导焊工进行单面焊双面成形操作时收效很大。

“心静”“气匀”是前提，是对焊工思想素质的要求，在焊接岗位上，每一个焊工都要专心从事焊接工作，做到“一心不二用”，否则不仅焊接质量不高，也容易出现安全事故。只有做到“心静”“气匀”，焊工的“眼精”“手稳”才能发挥作用。所以，这八个字，既有各自独立的特性，又有相互依托的共性，需要焊工在焊接中仔细体会。

9.1 单面焊双面成形连弧焊操作技巧

9.1.1 低合金钢板平焊单面焊双面成形连弧焊

1. 低合金钢板对接单面焊双面成形的特点

平焊是焊条电弧焊的基础。平焊有以下特点：焊接时熔化金属主要靠重力过渡，焊接技术容易掌握。除第一道打底焊外，其他各层可选用较大的焊接电流进行焊接。焊接效率高，表面焊缝成形易控制；打底焊时，若焊接参数选择不当或操作方法不正确，容易产生未焊透、缩孔、焊瘤等缺欠。因此对操作者而言，采用碱性焊条“连弧焊”进行单面焊双面成形，施焊并非易事，可以说平焊操作比立焊、横焊难度要大。

2. 焊前准备

1）选用直流弧焊机、硅整流弧焊机或逆变电焊机均可。

2）选用 E5015、E5016 碱性焊条均可，焊条直径为 3.2mm、4mm。

焊前经 350~380℃烘干，保温 2h，随用随取。

3）工件采用 Q345A、Q345B、Q345C 低合金钢板，厚度为 12mm，长为 300mm，宽为 125mm，用剪板机或气割下料，其坡口边缘的热影响区应使用刨床刨去，如图 9-1 所示。

4）辅助工具和量具包括焊条保温筒、角向磨光机、钢丝刷、钢直尺（300mm）、敲渣锤、焊缝万能量规等。

3. 试件装配定位

1）用角向磨光机将试板两侧坡口边缘 20~30mm 范围以内的油、

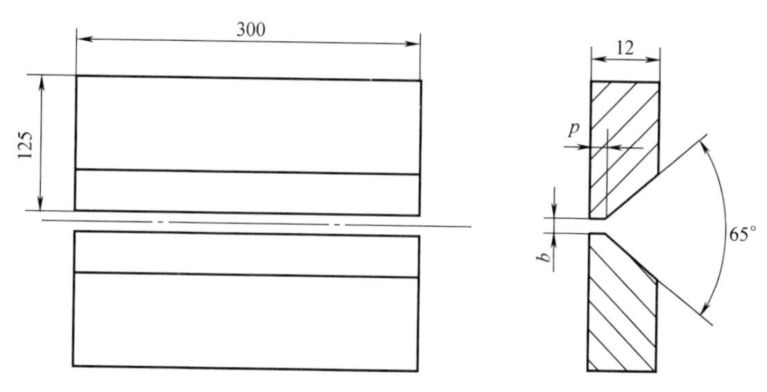

图9-1　低合金钢板对接单面焊双面成形工件

污、锈、垢清除干净，使之呈现出金属光泽。然后，在钳工台虎钳上修磨坡口钝边，使钝边尺寸保持在0.5~1.0mm。

2）将打磨好的试板装配成焊端间隙为2.5mm，终焊端为3.2mm（可用ϕ2.5mm与ϕ3.2mm焊条头夹在试板坡口的端头钝边处，定位焊接两试板，然后用敲渣锤打掉ϕ2.5mm和ϕ3.2mm焊条头即可），对定位焊缝焊接质量要求与正式焊缝一样。错边量不大于1mm。

3）平焊反变形量如图9-2所示。

4. 焊接操作

对接平焊，焊缝共有4层，即第一层打底焊，第二、三层为填充层，第四层为盖面焊。焊接层次如图9-3所示。

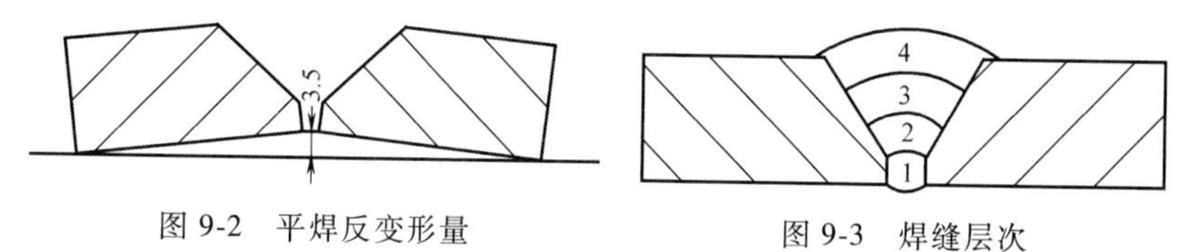

图9-2　平焊反变形量

图9-3　焊缝层次

1）平焊焊接参数见表9-1。

表9-1　平焊焊接参数

焊接层次	名称	电源极性	焊接方法	焊条直径/mm	焊接电流/A	焊条角度/(°)	运条方式
1	打底焊	直流反接	连弧焊	3.2	100~115	65~70	小月牙形摆动

（续）

焊接层次	名称	电源极性	焊接方法	焊条直径/mm	焊接电流/A	焊条角度/(°)	运条方式
2	填充焊	直流反接	连弧焊	4	160~175	70~80	锯齿形摆动
3	填充焊	直流反接	连弧焊	4	160~175	70~80	锯齿形摆动
4	盖面焊	直流反接	连弧焊	4	160~170	75~85	锯齿形摆动

2）打底焊是单面焊双面成形的关键。应在试电流板上测试焊接电流，并看焊条头是否偏心（如焊条偏心，势必产生偏弧，将会影响打底焊的质量）。焊条试焊合格后，应在试板的始焊定位焊端引燃电弧，做1~2s的稳定电弧动作后，电弧做小月牙形横向摆动，当电弧运动到定位焊边缘坡口间隙处便压低电弧向右连续施焊。电焊条的右倾角（与试件平面角度）为65°~70°，在整个施焊过程中，应始终能听见电弧击穿坡口钝边“噗噗”的声音。焊条的摆动幅度要小，一般控制在电弧将两侧坡口钝边熔化1.5~2mm为宜，电弧每运动到一侧坡口钝边处稍做稳弧动作（不大于2s），也就是保持电弧在坡口两侧慢，中间快的原则，通过护目玻璃，可以清楚地观察到熔池形状和熔池，也可看到电弧将熔渣透过熔池，流向焊缝背面，从而保证焊缝背面成形良好。

在打底焊接过程中，要始终保持熔孔大小一致，熔孔的大小对焊缝的背面成形有较大的影响，如熔孔过大，则产生烧穿或焊瘤；而熔孔过小，又容易产生未焊透或未熔合等缺欠，在钝边、间隙、焊接电流、焊条倾角合适的情况下，焊接速度是关键，只有保持上述熔孔大小情况下，压低电弧，手把要稳，焊接速度要匀，一般情况下不要拉长电弧或做“挑弧”动作，就能焊出理想的背面成形。

更换焊条是保证打底焊缝整体平直、无焊瘤、未焊透、凹坑、接头不脱节的关键，必须控制好收弧与接头两个环节：收弧时，应缓慢地把焊条向左或右坡口侧带一下（停顿一下），然后将电弧熄灭，不可将电弧熄在坡口的中心，这样能防止试板背面焊缝产生缩孔和气孔；接头时换焊条动作要快，将焊条角度调至75°~80°，在弧坑后15mm处引弧，用小锯齿摆动至熔池，将焊条往下压，听到

“噗噗”的击穿坡口钝边声后，并形成新的熔孔，焊条做1~2s时间停留后（时间不可太长，否则易产生烧穿而形成焊瘤），以利于将熔滴送到坡口背面，接头熔合好后，再把焊条角度恢复到原来打底焊的施焊角度，这样做能使背面焊缝成形圆滑，无凹陷、夹渣、未焊透、焊缝接头脱节等缺欠。

3）打底焊完成后，要彻底清渣。第2、3道焊缝为填充层，为防止因熔渣超前（超过焊条电弧）而产生夹渣，应压住电弧，采用锯齿形运条法，电弧要在坡口两侧多停留一下，中间运条稍快，使焊缝金属圆滑过渡。坡口两侧无夹角，熔渣覆盖良好，每个接头的位置要错开，并保持每层焊层的高度一致。第3道填充层焊后表面焊缝应低于试件表面1.5mm左右为宜。

4）盖面焊时，焊接电流应略小于或等于填充层焊接电流，焊条锯齿运条横摆应将每侧坡口边缘熔化2mm左右为宜。电弧应尽量压低，焊接速度要均匀，电弧在坡口边缘要稍做停留，待金属液饱满后，再将电弧运至另一边缘。这样，才能避免表面焊缝两侧产生咬边缺欠，成形才能美观。

9.1.2　低合金钢板对接立焊单面焊双面成形连弧焊

低合金钢板对接立焊单面焊双面成形特点：立焊时熔化金属和熔渣受重力作用而向下坠落，故容易分离；熔池温度过高时，金属液易下淌而形成焊瘤，故焊缝成形难以控制；操作不当，易产生夹渣、咬边等缺欠。

立焊试板钝边为0.5~1.0mm，组对间隙始焊端为3.2mm，终焊端为4mm，反变形预留量与平焊基本相同。焊缝共有4层，即第一层为打底焊，第二层、第三层为填充焊，第四层为盖面焊。

1）立焊焊接参数见表9-2。

表9-2　立焊焊接参数

焊接层次	名称	电源极性	焊接方法	焊条直径/mm	焊接电流/A	焊条角度/(°)	运条方式
1	打底层	直流反接	连弧焊	3.2	100~115	65~75	小锯齿运条法
2	填充层	直流反接	连弧焊	3.2	110~115	75~85	“8”字运条法

（续）

焊接层次	名称	电源极性	焊接方法	焊条直径/mm	焊接电流/A	焊条角度/(°)	运条方式
3	填充层	直流反接	连弧焊	4	145~160	75~85	“8”字运条法
4	盖面层	直流反接	连弧焊	4	145~160	75~85	“8”字运条法

2）立焊的操作较平焊容易掌握。打底焊时在始焊端定位焊处引燃电弧，以锯齿形运条向上做横向摆动，当电弧运动至定位焊边缘时，压低电弧，将电弧长度的2/3往焊缝背面送，待电弧击穿坡口两侧边缘并将其熔化2mm左右时，焊条做坡口两侧稍慢、中间稍快的锯齿形横向摆动连弧向上焊接，在焊接中应能始终听到电弧击穿坡口根部“噗噗”声和看到金属液和熔渣均匀的流向坡口间隙的后方，证明已焊透，背面成形良好。

施焊中，熔孔的形状大小应比平焊稍大些，为焊条直径的1.5倍为宜。正常焊接时，应保持熔孔的大小尺寸一致，熔孔过大宜烧穿，背面形成焊瘤；而熔孔过小又易产生未焊透，同时还要注意在保证背面成形良好的前提下，焊接速度应稍快些。形成的焊缝薄一些为好。

更换焊条也要注意两个环节：收弧前，应将电弧向左或向右下方收弧，并间断地再向熔池补充两到三滴金属液，防止因弧坑处的金属液不足而产生缩孔；接头时，应在弧坑的下方15mm处引弧，以正常的锯齿运条法摆动焊至弧坑（熄弧处）的边缘时，一定将焊条的倾角变为90°角，压低电弧将金属液送入坡口根部的背面去，并停留大约2s时间，听到“噗噗”声后，再恢复正常焊接。这样接头的好处是，能避免接头出现脱节、凹坑、熔合不良等缺欠，但如果电弧停留的时间过长，焊条横向摆动向上的速度过慢，也易形成烧穿和焊瘤缺欠。

3）第2、3道焊缝为填充层的焊接，运条方式以“8字”运条法为好，这种运条法容易掌握，电弧在坡口两侧停留的机会多，能给坡口两侧补足金属液，使坡口两侧熔合良好，能有利地防止焊肉坡口中间高而两侧夹角过深而产生夹渣、气孔等缺欠，并能使填充层表面平滑，施焊时应压低电弧，以均匀的速度向上运条，第 3 道焊缝应低于试件 1.5mm 左右，并保持坡口两侧边缘不得被烧坏，给盖面打下好基础。“8 字”运条法如图 9-4 所示，各焊层要认真清理焊渣、飞溅。

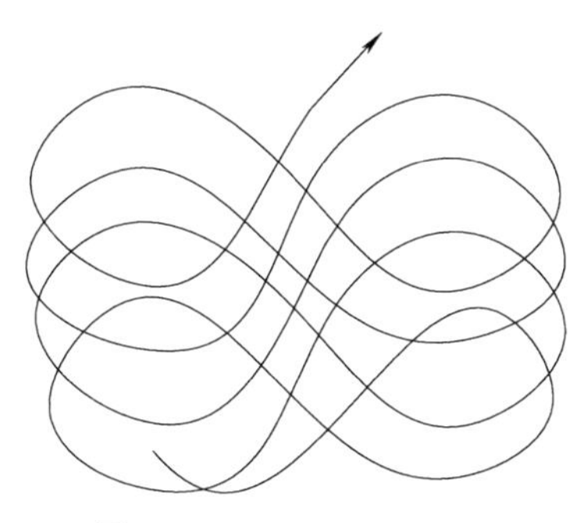

图 9-4　“8 字”形运条法

4）认真清理焊渣、飞溅后，仍采取“8 字”运条连续焊接法，当运条至坡口两侧时，电弧要有停留时间，并以能熔化坡口边缘 2mm 左右为准，同时还要做好稳弧挤压动作，使坡口两侧部位的杂质浮出焊缝表面，防止出现咬边，使焊缝金属与母材圆滑过渡，焊缝边缘整齐。更换焊条时，应做到在什么位置熄弧就在什么位置接头。终焊收尾时要填满弧坑。

9.1.3　低合金钢板对接横焊单面焊双面成形连弧焊

低合金钢板对接横焊单面焊双面成形特点：横焊时金属由于重力作用而容易向下坠落，操作不当，就容易出现焊肉下偏，而焊缝上边缘出现咬肉、未熔合和层间夹渣等缺欠；为防止熔化金属下坠，填充层与盖面层的焊接一般采用多层多道堆焊方法完成，但稍不注意，就能造成焊缝外观不整齐、沟棱明显，影响外观焊缝的成形美观。

横焊试板钝边为 0.5~1.0mm，组对间隙始焊端为 3mm，终焊端为 3.5mm，反变形预留为 5mm。焊缝共有 4 层 11 道，第一层为打底焊（1 道焊缝），第二层、第三层为填充层，共 5 道焊缝（第二层为 2 道焊缝，第三层为 3 道焊缝），盖面层共 5 道焊缝。变形预留量及焊层堆焊排列如图 9-5 和图 9-6 所示。

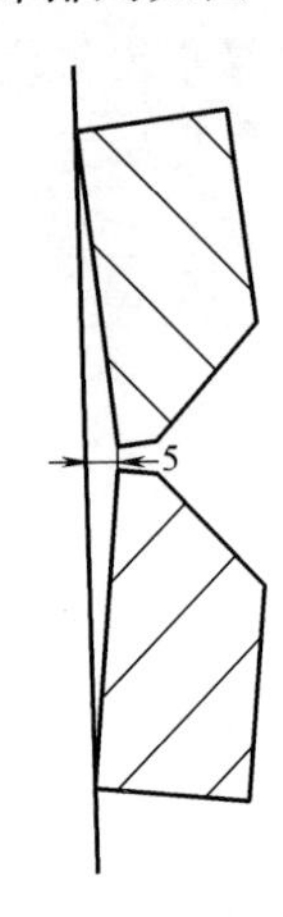

图 9-5　变形预留量

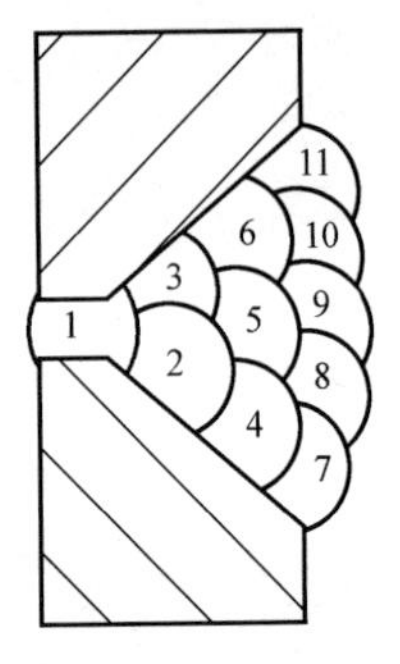

图 9-6　焊层堆焊排列示意图

1）横焊焊接参数见表 9-3。

表 9-3　横焊焊接参数

焊接层次	名称	电源极性	焊接方法	焊条直径/mm	焊接电流/A	焊条角度/(°)	运条方式
1	打底焊	直流反接	连弧焊	3.2	110～115	75～80	划小椭圆圈运条法
2	填充焊	直流反接	连弧焊	3.2	110～120	80～85	直线运条法
3	填充焊	直流反接	连弧焊	4	150～160	80～85	直线运条法
4	盖面焊	直流反接	连弧焊	4	150～160	80～85	划椭圆圈运条法

2）打底焊时，用划擦法将电弧在起焊端焊缝上引燃，电弧稳定燃烧后，将焊条对准坡口根部加热，压低电弧将熔敷金属送至坡口根部，将坡口钝边击穿，使定位焊端部与母材熔合成熔池座，形成第一个熔池和熔孔。焊条角度如图 9-7 所示，焊条运条摆动方式如图 9-8 所示。

运条时从上坡口斜拉至下坡口的边缘，熔池为椭圆形，即形成的熔孔形状也应是坡口下缘比坡口上缘稍前些，同时，电弧在上坡口停留时间应比下坡口停留时间要稍长些。这样运条的好处是能保证坡口上下两侧与填充金属熔合良好，能有效地防止金属液下坠和

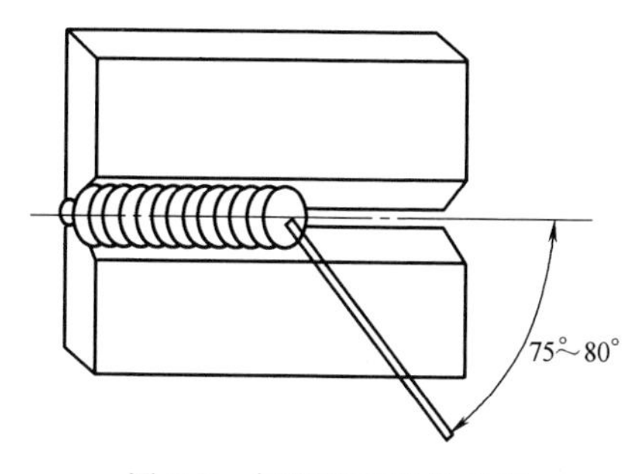

图 9-7　打底焊时焊条角度

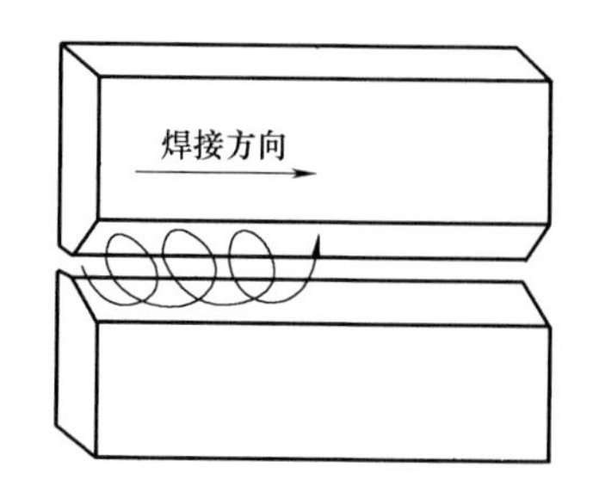

图 9-8　打底焊焊条划小椭圆圈运条方式

冷接。施焊时，压低电弧，不做“挑弧”动作，透过护目玻璃，只要清楚地看见电弧吹力将金属液和熔渣透过熔孔，流向试板的背面，并始终控制熔孔形状大小一致，并听到电弧击穿根部的“噗噗”声，就稳弧连续焊接，直至打底焊完。

每次换焊条时，应提前做好准备，熄弧收尾前必须向熔池的背面补送 2~3 滴金属液，然后再把电弧向后方斜拉，收弧点应在坡口的下侧，以防产生缩孔，更换焊条动作要快，应熟练地用电弧将焊接处切割成缓坡状，并立即接头焊接，保证根部焊透，避免气孔、凹坑、接头脱节等缺欠。

3）第二层的第 2、3 道焊缝与第三层的第 4、5、6 道焊缝为填充层焊接。均为一层层叠加堆焊而成。第二层与第三层各道焊缝焊条角度分别如图 9-9 和图 9-10 所示。

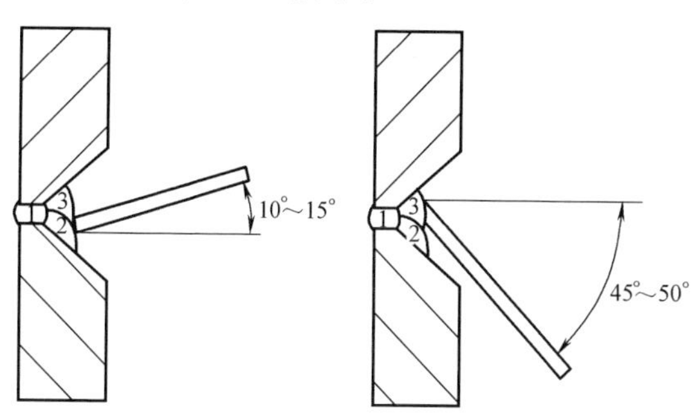

图 9-9　第二层各道焊缝焊条角度

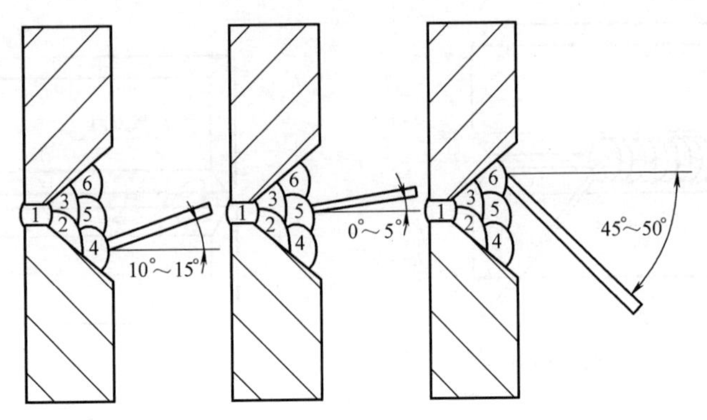

图 9-10　第三层各道焊缝焊条角度

填充层每道焊缝均采取横拉直线运条法施焊，由下往上排列，每道焊缝应压住前一道焊缝的1/3。按次排列往上叠加堆焊。施焊中应将每道焊缝焊直，避免出现相互叠加堆焊不当所形成的焊缝间的棱沟过深，各层之间接头要相互错开，并认真清渣。第三层填充层焊完后，焊缝金属应低于母材 1～1.5mm，并保证尽量不破坏坡口两侧的基准面。

4）盖面焊时要确保坡口两侧熔合良好，圆滑过渡，焊缝在坡口上下边沿两侧各压住母材 2mm。盖面焊的第一道焊缝（第 7 道焊缝）十分重要。一定焊平直，才能一层层叠加堆焊整齐。每道焊缝焊完要清渣，焊条以划小椭圆圈运条为宜，这种运条法能避免焊缝与焊缝之间出现棱沟过深，并成形美观，纹波清晰好看，防止产生焊瘤、夹渣、咬边等缺欠。

9.1.4　水平固定管的单面焊双面成形连弧焊

1. 水平固定管的单面焊双面成形焊接特点

1）管件的焊接不管是内在和外观的焊接质量都有较高的技术要求，对施焊人员要求也高。

2）由于管接头曲率的存在，焊接位置也不断变化，焊工的站立位置与焊条的运条角度也必须适应变化的要求。

3）在焊接较小管径的情况下，焊接所产生的热量上升快，焊接熔池温度不易控制，在焊接电流不能随时调整的情况下，主要靠焊工摆动焊条来控制热量，因此，要求焊工应具有较高的操作技术水平。

管件组对后的坡口形式为 V 形坡口 65°，钝边尺寸为 0.5~1mm，仰焊部位与平焊部位的组对间隙分别为 2.5mm 与 3.2mm，如图 9-11 所示。管件定位焊为 2 点，均选在对称的爬坡位置（严禁选在 12 点与 6 点处）。

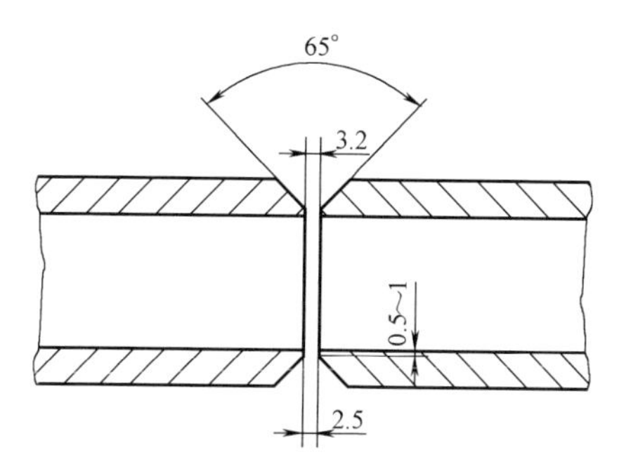

图 9-11　管件的组对尺寸

2. 焊接操作

选用 E5015（E5016）焊条，直流反接进行三层单道连弧焊接，焊缝示意图如图 9-12 所示，焊接参数见表 9-4。

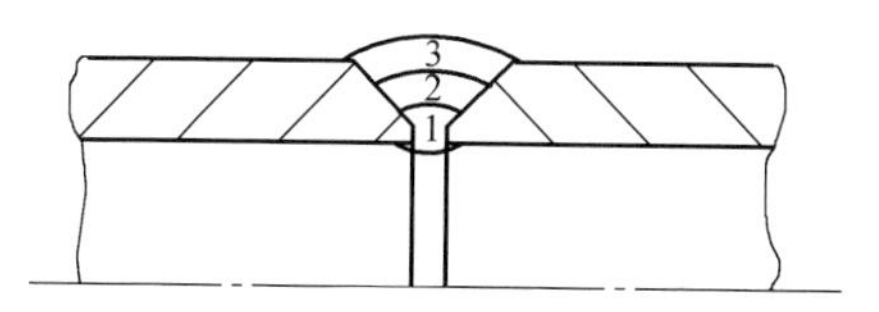

图 9-12　水平固定管焊接焊缝示意图

表 9-4　水平固定管焊接参数

焊接层次	名称	电源极性	焊接方法	焊条直径/mm	焊接电流/A	焊条角度/(°)	运条方式
1	打底层	直流反接	连弧焊	2.5	65~75	见图 9-14	锯齿或月牙形
2	填充层	直流反接	连弧焊	2.5	70~75	见图 9-14	“8”字形
3	盖面层	直流反接	连弧焊	3.2	115~120	见图 9-14	“8”字形

1）水平固定管的打底、填充、盖面焊接均分两半圈进行，焊接顺序如图 9-13 所示。

打底层焊接时从超过管的“6 点” 10~15mm 引弧，电弧稳定燃烧后，待熔化的金属液将坡口根部两侧连接上以后，应立即压低电弧，使电弧 2/3 以上作用于管口内，同时沿两侧坡口钝边处做锯齿和月牙形小摆动，控制熔孔大小一致（电弧熔化每侧坡口钝边 1.5mm 左右），并听到电弧击穿坡口钝边的“噗噗”声连弧向上焊接，电弧每运动到坡口一侧要有稍做停顿的稳弧动作。焊第一根焊条，需要注意的是，如果电弧向管内送进深度不够时，将产生焊缝背面的内凹缺欠，锯齿或月牙形向上运条的幅度不宜过大，否则将会产生焊缝背面的未熔合及咬边等缺欠。当打底焊施焊超过 9 点（3 点）到 10 点半（1 点半）位置时，电弧的深度（穿过坡口间隙）应为 1/2 为宜，而 10 点半（1 点半）到 12 点位置时电弧的穿透深度（穿过坡口间隙）为 1/3 为宜同时要加大焊接速度，否则将易产生烧穿，背面产生焊瘤。施焊时，焊条应随管子的曲率变化而变化，焊条角度变化如图 9-14 所示，另一半圈的焊接方式与上半圈的焊接相同。

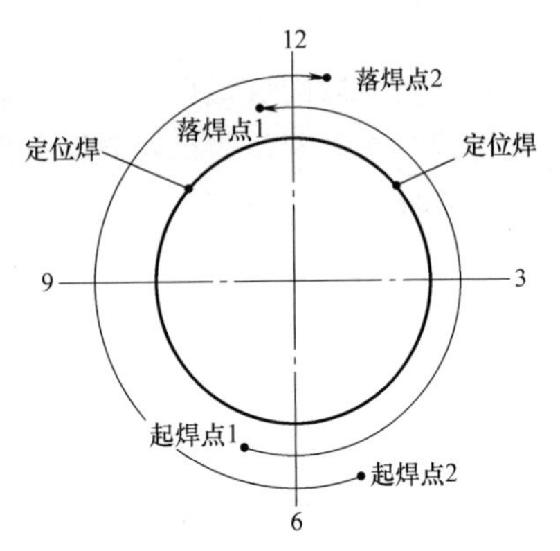

图 9-13　焊接顺序示意图

2）由于管件的焊接特点是升温快，散热慢，所以要保持熔池温度均衡，主要是调整运条方法和焊接速度来控制。采用“8 字”形向上摆动运条，焊条倾角变化与打底焊相同。严格遵守焊条运动到坡口两侧时要有稳弧动作，并有往下挤压的动作，以将坡口两侧夹角中的杂质熔化，随熔渣一起浮起，避免夹渣缺欠。为给盖面层焊接打下良好的基础，填充层应平整，高低一致，比管平面要低 1.5mm 左右，并保持两侧坡口边沿的完好无损。

3）盖面焊时运条方式仍采用“8 字”运条法，电弧尽量压低，

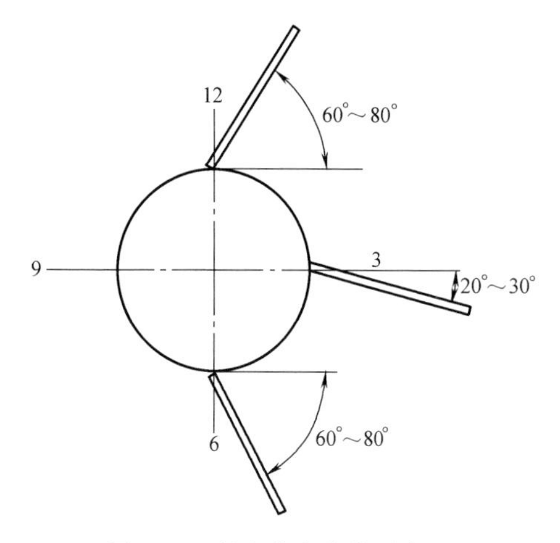

图 9-14 焊条角度变化示意图

摆动动作要适中。焊条倾角与打底、填充层时相同，“8 字”往上运条的幅度不宜太大，电弧在管的坡口两侧各 2mm 处稍做停留，避免产生咬边及焊肉下坠等缺欠。

9.1.5 垂直固定管单面焊双面成形连弧焊

垂直固定管的焊接，即管子横焊。管件处于垂直或接近垂直位置，而焊缝则处于水平位置，其焊接特点为：焊缝处于水平位置，下坡口能托住熔化后的金属液，填充与盖面层焊接时均为叠加堆焊，熔池温度比水平管焊接易控制；金属液因自重而下淌，打底层焊接时比立焊困难；填充、盖面层的堆焊焊接，易产生层间夹渣与未熔合等缺欠；由于管子曲率的变化，盖面焊时如操作不当，易造成表面焊缝排列不整齐，影响焊缝外表美观。

垂直管的组对钝边厚不大于 0.5mm，根部间隙为 3mm。按管径周长的 1/3 定位焊处（一处为引弧焊接点），定位焊缝长不大于 10mm，高不大于 3mm，定位焊两端加工成陡坡状。

管子垂直固定单面焊双面成形的焊接分 3 层 6 道，焊缝连弧焊接完成（即打底焊 1 层 1 道，填充焊 1 层 2 道，盖面焊 1 层 3 道焊缝），各层焊缝的排列顺序如图 9-15 所示，焊接参数见表 9-5。

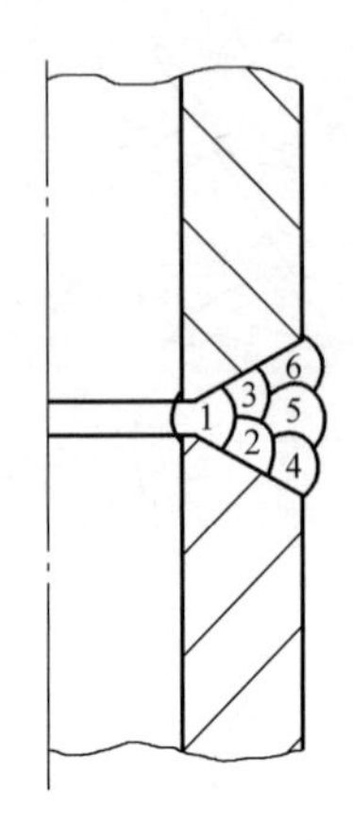

图 9-15 管子垂直固定焊缝排列顺序

表 9-5 焊接参数

焊接层次	名称	电源极性	焊接方法	焊条直径/mm	焊接电流/A	运条方式
1	打底层	直流反接	连弧焊	2.5	75~80	小椭圆圈运条
2	填充层	直流反接	连弧焊	3.2	115~125	直线运条
3	盖面层	直流反接	连弧焊	3.2	115~125	小椭圆圈运条

垂直固定管的焊接基本同试板横焊相似。不同的是管子的横焊是弧线形，而不是直线形。焊接过程中如焊条倾角不随管子的曲率弧线而变化就容易出现焊肉下坠，焊缝成形不好，影响美观，或出现局部“冷接”、未熔合、夹渣等焊接缺欠，影响焊接质量。

1）打底层焊接时的焊条右倾角（焊接方向）为 70°~75°，下倾角为 50°~60°。电弧引燃后，焊条首先要对准坡口上方根部，压低电弧，做 1~2s 的稳弧动作，并击穿坡口根部，形成一个熔池和熔孔。然后做斜圆圈运条上下摆动小动作，焊条送进深度的 1/2 电弧在管内燃烧，并形成上小、下大的椭圆形熔孔为宜。施焊中，电弧击穿管坡口根部钝边的顺序是先坡口上缘，而后是坡口下缘，在上缘的停顿时间应比在下缘时要稍长些，焊接速度要均匀，尽量不要挑弧焊接，焊条运条方式如图 9-16 所示，这样的运条方式避免了管试件背面焊缝产生焊瘤和坡口上侧产生咬边等缺欠。

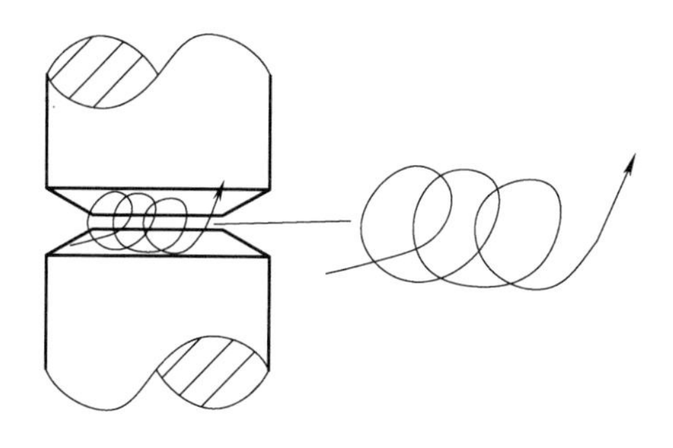

图 9-16 焊条运条方式

换焊条收弧前，应在熔池后再补加 2~3 滴金属液后，将电弧带到坡口上侧，向后方提起收弧。这种收弧方式有利于接头，并不宜使背面焊缝产生缩孔、凹坑、接头脱节等缺欠。接头时，在弧坑后 15mm 处引弧，并做椭圆形运条，当运至熔池的 1/2 处时，将电弧向管内压，听到“噗噗”声，透过护目玻璃清楚地看到金属液与熔渣流向坡口间隙的背后，再恢复正常焊接。施焊中特别要强调两个问题：一是焊条的倾角应随管子的曲率弧度变化而变化；二是打底焊时一定要控制熔池温度，并始终保持熔孔的形状大小一致。只有这样才能焊出理想与质量好的打底焊缝。

2）填充层的焊接采取 2 道焊缝叠加堆焊而成。即由下至上地排列焊缝，焊缝的排列顺序是后一焊缝压前一道焊缝的 1/2。运条方法为直线运条，焊接速度要适中，电弧要低，焊缝要窄，施焊中要随管的曲率弧度改变焊条角度，防止混渣及熔渣越过焊条，合适的焊条角度如图 9-17 和图 9-18 所示。

填充层的高度应比管平面低 1.5~2mm，并将上下坡口轮廓边沿线保持完好。

3）盖面层的焊接方法与填充层基本相同，就是运条方式有所不同，运条时应压低电弧，焊条做斜椭圆形摆动，道与道焊缝相互搭接 1/2，每道焊缝焊完要清渣，这样做焊出的焊缝表面成形美观，圆滑过渡，无咬边缺欠。

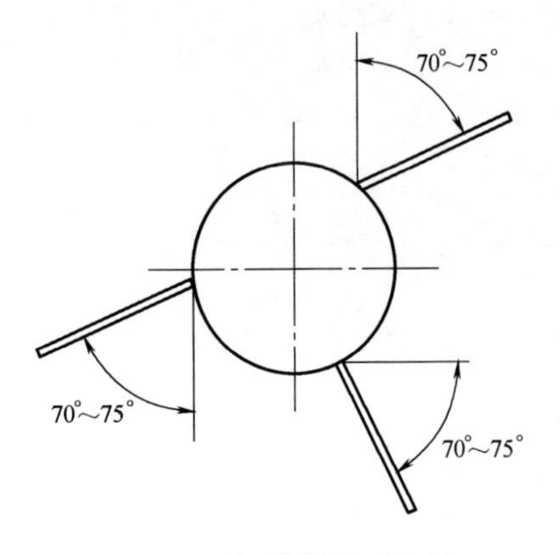

图 9-17 填充层焊条右倾角角度示意图

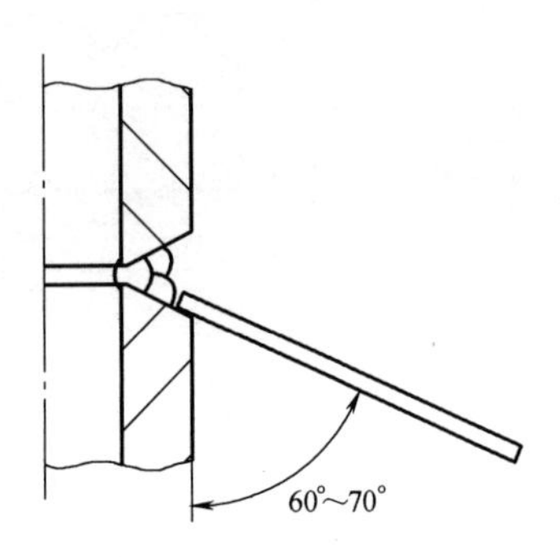

图 9-18 填充层焊条下倾角角度示意图

9.2 单面焊双面成形断弧焊操作技巧

9.2.1 低碳钢平焊单面焊双面成形断弧焊

1. 焊前准备

Q235 钢板（$\delta=12$mm），焊条为 E4303，焊条直径为 3.2mm 或 4.0mm，按规定进行烘干处理；交、直流弧焊机，采用直流正接法。

2. 试件组对尺寸

试件组对尺寸见表 9-6。试件组对示意图如图 9-19 所示，试件反变形量如图 9-20 所示。

表 9-6 平焊试件组对尺寸

试件尺寸(组)/mm	坡口角度/(°)	组对间隙/mm	钝边/mm	反变形量/mm	错边量/mm
12×250×300	65^{+5}_{0}	起弧处:3.2 完成处:4.0	1.2～1.5	3.5	≤1

3. 焊接参数

平焊焊接参数见表 9-7。

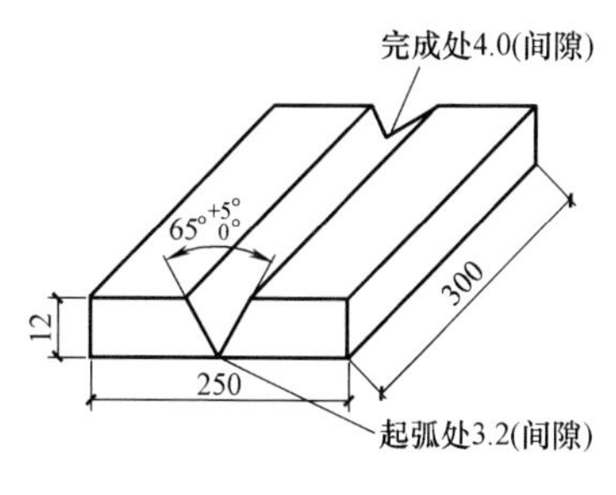

图 9-19　试件组对示意图

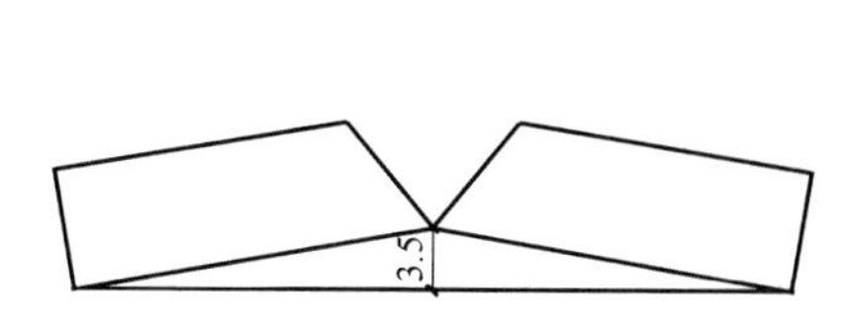

图 9-20　试件反变形量

表 9-7　平焊焊接参数

焊接层次	名称	焊条直径/mm	焊接电流/A	焊条与试板面的夹角/(°)	运条方式
1	打底层	3.2	100~115	45~50	断弧,一点式运条或两点式运条
2	填充层	3.2	130~135	75~85	连弧,锯齿形
3	填充层	4	190~210	80~85	连弧,锯齿形
4	填充层	4	190~210	80~85	连弧,锯齿形
5	盖面层	4	175~180	80~85	连弧,锯齿形

4. 施焊技术

1）打底焊是保证单面焊双面成形焊接质量的关键。施焊中要严格遵守“看”“听”“准”三项要领，并相互配合同步进行。具体做法是在定位焊引弧处引弧，待电弧引燃并稳定燃烧后再把电弧运动到坡口中心，电弧往下压，并做小幅度横向摆动，“听”到“噗噗”声，同时能“看”到每侧坡口边各熔化 1~1.5mm，并形成第一个熔池（一个比坡口间隙大 2~3mm 的熔孔），此时应立即断弧，断弧的位置应在形成焊点坡口的两侧，不可断弧在坡口中心，断弧动作要果断，以防产生缩孔，待熔池稍微冷却（大约 2s）透过护目镜观察熔池液态金属逐渐变暗，最后只剩下中心部位一点亮点时，并将电弧（电焊条端）迅速做小横向摆动至熔孔处，往下压电弧，同时也能“听”到“噗噗”声，又形成一个新的熔池，这样往复类推，采用断弧焊将打底焊层完成。需要注意的是：

① 打底焊时的三项原则。“看”，就是看熔孔的大小，从起焊到终了始终要保持一致，不能太大，也不能太小，太大易烧穿，背面形成焊瘤，太小易造成未焊透、夹渣等缺欠。“听”就是在打底焊的全过程中应始终有“噗噗”声，证明已焊透。“准”就是在引弧、熄弧的断弧焊全过程中焊条的给送位置要“准”确无误，停留时间也应恰到好处。过早易产生夹渣，过晚又易造成烧穿，形成焊瘤。只有“看”“听”“准”相互配合得当，才能焊出一个外形美观，无凹坑、焊瘤、未焊透、未熔合、缩孔、气孔等缺欠的背面成形的好焊缝。

② 关于“接头”问题。首先应有一个好的熄弧方法，即在焊条还剩 50mm 左右时，就要有熄弧的准备，将要熄弧时就应有意识地使熔孔比正常断弧时要大一点，以便于后续焊接。每根焊条焊完，换焊条的时间要尽量快，应迅速在熄弧处的后方（熔孔后）10mm 左右引弧，锯齿横向摆动到熄弧处的熔孔边缘，并透过护目镜看到熔孔两边缘已充分熔合，电弧稍往下压，“听”到“噗噗”声，同时也看到新的熔孔形成，立即断弧。接头焊条运条方式如图 9-21 所示，恢复正常断弧焊接。

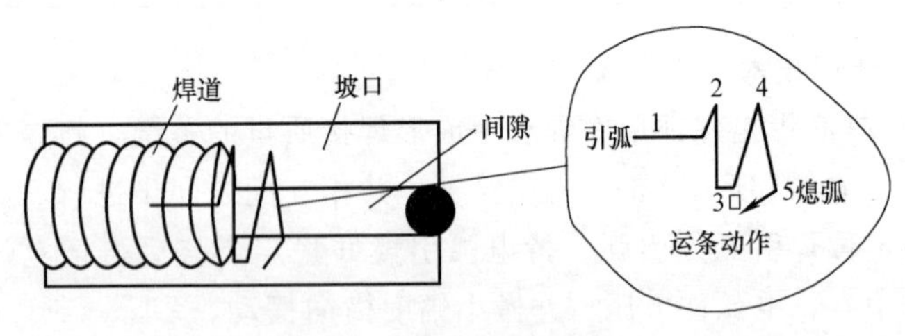

图 9-21　接头焊条运条方式

2）第 2~4 层为填充层，填充层的焊接要注意不要焊出中间高、两头有夹角的焊缝，以防产生夹渣等缺欠，应焊出中间与焊缝两侧平整或中间略低、两侧略高的焊缝，如图 9-22 所示。

施焊时要严格遵循中间快、坡口两侧慢的运条手法，运条要平稳，焊接速度要一致，控制各填充层的熔敷金属高度一致。并注意各填充层间的焊接接头要错开。认真清理焊渣，并用钢丝刷处理，露出金属光泽，再进行下一层的焊接。最后一层填充层焊后的高度

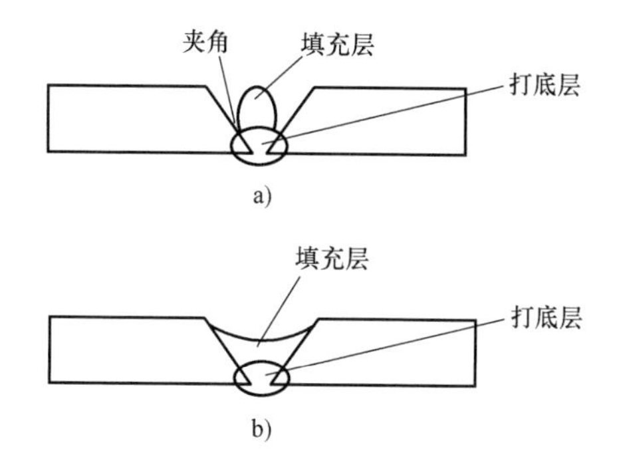

图 9-22　填充层示意图

a）填充层不好的焊道　b）填充层好的焊道

要低于母材 1~1.5mm，并使坡口轮廓线保持良好，以利盖面层的焊接。

3）盖面焊时焊接电流小些，运条方式采用锯齿形或月牙形。焊条摆动要均匀，始终保持短弧焊。焊条摆动到坡口轮廓线处应稍做停留，以防咬边和坡口边缘熔合不良等缺欠的产生，使焊缝表面成形美观，鱼鳞纹清晰。

9.2.2　低碳钢板立焊单面焊双面成形断弧焊

1）试件组对尺寸见表 9-8，立焊反变形量如图 9-23 所示。

表 9-8　立焊试件组对尺寸

试件尺寸(组)/mm	坡口角度/(°)	组对间隙/mm	钝边/mm	反变形量/mm	错边量/mm
12×250×300	65^{+5}_{0}	起弧处(上):3.2 完成处(下):4.0	1~1.5	4	≤1

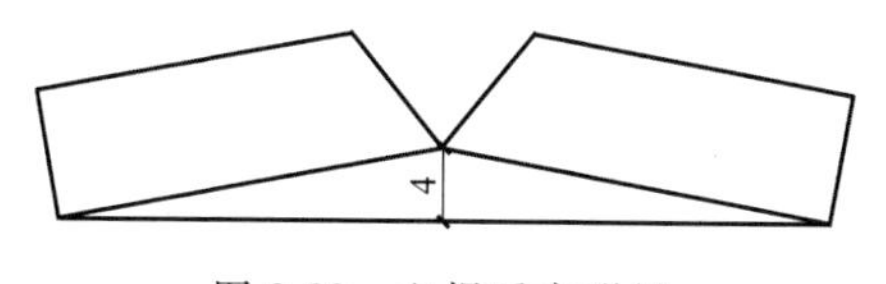

图 9-23　立焊反变形量

2）立焊焊接参数见表9-9。

表9-9 立焊焊接参数

焊接层次	名称	焊条直径/mm	焊接电流/A	焊条与试板面夹角/(°)	运条方式
1	打底层	3.2	100~110	60~70	三角形
2	填充层	3.2	100~120	70~80	锯齿形
3	填充层	3.2	100~120	70~80	锯齿形
4	盖面层	4	150~170	75~85	锯齿形

3）打底层焊接时，在起焊定位部位引弧，先用长弧预热坡口根部，稳弧3~4s后，当坡口两侧出现汗珠状时，应立即压低电弧，使熔滴向母材过渡，形成一个椭圆形的熔池和熔孔。此时应立即把电弧拉向坡口边一侧（左右任意一侧，以焊工习惯为准）往下断弧，熄弧动作要果断，焊工透过护目镜观察熔池金属亮度，当熔池亮度逐渐下降变暗，最后只剩下中心部位一亮点时，即可在坡口中心引弧，焊条沿已形成的熔孔边做小的横向摆动，左右击穿，完成一个三角运条动作后，再往下在坡口一侧果断熄弧。依此类推，将打底层用短弧焊方法完成，断弧焊的焊条摆动如图9-24所示。

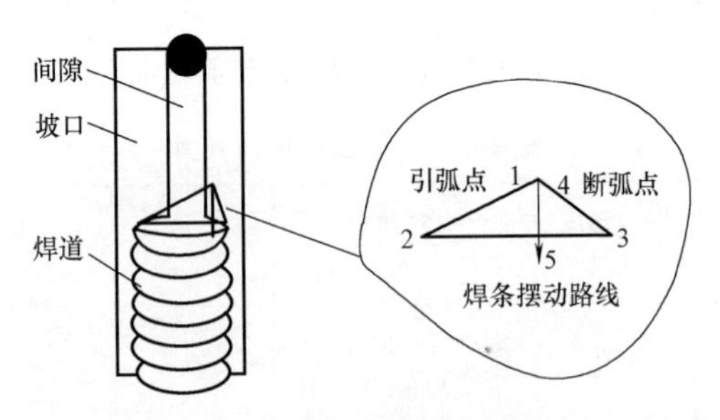

图9-24 断弧焊的焊条摆动

施焊中要控制熔孔大小一致，熔孔过大，背面焊缝会出现焊瘤和焊缝余高超高，过小则发生未焊透等缺欠。熔孔大小控制在焊条直径的1.5倍为好（坡口两侧熔孔击穿熔透的尺寸应一致，每侧为1.5~2mm）。

更换焊条时，要处理好熄弧及再引弧动作。当焊条还剩10~20mm时就应有熄弧前的心理准备，这时应在坡口中心熔池中多给两三滴金属液，再将焊条摆到坡口一侧果断断弧，这样做可以延长熔池的冷却时间，并增加原熔池处的焊肉厚度，起到避免缩孔的发生。更换焊条速度要快，引弧点应在坡口一侧上方距熔孔接头部位20~30mm处，用稍长的电弧预热，稳弧并做横向往上小摆动，左右击穿，将电弧摆到熔孔处，电弧向后压，听到“噗噗”声，并看到熔孔处熔合良好，金属液和焊渣顺利流向背面，同时又形成一个和以前大小一样的熔孔后，果断向坡口一侧往下断弧，恢复上述断弧焊方法，并使打底层焊完成。

4）第二层、第三层为填充层。施焊中要注意分清金属液和熔渣，严禁出现坡口中间鼓而坡口两侧出现夹角的焊缝，这样的焊缝极易产生夹渣等缺欠。避免这种缺欠的方法是运条方式采用锯齿形摆动，并做到“中间快，两边慢”，即焊条在坡口两侧稍做停顿，给足坡口两侧金属液，避免产生两侧夹角，焊条向上摆动要稳，运条要匀，始终保持熔池为椭圆形为好，避免产生金属液下坠，焊缝局部凹起、两侧有夹角的焊缝。同时最后一层填充层（第四层焊缝）时应低于母材面1~1.5mm，过高、过低都不合适，并保留坡口轮廓线，以利于盖面层的焊接。

5）盖面层的焊接易产生咬边等缺欠，防止方法是保持短弧焊，采用锯齿或月牙运条方式为好。手要稳，焊条摆动要均匀，焊条摆到坡口边缘要有意识地多停留一会，给坡口边缘填足金属液，并熔合良好，才能防止产生咬边等缺欠，才能使焊缝表面圆滑过渡、成形良好。

9.2.3 低碳钢板横焊单面焊双面成形断弧焊

1）横焊试件组对尺寸见表9-10。

表9-10 横焊试件组对尺寸

试件尺寸(组)/mm	坡口角度/(°)	组对间隙/mm	钝边/mm	反变形量/mm	错边量/mm
12×250×300	65^{+5}_{0}	起弧处:3.5 完成处:4.0	1.2~1.5	5	≤1

2）横焊焊接参数见表9-11。

表9-11 横焊焊接参数

焊接层次	名称	焊条直径/mm	焊接电流/A	焊条角度/(°)		运条方式
				与前进方向	与试件后倾角度	
1	打底层	3.2	105~115	60~65	65~70	“先上后下”断弧焊
2	填充层(2道)	3.2	115~120	75~80	70~80	划椭圆连弧焊
3	填充层(3道)	4	160~180	75~80	70~80	划椭圆连弧焊
4	盖面层(5道)	4	160~180	75~80	70~80	划椭圆连弧焊

3）打底层焊接时，在起焊处划擦引弧，待电弧稳定燃烧后，迅速将电弧拉至焊缝中心部位加热坡口，焊条角度如图9-25所示。当看到坡口两侧达到半熔化状态时，压低电弧，当听到背面电弧穿透“噗噗”声后，形成第一个熔孔，果断向熔池的下方断弧，待熔池护目玻璃中看到逐渐变成一个小亮点时，再在熔池的前方迅速引燃电弧从小坡口边往上坡口边运弧，始终保持短弧，并按顺序在坡口两侧运条，即下坡口侧停顿电弧的时间要比上坡口侧短，如图9-26所示。为保证焊缝成形整齐，应注意坡口下边缘的熔化稍靠前方，形成斜

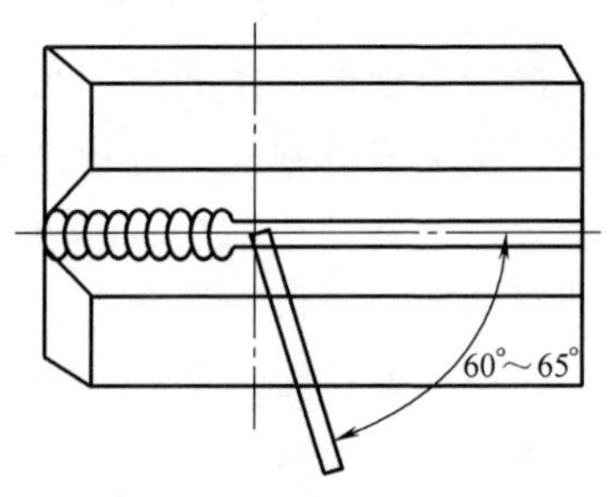

图9-25 打底焊焊条角度示意图

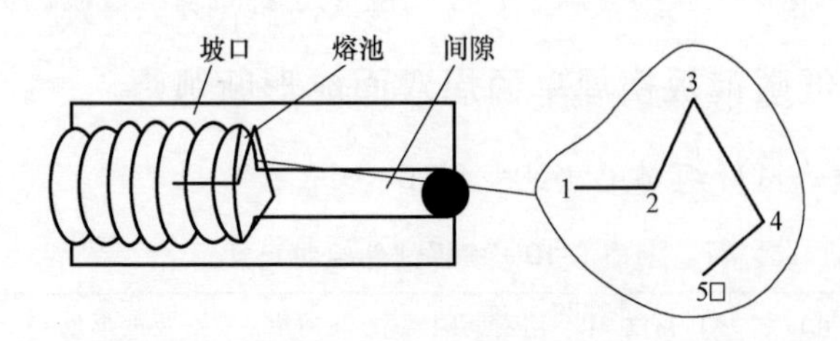

图9-26 焊条运条示意图

1—断弧起弧点 2—电弧停顿并往后压弧点 3—电弧往上运动线 4—电弧往下运动并再次压弧点 5—往下断弧点

的椭圆形熔孔，如图 9-27 所示。

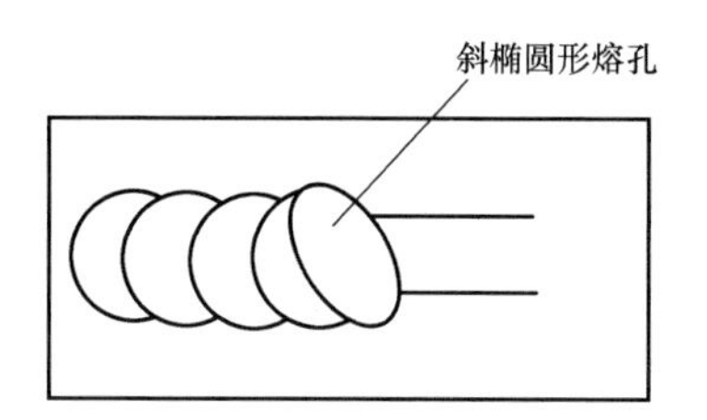

图 9-27　形成斜椭圆形熔孔（上大下小）示意图

在更换焊条熄弧前，必须向熔池反复补送 2~3 滴金属液，然后将电弧拉到熔池后的下方果断熄弧。接头时，在熔池后 15mm 左右处引弧，到接头熔孔处稍拉长电弧，往后压一下电弧，听到“噗噗”声后稍做停顿，形成新的熔孔后，再转入正常的断弧焊接。准备→引弧→焊接→熄弧→准备→引弧……，如此反复，采用断弧焊方法完成打底层的焊接。

4）填充层的焊接：第一遍填充层为 ϕ3.2mm 焊条连弧堆焊 2 道而成，第二遍填充层为 ϕ4.0mm 焊条连弧堆焊 3 道而成。操作时下坡口应压住电弧为好，不能产生夹角，并熔合良好，运条要匀，不能太快，各焊缝要平直，焊缝光滑，相互搭接为 2/3，在金属液与熔渣顺利分离的情况下堆焊焊肉应尽量厚些。较好的填充层表面应平整、均匀、无夹渣、无夹角，并低于或等于工件表面 1mm，上、下坡口边缘平直、无烧损，以利盖面层的焊接。

5）盖面层共由 5 道连续堆焊完成，施焊时第一道焊缝压住下边坡口边，第 2 道压住第一道的 1/3，第 3 道压住第 2 道的 2/3，第 4 道压住第 3 道的 1/2，第 5 道压住第 4 道的 1/3。焊接速度也应稍快，从而形成圆滑过渡的表面焊缝，如图 9-28 所示。

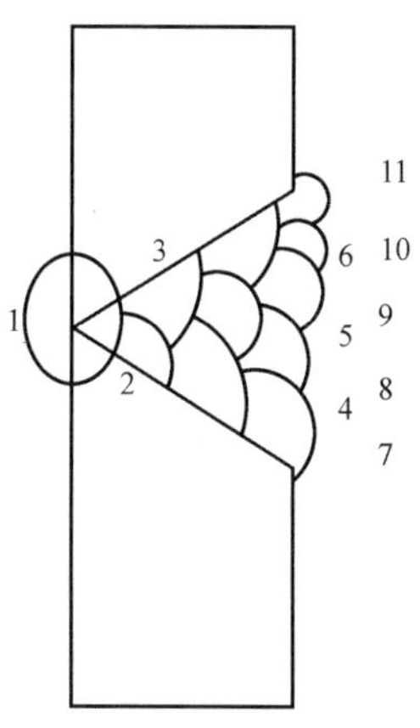

图 9-28　焊缝堆列成形及外观成形示意图

9.2.4　低碳钢板仰焊单面焊双面成形断弧焊

1）仰焊是焊工操作技术难度较大的方法之一，操作时，由于焊缝处于仰面焊位置，施焊时熔池在高温下表面张力小，而金属液在自重条件下产生下垂，熔池温度越高，表面张力越小，所以在试板下部易产生焊瘤，而试板的上部又容易产生凹陷，同时产生夹渣、气孔、未熔合等缺欠的可能性也比其他位置焊接时大。因此对工件装配尺寸、焊接参数以及焊工本身的操作技能的要求更为严格。

2）试件的组对尺寸见表9-12，反变形量如图9-29所示。

表9-12　仰焊试件组对尺寸

试件尺寸(组)/mm	坡口角度/(°)	组对间隙/mm	钝边/mm	反变形量/mm	错边量/mm
12×250×300	65^{+5}_{0}	起弧处:4.0 完成处:5.0	1~1.2	4	≤1

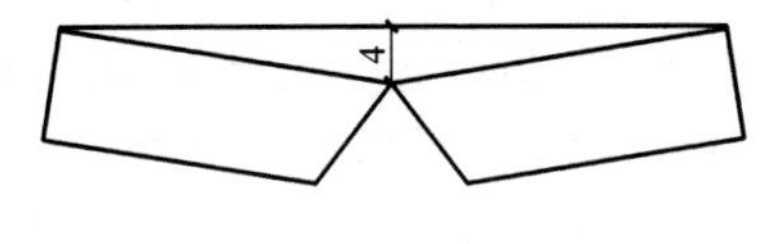

图9-29　反变形量

3）仰焊焊接参数见表9-13。

表9-13　仰焊焊接参数

焊接层次	名称	焊条直径/mm	焊接电流/A	焊条与前进方向角度/(°)	运条方式
1	打底层	3.2	110~125	20~30	横向小摆动
2	填充层	3.2	120~130	10~20	“8”字运条法
3	填充层	3.2	120~130	10~20	“8”字运条法
4	盖面层	3.2	120~130	10~20	“8”字运条法

4）打底层焊接时，应在起始定位处划擦引弧，稳弧后将电弧运动到坡口中心，待定位焊点及坡口根部成半熔状态（通过护目玻璃很清楚地看到），迅速压低电弧将熔滴过渡到坡口的根部，并借助电弧的吹力将电弧往上顶，并做一稳弧动作和横向小摆动使电弧的2/3穿透坡口钝边，作用于试板的背面上去。这时既能看到一个比焊条直径大的熔孔，又能听到电弧击穿根部的“噗噗”声。为防止熔池

金属液下垂，这时应熄弧以冷却熔池，熄弧的方向应在熔孔的后面坡口一侧，熄弧动作应果断。在引弧时，待电弧稳定燃烧后，迅速做横向小摆动，电弧在坡口钝边两侧稍稳弧，运弧到坡口中心时还是尽力往上顶，使电弧的2/3作用于试件背面，使熔滴向熔池过渡，就这样引弧→稳弧→小摆动→电弧往上顶→熄弧，完成仰焊试板的打底焊。施焊时应注意电弧穿透熔孔的位置要准确，运条速度要快，手把要稳，坡口两侧钝边的穿透尺寸要一致，保持熔孔的大小要一样。熔滴要小，电弧要短，焊层要薄，以加快熔池的冷却速度，防止金属液下垂形成焊瘤，试板的背面产生凹陷过大。焊条与试板的角度如图9-30所示。

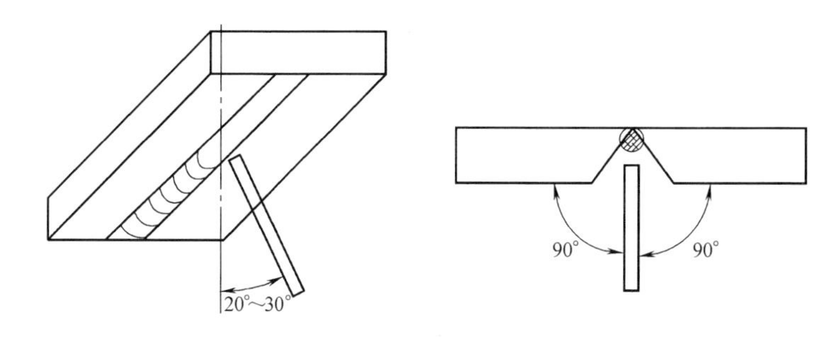

图9-30　焊条与试板角度示意图

换焊条熄弧前，要在熔池边缘部位迅速向背面多补充几滴金属液，这有利于熔池缓冷，防止产生缩孔，然后将焊条拉向坡口断弧。接头时动作要迅速，在熔池红热状态，就应引燃电弧进行施焊。接头引弧点应在熔池前10~15mm的焊缝上，接头位置应选择在熔孔前边缘，当听到背面电弧击穿声后，又形成新的熔孔，恢复打底焊的正常焊接。

5）填充层和盖面层的焊接：第2、3层为填充层的焊接，第4层为盖面层的焊接，每层的清渣工作要做仔细。采取“8字”运条法进行焊接，该运条法能控制熔池形状，不易产生坡口中间高、两侧有尖角的焊缝，但运条要稳，电弧要短，焊条摆动要均匀，才能焊出表面无咬边、不超高的良好成形的焊缝。

9.3 CO_2 气体保护焊单面焊双面成形操作技巧

9.3.1 CO_2 气体保护焊横焊单面焊双面成形

1. 药芯焊丝 CO_2 气体保护半自动焊单面焊双面成形操作特点

1）CO_2 气体保护药芯焊丝电弧焊具有焊接质量高、飞溅小、生产率高、焊接成本低以及适宜全位置焊等特点，因而在焊接生产中受到广大焊接工作者的青睐并获得了越来越广泛的应用。

2）CO_2 气体保护药芯焊丝电弧焊虽具有气渣联合保护功能，但操作不当，使焊缝产生夹渣、未焊透等缺欠的概率比使用 CO_2 气体保护实心焊丝时要高。

3）CO_2 气体保护药芯焊丝电弧焊的熔池金属液较 CO_2 气体保护药芯焊丝焊接时熔池金属液稀，流动性较大，熔池形状较难控制，熔化金属更易下淌。同样横焊位的 CO_2 药芯焊丝比 CO_2 实心焊丝更加大了操作难度，这在全国焊工技能大赛上已显现出来。

4）CO_2 药芯焊操作技能上既有与 CO_2 实心焊丝相同之处，同时又有不同的地方，因此掌握 CO_2 药芯焊操作技术需要有更高的技术。

2. 焊前准备

1）焊机：选用 NBC-350 型 CO_2 气体保护焊机。

2）焊丝：选用 CO_2 药芯焊丝（TWE-711），规格为 ϕ1.2mm。

3）气体：CO_2 气纯度不小于 99.5%（体积分数）。

4）工件（试板）：采用 Q235 低碳钢板，厚度为 12mm、长为 300mm、宽为 125mm，用剪板机或气割下料，然后再用刨床加工成 V 形 65°坡口，如图 9-31 所示。

5）辅助工具和量具：CO_2 气体流量表、CO_2 气瓶、角向磨光机、敲渣锤、钢直尺、焊缝万能规等。

3. 焊前装配定位及焊接

1）装配定位的目的是把两块试板装配成合乎焊接技术要求的 V 形坡口的试板。

试板准备：用角向磨光机将试板两侧坡口面及坡口边缘 20 ~

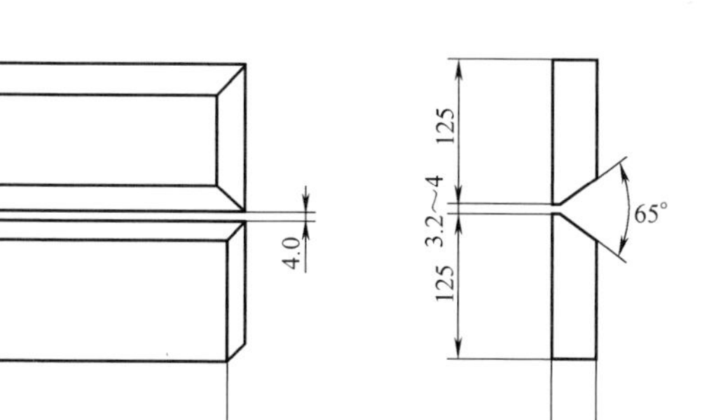

图 9-31　试板组对

30mm 范围内的油、污、锈、垢清除干净，使之呈现出金属光泽。然后在钳工老虎钳上修磨坡口钝边，使钝边尺寸保证在 1~1.5mm。

2）试板装配：装配间隙始焊端为 3.2mm，终焊端为 4mm（可以用 ϕ3.2mm 或 ϕ4mm 的焊条头夹在试板坡口的钝边处，定位焊牢两试板，然后用敲渣锤打掉定位焊的焊条头即可）。定位焊缝长为 10~15mm（定位焊缝在正面焊缝处），对定位焊缝焊接质量要求与正式焊缝一样。反变形量的组对如图 9-32 所示。

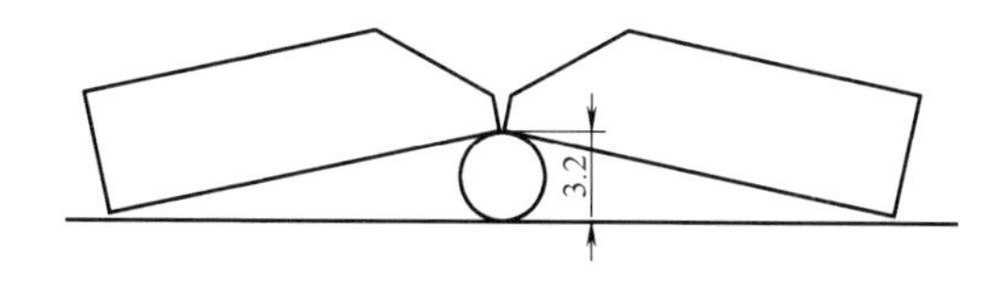

图 9-32　CO_2 药芯焊横焊反变形尺寸

4. 焊接操作

板厚为 12mm 的试板，CO_2 药芯对接横焊，焊缝共有 4 层 11 道，第一层为打底焊（1 点钟），第二层、第三层为填充焊（共 5 道焊缝），第四层为盖面焊（共 5 道焊缝堆焊而成）。焊缝层次及焊缝排列如图 9-33 所示，各层焊接参数见表 9-14。

调整好打底焊的焊接参数后，按图 9-34 所示的焊枪喷嘴、焊丝与试板的夹角及运丝方法，用左向焊法进行焊接。

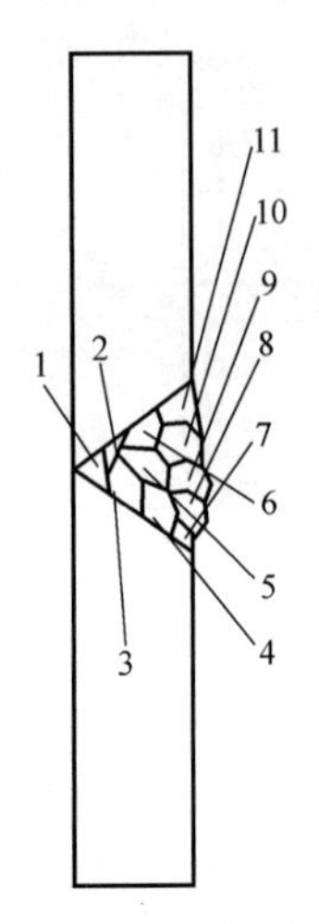

图 9-33　焊缝层次及焊缝排列

表 9-14　横焊焊接参数

焊接层次	焊丝直径 /mm	焊丝伸出长度 /mm	焊接电流 /A	电弧电压 /V	气体流量 /(L/min)
打底层	1.2	12~15	115~125	18~19	12
填充层	1.2	12~15	135~145	21~22	12
盖面层	1.2	12~15	130~145	21~22	12

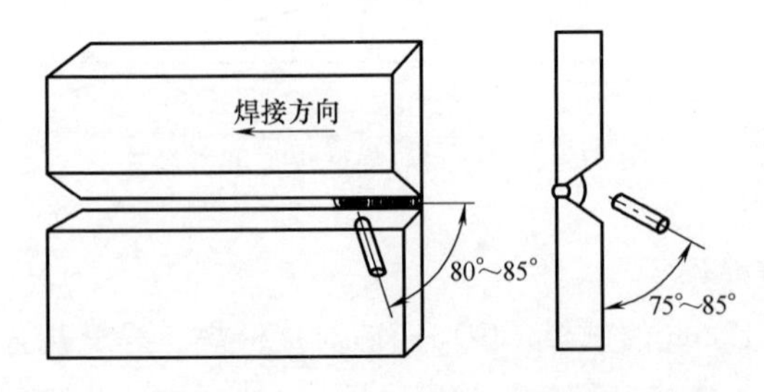

图 9-34　焊枪喷嘴、焊丝与试板的夹角及运丝方法

首先在定位焊缝上引弧，焊枪以小幅度划斜圈形摆动从右向左进行焊接。当坡口钝边上下边棱各熔化 1~1.5mm 并形成椭圆形熔孔，施焊中密切观察熔池和熔孔的形状，保持已形成的熔孔始终大

小一致，持焊枪手把要稳，焊接速度要均匀。当焊枪喷嘴在坡口间隙中摆动时，其焊枪在上坡口钝边处停顿的时间要比下坡口钝边停顿的时间要稍长，防止熔化金属下坠，形成下大上小，并有尖角成形不好的焊缝，如图 9-35a 所示。打底层正常的焊缝形状如图 9-35b 所示。

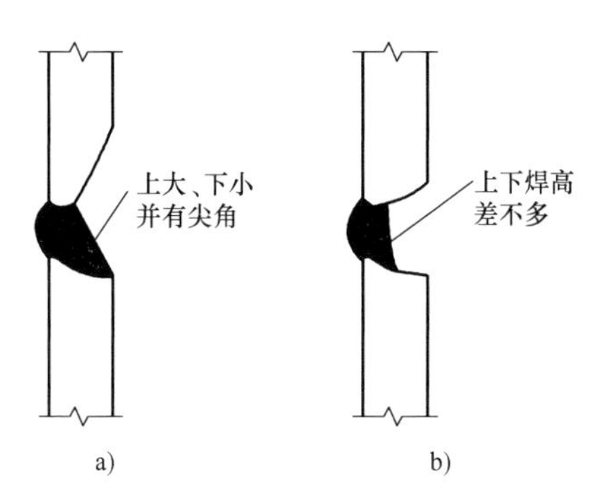

图 9-35　打底层焊缝形状
a）不好　b）好

长 300mm 的试板焊接中尽量不要中断，应一气焊成。若焊接过程中断了弧，应从断弧处后 15mm 处重新引弧，焊枪以小幅度锯齿形摆动，当焊至熔孔边沿接上头后，焊枪应往前压，听到“噗噗”声后，稍做停顿，再恢复小倾斜椭圆形摆动向前施焊，使打底焊缝完成。焊到试件收弧处时，电弧熄灭，焊枪不能马上移开，待熔池凝固后才能移开焊枪，以防收弧区保护不良而产生气孔。

将焊缝表面的飞溅和熔渣清理干净，调试好填充焊的焊接参数后，按照图 9-36 所示焊枪喷嘴的角度进行填充层第二层和第三层的焊接。填充层的焊接采用右向焊法，这种焊法堆焊填充快。填充层焊接，焊接速度要慢些，填充层的厚度以低于母材表面 1.5～2mm 为宜，且不得熔化坡口边缘棱角，以利于盖面层的焊接。

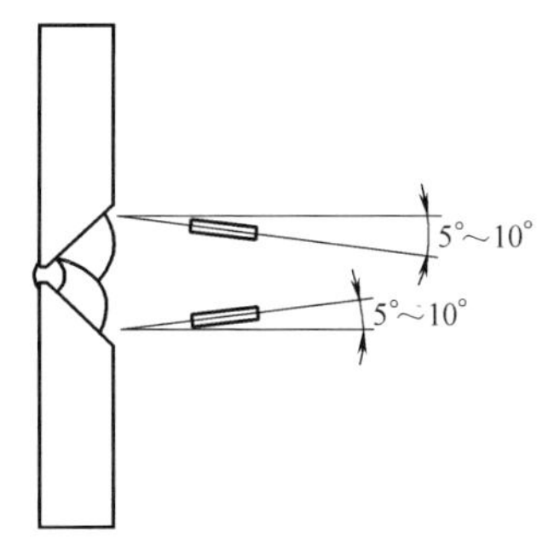

图 9-36　填充层焊枪角度

清理填充层焊道及坡口上的飞溅和熔渣，调整盖面焊缝的焊接参数，然后按照图 9-37 所示的焊枪角度进行盖面层的焊接。第 1 道焊缝是盖面焊的关键，要求不要焊直，而且焊缝成形圆滑过渡，采用左向焊法，焊枪喷嘴稍前倾，从右向左施焊，不挡焊工的视线的条件，焊缝成形平缓美观，焊缝平直容易控制。其他各层均采用右向焊，焊枪喷嘴呈划圆圈运动，每层焊后要清渣，各焊层间相互搭接 1/2，防止夹渣及焊层搭接棱沟的出现，以影响表面焊缝成形的美观。收弧时应填满弧坑。

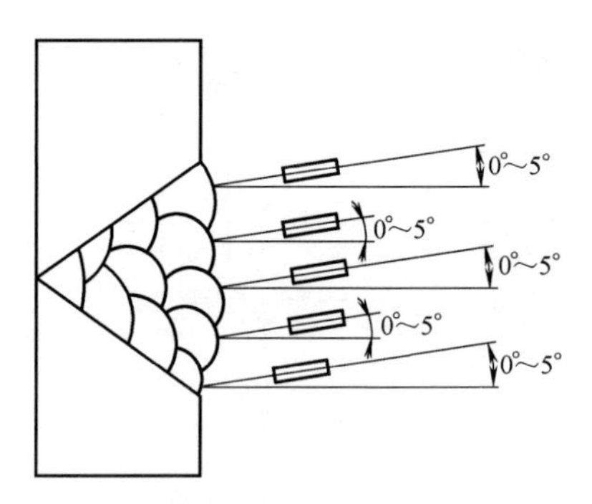

图 9-37　盖面层焊枪角度

5. 焊缝清理

焊缝焊完后，清理焊渣、飞溅。焊缝处于原始状态，在交付专职焊接检验前不得对焊缝表面缺欠进行修改。

9.3.2　CO_2 气体保护焊平焊单面焊双面成形

1. 焊前准备

1）焊接设备选用 NEW-K350 型或 NEW-K500 型 CO_2 半自动焊机。

2）选用 ϕ1.2mm 的 H08Mn2Si 焊丝。

3）采用 CO_2 气体，要求 CO_2 气体纯度不得低于 99.5%（体积分数），使用前应做提纯处理。

4）试板为 Q345（16Mn）钢板，尺寸为 350mm×140mm×10mm。

2. 试件组对

1）试件组对间隙为 2~2.5mm，钝边为 1.5mm，坡口角度为

70°，反变形 2mm。

2）试件坡口以及坡口两侧 20mm 处不得有油、锈、水分等杂质，并露出金属光泽。

3. 焊接参数

为了保证 CO_2 焊时能获得优良的焊缝质量，除了要有合适的焊接设备和工艺材料外，还应合理地选择焊接参数，见表 9-15。

表 9-15　平焊焊接参数

焊接层次	焊接电流/A	电弧电压/V	伸出长度/mm	气体流量/(L/min)
打底层	100	19~20	10~12	9~10
盖面层	120~130	20	10~12	9~10

试件单道连续焊两层焊完，要求单面焊双面成形，正、背面的焊缝余高均要求达到 0.5~2.0mm。

4. 定位焊

定位焊缝是正式焊缝的一部分，不但要单面焊双面成形，而且要注意保证焊接质量，不得有裂纹、气孔、未熔合、未焊透等缺欠，在试板的两端分别定位，定位焊缝长约 5mm、焊缝高度小于 4mm。

5. 打底焊

引燃电弧后，先从间隙小的一端引弧焊接，以锯齿形运条法进行摆动焊接，焊丝的右侧角约 75°。当焊丝摆动到定位焊缝的边缘时，在击穿试件根部形成熔孔后，使电弧停留 2s 左右，使其接头充分熔合，然后以稍快的焊接速度改用月牙形运丝摆动向前施焊。

施焊中每完成一个月牙形运丝动作，必须使新熔池压住上一个熔池的 1/2，这样能避免焊丝在施焊中从间隙穿出，造成焊穿或中断焊接，影响焊接质量。焊丝运到坡口两侧稍停顿，中间稍快，使焊缝表面成形较平，避免两侧产生夹角。

施焊中，为使背面焊透并成形良好，应随时观察并掌握熔池的形状和熔孔的大小，熔池要呈椭圆形，熔孔直径应控制在 4~5mm 之间（坡口钝边两侧各熔化 1~1.5mm）。焊接过程焊丝的摆动频率要比焊条电弧焊时慢些，因 CO_2 气体既起保护熔池和稳定电弧燃烧的作用，同时也能起到冷却作用，受热截面较小，所以比焊条电弧焊容易控制熔池形状，焊接速度稍慢也不容易焊穿。

收弧时，应使焊丝在坡口左侧或右侧停弧，并停留3~4s，使CO_2气体继续保护没有彻底凝固的熔池，避免产生气孔。

接头时应在弧坑后10mm处引燃电弧，仍以锯齿形向前运动。当焊丝运至弧坑边缘时，约停2s，以使根部接头熔合良好，然后再继续施焊。

6. 盖面层的焊接

盖面层焊接时，焊丝倾角大致与打底焊相同，焊接电流比打底焊稍大。为使盖面层成形良好，做锯齿形运丝，两边慢中间快。因CO_2气体的冷却作用，焊缝边缘温度较低，容易产生熔合不良，所以焊丝运动时，必须在两边做比普通电弧焊稍长的停顿，以延长焊缝边缘的加热时间，使焊缝两边有足够的热量，使坡口两侧熔合良好，避免未熔合等缺欠。同时施焊中焊丝的摆动要均匀，坡口两侧停顿时间要一致，以免焊偏，电弧压过每侧坡口边2mm为宜，焊缝表面余高在1~1.5mm最好。

9.3.3 CO_2气体保护焊立焊单面焊双面成形

1. 试件组对

间隙为2.5~3mm，钝边1.5mm，坡口角度为70°，反变形2.5mm。要求试件坡口以及坡口两侧20mm处不得有油、锈、水分等杂质，并露出金属光泽。

2. 焊接参数

立焊焊接参数见表9-16所示。

表9-16 立焊焊接参数

焊接层次	焊接电流/A	电弧电压/V	伸出长度/mm	气体流量/(L/min)
打底层	100	19~20	12	10
盖面层	120	20	10~12	10~12

试件连续焊两层焊完，要求单面焊双面成形，正、背面的焊缝

余高均要求达到0.5~2.5mm。

3. 打底层焊接

施焊时，采用立向上连弧手法焊接。先在试板的始焊处引弧（间隙下端），焊丝在坡口两边之间做轻微的横向运动，焊丝与试板下部夹角约为80°。当焊到定位焊端头边沿坡口熔化的金属液与焊丝熔滴连在一起，听到“噗噗”声，形成第一个熔池，这时熔池上方形成深入每侧坡口钝边1~2mm的熔孔，应稍加快焊速，焊丝立即改做小月牙形摆动向上焊接。

CO_2立焊的操作要领与普通电弧焊大致相似，也要“一看、二听、三准”，“看”就是要注意观察熔池的状态和熔孔的大小。施焊过程中，熔池呈扇形，其形状和大小应基本保持一致。“听”就是要注意听电弧击穿试板时发的“噗噗”声，有这种声音证明试板背面焊缝穿透熔合良好。“准”就是将熔孔端点位置控制准确，焊丝中心要对准熔池前端与母材交界处，使每个新熔池压住前一个熔池搭接1/2左右，防止焊丝从间隙中穿出，使焊接不能正常进行，造成焊穿，影响背面成形。

熄弧的方法是先在熔池上方做一个熔孔（比正常熔孔大些），然后将电弧拉至坡口任何一侧熄弧，接头的方法与焊条电弧焊相似，在弧坑下方10mm处坡口内引弧。焊丝运动到弧坑根部时焊丝摆动放慢，听到“噗噗”声后稍做停顿，随后立即恢复正常焊接。

4. 盖面层的焊接

盖面层的焊接焊丝与试板下部夹角为75°左右为宜，焊丝采用锯齿形运动（用其他方法焊缝余高较大）。焊接速度要均匀，熔池金属液应始终保持清晰明亮。同时焊丝摆动应压过坡口边缘2mm处并稍做停顿，以免产生咬边，保证焊缝表面成形平直美观。

施焊中接头的方法是，在熄弧处引弧接头，收弧时要注意填满弧坑，焊缝表面余高为1~1.5mm。

第10章 常用材料的焊接操作技巧

10.1 不锈钢的焊接操作技巧

各种不锈钢都具有良好的化学稳定性。通常不锈钢包括耐酸不锈钢和耐热不锈钢。能抵抗某些酸性介质腐蚀的不锈钢称为耐酸不锈钢；在高温下具有良好的抗氧化性和高温强度的不锈钢称为耐热不锈钢。

不锈钢按成分和组织的差别大体分类如下：

- 不锈钢
  - 按化学成分分类
    - 铬镍不锈钢
    - 铬不锈钢
  - 按金相组织分类
    - 铁素体不锈钢
    - 马氏体不锈钢
    - 奥氏体不锈钢

10.1.1 马氏体不锈钢的焊接

马氏体不锈钢的主要特点是除含有较高的铬外，还会有较高的碳。用热处理方法提高其强度和硬度。随钢中含碳量的增加，钢的耐蚀性下降。这类钢具有高的淬硬性；在温度不超过30℃时，在弱腐蚀介质中有良好的耐蚀性，对淡水、海水，蒸气、空气也有足够的耐蚀性；热处理与磨光后具有较好的力学性能。

1. 马氏体不锈钢的焊接特点

由于马氏体不锈钢有强烈的淬硬倾向，施焊时在热影响区容易产生粗大的马氏体组织，焊后残余应力也较大，容易产生裂纹。含碳量越高，则淬硬和裂纹倾向也越大，所以焊接性较差。

为了提高焊接接头的塑性，减少内应力，避免产生裂纹，焊前必须进行预热。预热温度可根据工件的厚度和刚度大小来决定。为了防止脆化，一般预热温度为 350~400℃ 为宜，焊后将工件缓慢冷却。焊后热处理通常是高温回火。

焊接马氏体不锈钢时，要选用较大的焊接电流，以减缓冷却速度，防止裂纹产生。

2. 焊接方法

常用的焊接方法为焊条电弧焊，焊条选用见表 10-1。

表 10-1　马氏体不锈钢焊条电弧焊焊条的选用及要求

钢种	焊条(国标型号)	焊接电源	预热及热处理
12Cr13	E1-13-16	交、直流	焊前预热 150~350℃，焊后 700~730℃ 回火
	E1-13-15	直流反接	
20Cr13	E0-19-10-16	交、直流	一般焊前不预热(厚大件可预热 200℃)，焊后不热处理
	E0-19-10-15	直流反接	
	E2-26-21-16	交、直流	
	E2-26-21-15	直流反接	
Cr12WMoV(F11)	E2-11MoVNiW-15	直流反接	焊前预热 300~450℃，焊后冷至 100~120℃ 后，再经 740~760℃ 回火

马氏体不锈钢的焊接还可以采用埋弧焊、氩弧焊和 CO_2 气体保护焊等焊接方法。采用上述焊接方法时，可采用与母材成分类似的相关焊丝。

10.1.2　铁素体不锈钢的焊接

铁素体不锈钢的塑性和韧性很低，焊接裂纹倾向较大，为了避免焊接裂纹的产生，一般焊前要预热（预热温度 120~200℃）。铁素体不锈钢在高温下晶粒急剧长大，使钢的脆性增大。含铬量越高，在高温停留时间越长，则脆性倾向越严重。晶粒长大还容易引起晶间腐蚀，降低耐蚀性。这种钢在晶粒长大以后是不能通过热处理使其细化的。因此，在焊接时防止铁素体不锈钢过热是主要问题。

铁素体不锈钢一般采用焊条电弧焊方法进行焊接，为了防止焊接时产生裂纹，焊前应预热。为了防止过热，施焊时宜采用较快的焊接速度，焊条不摆动，窄焊缝，多层焊时要控制层间温度，待前一道焊缝冷却到预热温度后再焊下一道焊缝。对厚大工件，为减少收缩应力，每道焊缝焊完后，可用小锤锤击。

焊接铁素体不锈钢焊条的选用见表 10-2。

表 10-2 焊接铁素体不锈钢焊条的选用

钢种	对焊接接头性能的要求	焊条(国标型号)	预热及热处理
Cr17	耐硝酸及耐热	E0-17-16	焊前预热 120～200℃，焊后 750～800℃ 回火
Cr17Ti			
Cr17	提高焊缝塑性	E0-19-10-15	不预热，不热处理
Cr17Ti			
Cr17Mo2Ti		E0-18-12Mo2-15	
Cr25Ti	抗氧化性	E1-23-13-15	不预热，焊后 760～780℃ 回火
Cr28	提高焊缝塑性	E2-26-21-16	不预热，不热处理
Cr28Ti		E2-26-21-15	

10.1.3 铬镍奥氏体不锈钢的焊接

铬镍奥氏体不锈钢在氧化性介质和某些还原性介质中都有良好的耐蚀性、耐热性和塑性，并具有良好的焊接性，在化学工业、炼油工业、动力工业、航空工业、造船工业及医药工业等部门应用十分广泛。本章重点介绍铬镍奥氏体不锈钢的焊接问题。

在该类钢中用得最广泛的是 18-8 型铬镍不锈钢。按钢中含碳量不同，铬镍奥氏体不锈钢可分为三个等级：一般含碳量（质量分数不大于 0.14%），如 12Cr18Ni9、1Cr18Ni9Ti 等；低碳级（质量分数不大于 0.06%），如 03Cr18Ni16Mo5 等和超低碳级（质量分数不大于 0.03%），如 022Cr18Ni10、022Cr17Ni14Mo3 等。含碳量较高的不锈钢中，常加入稳定元素钛和铌如 1Cr18Ni9Ti、Cr18Ni11Nb 等。超低碳级的铬镍不锈钢具有良好的抗晶间腐蚀性能。

为了节约镍的用量，我国发展了一些少镍或无镍的新钢种（如铬锰氮钢等)，这些钢也具有优良的耐蚀性和焊接性。

奥氏体不锈钢的焊接性良好，不需要采取特殊的工艺措施。但如焊接材料选择不当或焊接工艺不正确时，会产生晶间腐蚀及热裂纹等缺欠。

1）晶间腐蚀发生于晶粒边界，是不锈钢极危险的一种破坏形式，它的特点是腐蚀沿晶界深入金属内部，并引起金属力学性能显著下降。晶间腐蚀的形成过程是：在 450~850℃ 的危险温度范围内停留一定时间后，如果钢中碳量较多，则多余的碳以碳化铬形式沿奥氏体晶界析出（碳化铬的含铬量比奥氏体钢平均含铬量高得多）。由于晶粒内铬来不及补充，结果在靠近晶界的晶粒表层造成贫铬，在腐蚀介质作用下，晶间含铬层受到腐蚀，即晶间腐蚀。

施焊时总会使焊缝区域被加热到上述危险温度，并停留一段时间，因此，在被焊母材的成分不当或选用焊接材料不当及焊接工艺不当等诸多条件下，焊接接头将会产生晶间腐蚀的倾向。

2）防止晶间腐蚀的措施。

① 控制含碳量。碳是造成晶间腐蚀的主要元素，为此严格控制母材的含碳量，正确选择焊接材料是防止奥氏体不锈钢焊接出现晶间腐蚀的关键措施之一。常用奥氏体不锈钢焊条的选用见表 10-3。

表 10-3　常用奥氏体不锈钢焊条的选用

钢材牌号	工作条件及要求	焊条(国标型号)
06Cr19Ni10	工作温度低于 300℃，同时要求良好的耐腐蚀性能	E0-19-10-16 E0-19-10-15
12Cr18Ni9	工作温度低于 300℃，同时对抗裂、耐腐蚀要求较高	
1Cr18Ni9Ti	要求优良的耐蚀性	E0-19-10Nb-16 E0-19-10Nb-15
	耐蚀性要求不高	A112
Cr18Ni12Mo2Ti	抗无机酸、有机酸、碱及盐腐蚀	E0-18-12Mo2-16 E0-18-12Mo2-15
	要求良好的抗晶间腐蚀性能	E0-19-13Mo2Cu-16 E00-18-12Mo2Cu-16

（续）

钢材牌号	工作条件及要求	焊条（国标型号）
Cr25Ni20	高温（工作强度小于 1100℃）不锈钢与碳钢焊接	E2-26-21-16 E2-26-21-15
铬锰氮不锈钢	用于盛装乙酸、尿素等设备	A707

② 施焊中采用较小焊接电流，焊条以直线或划小椭圆圈运动为宜，不摆动，快速焊。多层焊时，每焊完一层要彻底清除焊渣，并控制层间温度，等前一层焊缝冷却到小于 60℃时再焊下一层，必要时可以采取强冷措施（水冷或空气吹），与腐蚀介质接触焊缝应最后焊接。

3）热裂纹是奥氏体不锈钢焊接时容易产生的一种缺欠。为防止热裂纹产生，在焊接工艺上应选择碱性焊条，采用直流反接电源（交直流两用焊条也以直流反接为宜），用小焊接电流、直焊缝、快速焊方法进行施焊；弧坑要填满，可防止弧坑裂纹；避免强行组装，以减少焊接应力；在条件允许的情况下，尽量采用氩弧焊打底、填充、盖面焊接，或氩弧焊方法打底，其他方法填充、盖面焊接。

10.1.4 小直径不锈钢管的焊接

某单位的 1Cr18Ni9Ti 不锈钢管道，规格为 ϕ48mm×6mm，其内介质工作压力为 29.4MPa，焊接质量要求高，焊接接头内不允许有焊瘤、凹陷及过烧现象，并进行 100%X 射线探伤（Ⅰ级）及严格的通球检验。

1Cr18Ni9Ti 不锈钢虽具有较好的焊接性，但由于该管道直径较小，壁厚较大，施焊时如焊接工艺不当，极易在焊接接头内焊缝上出现过烧氧化、焊瘤、凹陷、晶间腐蚀等缺欠，使其力学性能显著下降，影响管道的正常使用，经试验决定采用钨极氩弧焊方法焊接。

1. 焊前准备

1）为保证焊接质量，对坡口加工及管件的组对有严格要求，组对错边量应不大于 0.5mm，坡口形式及尺寸如图 10-1 所示。

将坡口两侧各 30mm 范围内管的内外壁上的油污、脏物清理干

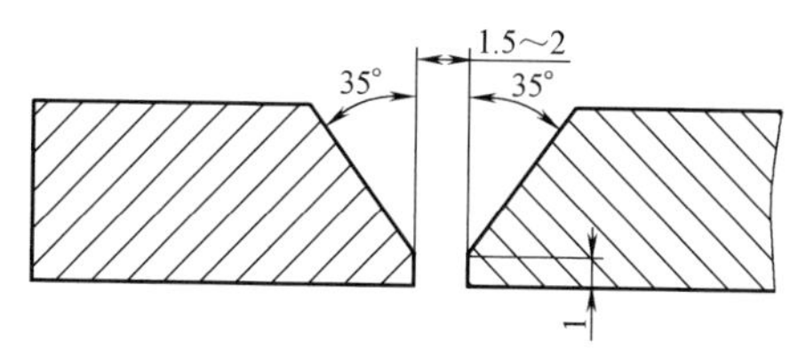

图 10-1　坡口形式及尺寸

净，并露出金属光泽。

2）采用 ϕ2. 5mm 与 ϕ3mm 的 H1Cr18Ni9Ti 焊丝，使用前清理其表面的油污、脏物，并露出金属光泽。采用 NSA4-300 氩弧焊机，直流正接施焊；选用 ϕ3mm 的铈钨极，并将端头磨成尖锥状；氩气纯度不低于 99. 96%（体积分数）。

3）为防止不锈钢内焊缝过烧氧化，自制管内氩气保护装置，具体结构如图 10-2 所示。

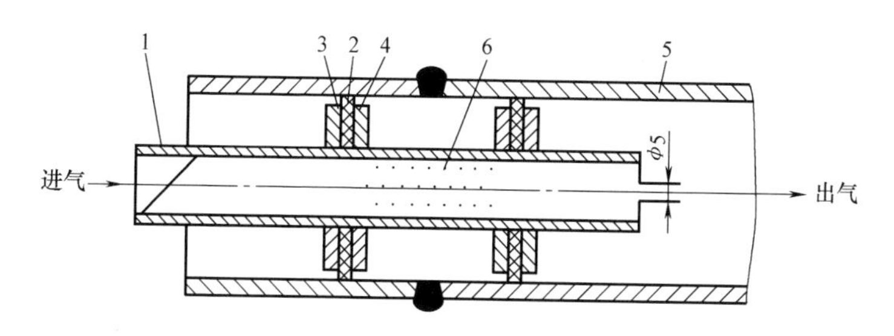

图 10-2　钢管内氩气保护装置

1—通氩气用钢管（ϕ20mm×3. 5mm）　2—厚 4mm 橡胶板　3、4—厚 1. 5mm 不锈钢板　5—焊件　6—通氩管表面钻孔

在施焊前，通氩管内充氩气时氩气流量为 15~20L/min，正式焊接时氩气流量应减为 5~6L/min。

2. 焊接

1）定位焊 3 处，先定位 2 处，定位焊应焊透，焊缝长度不大于 8mm，高度为管壁厚的一半，另一点为引弧起焊点，如图 10-3 所示。

2）焊缝为两层，即打底焊与盖面焊。打底焊时焊枪与工件的角度为 65°~70°，焊丝与工件的角度为 10°~15°，这样能减少工件的受热，减小电弧的吹力，防止管内焊缝余高过大，容易实现单面焊双面成形，并可使管内焊缝成形较为平坦。喷嘴与工件的距离应适当，若此距离过大，保护效果变差：过小则不但影响施焊，还会“打钨”（钨极碰工件），烧坏喷嘴，故喷嘴与工件的距离以10~12mm为宜，钨极伸出长度以3~5mm为好，焊接参数见表10-4。

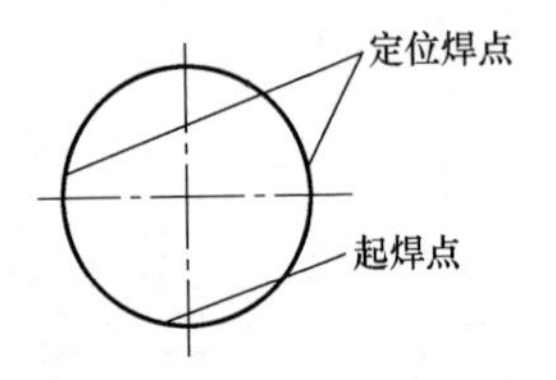

图 10-3　定位焊示意图

表 10-4　焊接参数

焊接层次	焊丝直径/mm	氩气流量/(L/min)	焊接电流/A	电弧电压/V	送丝操作方法
定位焊	2.5	11	80~85	14~15	点焊法
打底层	2.5	11	75~85	14~15	间断送丝法
盖面层	3	9~10	95~105	14~16	摆动送丝法

注：钨极直径为3mm，喷嘴直径为10mm。

全位置焊操作由下向上分两个半圆进行，起焊点与终焊点（管周的一半按时钟6点钟处至12点钟处）均要搭接10mm，如图10-4所示。

起焊时（6点钟处），应尽量往上压低电弧，焊丝要紧贴坡口根部，在坡口两侧熔合良好的情况下焊接速度尽量快些，以防止管子的仰焊部位焊接熔池温度过高，而使金属液下坠，形成内凹。

采用间断送丝法施焊，焊丝在氩气保护范围内一退一进、一滴一滴地向熔池填送，焊枪稍有摆动，并随管的曲率而变化。打底焊缝应厚些，以免发生裂纹。当焊到11点至12点处焊缝将要碰头时，不宜再熄弧，焊枪应连续做划小圈运动，使接头区域得

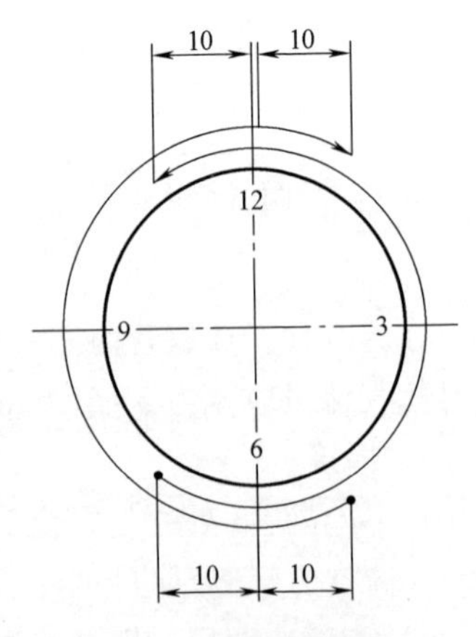

图 10-4　全位置焊起焊点、终焊点位置

到充分熔化，熔孔逐渐缩小，并及时填充焊丝，连续焊超过 12 点 10mm 后熄弧，以防止产生焊瘤与缩孔。

施焊时要控制熔池的形状，并保持熔池的大小基本一致，穿透均匀，防止产生焊瘤、凹陷等缺欠，使管内焊缝成形美观，余高以 0.5~1mm 为宜。

3）盖面层焊接时焊枪与工件的夹角为 70°~80°，焊丝与工件的夹角为 10°~15°。采用摆动送丝法向上施焊，焊丝在一侧坡口上向熔池送一滴填充金属，然后移向另一侧坡口上向熔池又送一滴填充金属，焊枪随焊丝摆动向上移动，如图 10-5 所示。

熔池保持椭圆形为宜，这样易于控制熔池温度和形状，焊缝填充快，焊缝表面不易产生咬边、焊瘤等缺欠，且成形美观，圆滑过渡，余高以 1.5 ~ 2mm 为宜。

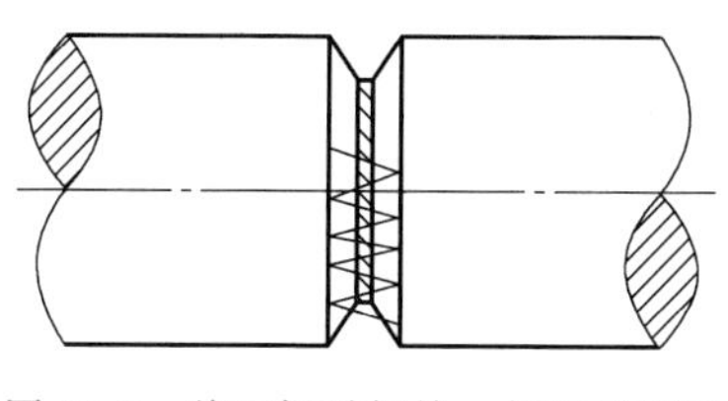

图 10-5　盖面焊时焊枪、焊丝的运动

3. 注意事项

1）焊接过程中（包括定位焊）应始终在管内充氩保护气氛中进行。

2）施焊时如发生钨极尖部磨损，应立即重新按要求磨尖后再继续施焊。

3）焊接中断或再引弧时，焊枪一定要提前放气和滞后停气，以保护焊缝不受有害气体的侵入，防止气孔的产生。

4）施焊中如发生“打钨”现象，应用砂轮将夹钨处清理干净后，方可继续施焊。

5）搭接线接触工件位置要适当、牢固，以防擦伤管件表面。焊接过程中缺欠产生的原因及防止措施见表 10-5。

表 10-5　氩弧焊焊接缺欠产生的原因及防止措施

缺欠名称	产生原因	防止措施
未焊透	焊接速度快,焊接电流小,间隙小,钝边大,错边大,焊偏等	针对性改正

（续）

缺欠名称	产生原因	防止措施
气孔	氩气不纯，流量小，焊丝、焊件不清洁，焊接速度快，喷嘴高或堵塞，空气对流大等	清理工件、焊丝，加强氩气保护
焊缝氧化、过烧	氩气保护不良，焊接速度慢，焊接电流大，电弧过长等	调整焊接电流，加强氩气保护
凹陷、焊瘤	间隙大，电弧长，焊接电流大，焊接速度慢，操作不熟练等	加强操作技术练习
缩孔	收弧方法不当，焊接电流大，氩气流量过大	采用有焊接电流衰减装置的电焊机，加强收弧技术练习
夹钨	焊接电流大，极性接反，钨极碰焊件或焊丝等	加强操作技术练习，选用合适电流
裂纹	组对工艺不当，焊接电流大，夹钨，焊件不干净，焊件或焊丝含碳量高	严禁刚性强行组对，正确选用焊接参数

4. 焊后处理

管件焊接完毕24h后按规定做X射线检测和通球检查合格后进行焊缝抛光、酸洗、钝化处理。用上述工艺措施焊接小直径不锈钢管操作简单，容易掌握，焊接效率高，焊缝一次合格率为98.6%以上。

10.1.5 焊条电弧焊焊接奥氏体不锈钢

1. 焊接特点

18-8型奥氏体不锈钢的焊条电弧焊单面焊双面成形立焊操作与碳钢、低合金钢单面焊双面成形相比更难掌握，其特点如下：

1）如焊接工艺不当易在焊接区域产生过烧和铬偏析引起的晶粒粗大，降低其使用性能。

2）引弧困难，奥氏体不锈钢电阻大，焊接时产生的电阻热也大，引弧时焊条容易与工件粘住，造成短路，使焊条发红、药皮开裂和脱落，影响施焊的正常进行。

3）立焊比平焊、仰焊位置在打底焊时背面焊缝更容易产生未焊透、凹陷、焊瘤等缺欠；而在表面成形又易出现焊缝成形下坠而凸起明显，影响焊缝成形的美观，同时也容易产生层间夹渣、气孔等缺欠。

经实践用以下操作方法，既可以保证立焊奥氏体不锈钢表面成形良好，又能保证其内在质量。

2. 焊前准备

1）选择性能较好的逆变焊机，采用直流反接。

2）选用 ϕ3.2mm 的 A132 焊条，按要求烘干，随用随取。

3）试件组对尺寸如图 10-6 所示，反变形量为 5~6mm。

4）为防止飞溅与电弧擦伤，组对时试件表面坡口的两侧各 100mm 处涂稀白灰，但不得污染坡口内部。

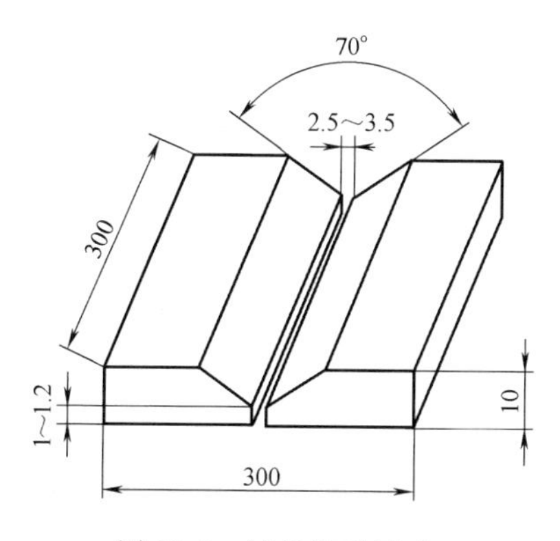

图 10-6　试件组对尺寸

需要强调注意坡口的钝边越大，背面成形越差。经验证明，钝边的大小与所用焊条直径有关，打底焊以 ϕ3.2mm 焊条为例，当钝边不小于 2.5mm 时，易产生背面成形低凹和未焊透缺欠，不管是试板的焊接还是实物工件的焊接，要使背面成形良好，防止出现凹陷或未焊透等缺欠。组对时一定要控制好钝边与组对间隙等尺寸，应做好焊接工艺评定，以合理的焊接参数指导现场焊接，从而保证焊接质量。

3. 焊接参数

焊接参数见表 10-6。

表 10-6　焊接参数

板厚/mm	焊接层次	焊接电流/A	运条方法
10	打底层	90~95	三角形断弧法
	填充层	105~115	倒“8”字形连弧法
	盖面层	100~110	反月牙形连弧法

4. 施焊

1）在坡口内引弧，以短弧进行焊接。焊条与工件的倾角应保持80°~85°，根据熔池成形情况而定，随时调整焊条角度，有时可达90°，以保证背面成形良好，防止产生未焊透、凹陷、焊瘤等缺欠。采用三角形运条法进行断弧焊接，如图10-7所示。

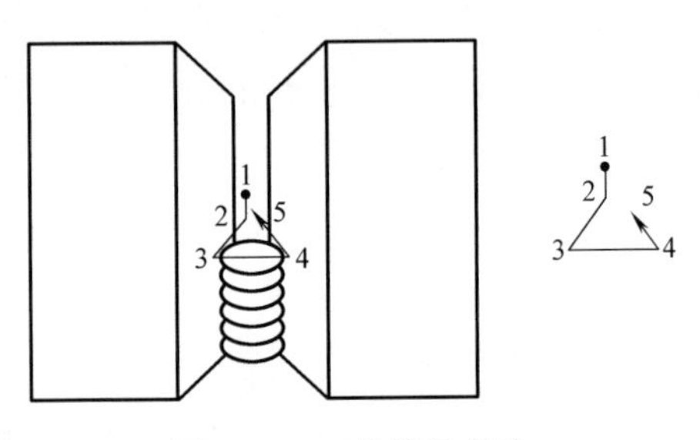

图10-7　三角形运条法

从1点引弧（焊条对准间隙中心），往下运动至2点与3点，在3点停顿1.5~2s后，焊条再平移到4点，当焊条运动到3~4点间隙中心时，电弧要有向后推压的手感。在4点处也要停顿1.5~2s，电弧向上（5点处）果断熄弧，焊条运动路线类似一个三角形。依此类推，一个熔池压住一个熔池的1/2~2/3向上断弧焊接，以免熔池局部温度过高。施焊操作时要掌握引弧、断弧的良好时机，即控制熔孔形状大小要一致，一般每侧坡口钝边熔化1.5~2mm为宜，才能焊出正、反两面成形良好、光滑、均匀的打底焊缝。否则熔孔大了易形成焊瘤；熔孔过小又易形成未焊透缺欠。更换焊条接头时与前述单面焊双面成形操作相同。

2）控制层间温度，清理打底层的焊渣，待试板冷却到60℃以下时，再进行填充层的焊接。采用“倒8”字形运条法（见图10-8）连续焊接，焊条与工件倾角为75°~85°。

焊条从1点往上挑运条焊接，运动到2点时焊条往下划小半圆圈运动，再往上挑运动到3点也往下划小圆圈，再往上运动到4点，依此类推。

焊条的运动路线类似一个“倒8”字，但焊条运动到2~3点、3~4点等时要稍做停顿1.5~2s，这样做有利于将试件坡口两侧填满

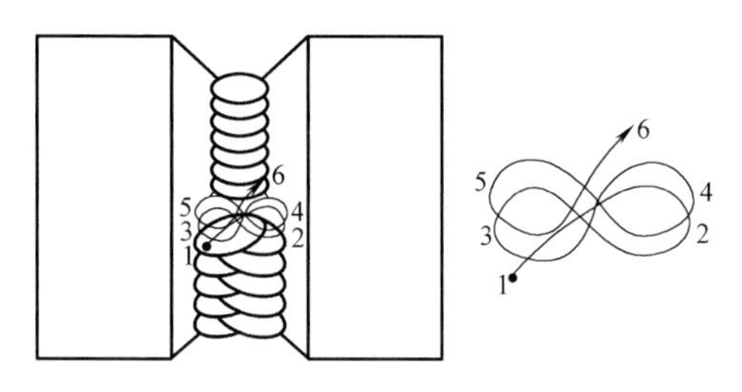

图 10-8　“倒 8”字形运条法

金属液，不会产生中间凸、两侧有深沟的焊缝。操作时手把要稳、运条要均匀，运条时电弧要短，切忌将焊条头（药皮）紧贴熔池边沿，以防止产生夹渣。填充焊缝距试板表面低 1.5~2mm 为宜，并保持两侧坡口轮廓边缘完好，以利于盖面层的焊接。

3）层间温度的控制与填充层相同。焊接电流比填充层要稍小，焊条角度与填充层相同。为控制焊缝的表面成形，采用反月牙形运条方式连弧往上施焊，即焊条做月牙形摆动时是往上划弧线的（与低碳钢、低合金钢运条方式不同），如图 10-9 所示。

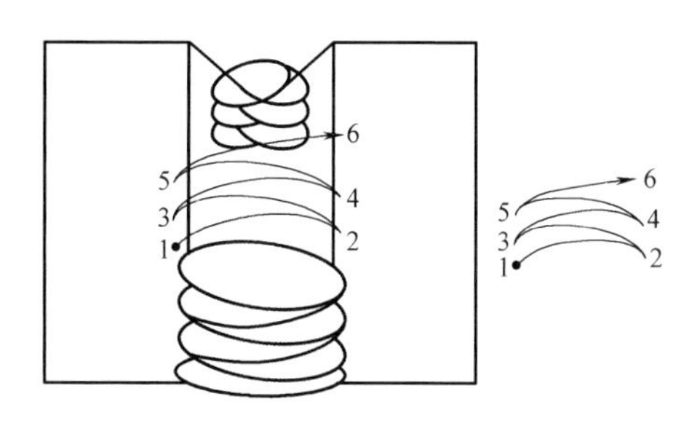

图 10-9　反月牙形运条法

电弧运到坡口两侧外边 1~2mm 时要稍做停顿，以防咬边缺欠的产生。如发现金属液突然下坠，熔池中间凸起突出，说明熔池温度已高，应立即熄弧；如已形成焊瘤应修磨后再继续焊接，以防止形成粗劣的表面焊缝。只有始终控制熔池的形状为椭圆形，运条手法要稳，摆动要均匀，才能焊出表面成形圆滑过渡、鱼鳞纹清晰、美观的焊缝。

10.1.6 不锈钢管道内充氩的焊接

不锈钢管道内充氩保护 TIG 焊方法是不锈钢及一些特殊钢管道焊接施工常用的一种焊接方法，该方法焊接工艺较为复杂，内充氩的条件与要求也十分严格，并且焊接成本较高和焊接准备工作也复杂。在管道工程施工现场安装中有些焊口无法在管内进行充氩保护，使焊接工作难以进行，严重影响了焊接质量。为此对不锈钢管道焊接免内充氩，应用不锈钢自保护药芯焊丝打底焊进行尝试，并获得了成功，既保证了焊接质量、提高了工效、降低了成本，又大大减轻了焊工的劳动强度。

1. 焊前准备

1）应用不锈钢管道材质为 1Cr18Ni9Ti，规格为 ϕ89mm×6mm。

2）选用 TIG-300 型逆变焊条电弧焊与 TIG 焊两用焊机，TIG 焊时采用直流正接，焊条电弧焊填充，盖面时为直流反接。

3）氩气纯度不小于 99.96%（体积分数）。

4）选用北京金威焊材有限公司生产的 TGF 自保护焊丝，焊丝直径为 3.0mm（带药皮外径），焊芯直径为 2.5mm。组对形式与内充氩焊接时基本一致，组对前应对管口外壁 20mm 范围的油、垢、水分、氧化层等清理干净。

5）采用药芯焊丝进行定位焊，定位焊 2 处（管外径周长的均长 1/3 处为起焊点），定位焊缝长度为 10～15mm，焊缝高度不大于 3mm。焊后清理焊渣，定位焊缝两端打磨成缓坡状。

2. 打底层的焊接

每个焊口分两个半圈完成。焊接参数见表 10-7。

表 10-7 焊接参数

焊接层次	焊接材料及直径/mm	钨极直径/mm	喷嘴直径/mm	焊接电流/A	氩气流量/(L/min)
打底层	TGFϕ3	2.5	14	95～110	12

施焊时，焊枪喷嘴、焊丝与管件的角度和内充氩焊接时基本一致。

引燃电弧，稍停顿片刻，透过护目玻璃看到坡口根部开始熔化，立即填送焊丝，看到金属液与熔渣均匀地透过坡口间隙流向管内，并形成熔孔。焊枪做小锯齿摆动，稍快些往上运动，焊丝始终不离开氩气保护，并紧贴在坡口钝边间隙处采用间断送丝法一拉一送、一滴滴地向熔池内填送。在施焊过程中要始终保持短弧，手把要稳，送丝要干净利索。注意焊丝与钨极的距离，严禁“打钨”现象出现，控制熔孔的大小形状一致，使焊丝均匀熔化并形成一层薄渣均匀地渗透到管口内，对焊缝进行渣保护。焊口焊后进行锤击，保护焊渣会完全脱落，用压缩空气或水冲的方法极易清除，管件背面成形优良，保护好，焊缝呈金黄色。

焊口的打底层焊后，填充、盖面层均用焊条电弧焊完成，焊接方法与正常焊接相同，不再重复叙述。

采用药芯焊丝打底，可实现不锈钢管口焊接时免内充氩工艺，操作方便，保证质量，降低成本，减轻了焊工的劳动强度，应大力推广。

10.2　铜及铜合金的焊接操作技巧

10.2.1　铜及铜合金的焊接特点

铜及铜合金经辗压或拉伸成不同厚度的铜板及铜合金板，不同规格的管子或各种不同形状的材料，都可以用焊接的方法制成各种不同的产品。铸造的铜及铜合金是通过模型直接浇注成需要形状的部件或产品，焊接只用于修复或补焊。在焊接与补焊中易产生下列不良影响：

1）难熔合：铜及铜合金的导热性比钢好得多，铜的热导率是钢的7倍，大量的热被传导出去，母材难以像钢那样局部熔化，对厚度大的铜及铜合金材料应焊前预热，采用功率大、热量集中的焊接方法进行焊接或补焊为宜。

2）易氧化：铜在常温时不易被氧化。但随着温度的升高，当超过300℃时，其氧化能力很快增大，当温度接近熔点时，其氧化能力最强，氧化的结果生成氧化亚铜（Cu_2O）。焊缝金属结晶时，氧化亚铜和铜形成低熔点（1064℃）结晶。分布在铜的晶界上，加上通过焊前预热，并采用功率大、热量集中的焊接方法使被焊工件热影响区很宽，焊缝区域晶粒较粗大，从而大大降低了焊接接头的力学性能，所以铜的焊接接头的性能一般低于母材。

3）易形成气孔：铜导热性好，其焊接熔池比钢凝固速度快，液态熔池中气体上浮的时间短来不及逸出易形成气孔。

4）热裂纹：铜及铜合金焊接时在焊缝及熔合区易产生热裂纹。形成热裂纹的主要原因：铜及铜合金的线膨胀系数几乎比低碳钢大50%以上，由液态转变到固态时的收缩率也较大，对于刚度大的工件，焊接时会产生较大的内应力；熔池结晶过程中，在晶界易形成低熔点的氧化亚铜—铜的共晶物；凝固金属中的过饱和氢向金属的显微缺欠中扩散，或者它们与偏析物（如 Cu_2O）反应生成的 H_2O 在金属中造成很大的压力；母材中的铋、铅等低熔点杂质在晶界上形成偏析；施焊时，由于合金元素的氧化及蒸发，有害杂质的侵入，焊缝金属及热影响区组织的粗大，加上一些焊接缺欠等问题，使焊接接头的强度、塑性、导电性、耐蚀性等往往低于母材。

10.2.2 焊接方法的选择

选择铜及铜合金的焊接方法，主要应考虑被焊工件的焊接性、材质、厚度、生产条件、空间位置及焊接质量要求等，表10-8可供选择焊接方法时参考。

表10-8 常用铜及铜合金的焊接方法

焊接方法	材料牌号及焊接性				适用的厚度范围/mm
	纯铜	黄铜	青铜	镍白铜	
钨极氩弧焊(TIG焊)	好	较好	较好	好	1~10
熔化极半自动氩弧焊(MIG焊)	好	较好	较好	好	4~50
气焊	差	较好	差	—	0.5~6
碳弧焊	尚可	尚可	较好	—	6~25
焊条电弧焊	差	差	尚可	较好	2~10
埋弧焊	较好	尚可	较好	—	6~30
等离子弧焊	较好	较好	较好	好	1~16

10.2.3 焊接材料的选择

铜及铜合金焊丝、焊剂、焊条的牌号及用途分别见表10-9、表10-10和表10-11。

表10-9 铜及铜合金焊丝的牌号和用途

牌号	名称	主要用途
丝201	特制纯铜焊丝	适用于纯铜的气焊、钨极氩弧焊,焊接工艺性能好,力学性能高
丝202	低磷铜焊丝	适用于纯铜的碳弧焊、气焊
丝221	锡黄铜焊丝	适用于气焊黄铜和钎焊铜、铜镍合金、灰铸铁与钢,也可用来钎焊合金刀具(头)
丝222	铁黄铜焊丝	用途与丝221相同,流动性好,焊缝表面略显黑斑点,焊接时烟雾较少
丝224	硅黄铜焊丝	用途与丝221相同,由于含硅量0.5%左右,气焊时能有效地控制蒸发,消除气孔和得到满意的力学性能,该焊丝实用性强,是常用的品种之一

表10-10 铜及铜合金焊剂的牌号及用途

牌号	气剂301	气剂401
应用范围	适用于铜及铜合金气焊及碳弧焊	适用于气焊铝青铜

表10-11 铜及铜合金焊条的牌号及用途

牌号	焊芯主要成分	焊接工艺要点	主要用途
铜107	纯铜	焊件焊前预热400~500℃	适用于纯铜件的焊接
铜227	磷青铜	磷青铜预热150~200℃,纯铜预热400~500℃。在碳钢上堆焊200℃。焊后锤击,使晶粒细化	适用于碳青铜、纯铜、黄铜、铸铁及钢的焊接和堆焊
铜237	铝青铜	铝青铜的焊接及碳钢堆焊不预热。厚件预热200℃,黄铜焊接须预热300~350℃	适用于铝青铜与其他铜合金焊件的焊接及铜合金与铜的焊接

10.2.4 采用焊条电弧焊补焊大型铸铜件

变压器调整机构机头系大型铸铜件,由于浇注温度偏低,出现铸造缺欠，造成缩孔一处（面积约 750mm^2，深 25mm）、裂纹一条（深 8mm、长 140mm），如图 10-10 所示。

由于铸件尺寸厚大，受热面积大，散热快，补焊时应集中热源，采用焊条电弧焊进行补焊。

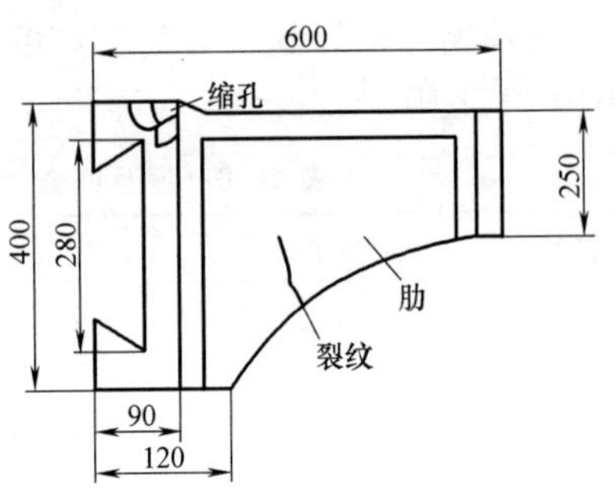

图 10-10 缺欠位置示意图

1. 坡口制备

裂纹处开 60°～70° V 形坡口；缩孔处用扁铲铲除杂质后开 U 形坡口。坡口两侧 15mm 处清理干净，露出金属光泽。

2. 焊条及焊机的选择

选用 ϕ4mm 的铜 107 焊条，焊前经 250℃、2h 烘干。焊机选用 AX1-500 型直流焊机，直流反接。

3. 补焊工艺

将工件放入炉中加热至 400℃，出炉后置于平焊位置。先补焊裂纹外，用短弧施焊，第一层焊接电流为 170A，从裂纹的两端往中间焊。焊接时焊条做往复运动，焊接速度要快，第二层的焊接电流比第一层略小（160A），焊条做适当的横向摆动，使边缘熔合良好。焊缝略高出工件平面 1mm，整条焊缝一气焊成，焊接速度越快，质量越好。

缩孔处因呈 U 形坡口状，填充金属量较大，故采用堆焊方法完成，焊缝顺序如图 10-11 所示。堆焊至高出工件平面 1mm 即可。焊接电流第一层大些，其余层小些（150～160A）。各层之间要严格清渣。

整个焊接过程中，搬动和翻动工件要注意，因工件处于高温状态，容易变形、损坏。

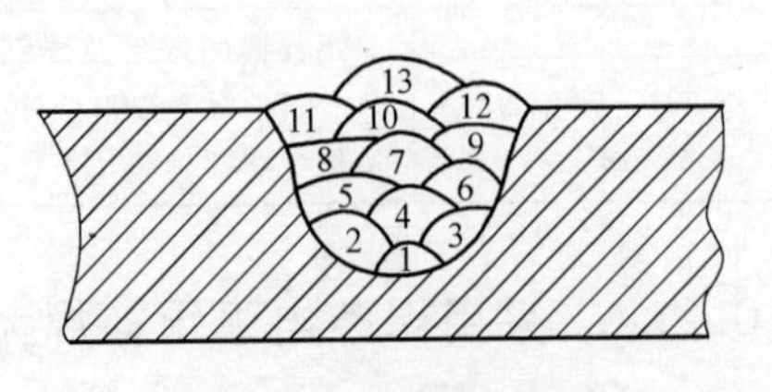

图 10-11 焊缝顺序

4. 焊后处理

焊后用平头锤敲击焊缝，消除应力，使组织致密，改善力学性能。工件置于室内自然冷却即可。经机械加工除焊缝颜色与母材略有不同外，未发现有裂纹、夹渣、气孔等缺欠。

10.2.5　氧乙炔焊焊接薄纯铜板

高炉循环冷却水池止水带是用厚度为2mm的薄纯铜板组对焊接而成。施焊时因纯铜导热性极好，或者由于温度不够形不成熔池，造成焊缝上的金属不熔合或熔合不良；或者温度过高，焊接区域熔化了一大片，形成烧穿或焊瘤等焊接缺欠，薄纯铜板的焊接是一项比较棘手的难题。

根据上述情况采用黄铜钎焊的焊接方法可以很好地解决这一难题。焊前的准备工作和焊接时操作工艺如下：

1）将焊缝的两侧各60mm做去污处理并用钢丝刷打磨露出金属光泽。

2）工件组对不开坡口，组对间隙应小于1mm。

3）采用ϕ3mm硅黄铜焊丝（丝224）与焊剂301。

4）将被焊处垫平（垫板采用较平钢板，要求厚些，以防热变形）。

5）预热，两名焊工采用中号焊枪，中性焰同时加热施焊处，温度达500~600℃。一人焊接，另一人仍然在施焊位置的前方继续加热，以保证施焊过程的稳定进行。

6）预热焊工采用中性焰，施焊焊工采用微氧化焰。

7）定位焊与正式焊接要连续进行，定位焊缝的间距以60~80mm为宜，定位焊焊缝应短些。

8）加热与施焊时要密切注意焊接区域温度的变化，防止过高与过低，一般目测以暗红色（550~600℃）为宜。

9）焊嘴的摆动要平稳，并匀速地向前移动。火焰的焰芯（白点）要高于熔池5~8mm。火焰的轮廓应始终笼罩着熔池，避免与空气接触。保证黄铜液自然、顺利地漫延到焊缝的两侧，并浸入到间隙中。

10）为了使焊接接头的组织结晶细密，提高强度与韧性，焊后要用小锤适当地敲打焊缝。

11）焊后做致密性检验。

10.3 铝及铝合金的焊接操作技巧

铝具有密度小（2.7g/cm^3）、耐蚀性好，很高的塑性和良好的焊接性以及优良的导电性和导热性等优点。因此铝及铝合金在航空、汽车、电工、化学、食品及机械制造中得到广泛的应用。

按其制造工艺铝合金可分为两大类：一种是能经辗、压、挤成形的铝及铝合金，称为变形铝合金；另一种是铸造铝合金。

纯铝强度较低，根据不同的用途和要求，在铝中加入一些合金元素（如 Mn、Mg、Si、Cu、Zn 等）来改变其物理、化学和力学性能，形成一系列的铝合金。

- 铝合金
  - 变形铝合金
    - 非热处理强化铝合金、防锈铝合金
      - 铝镁合金
      - 铝锰合金
    - 热处理强化铝合金、硬铝合金、锻铝合金、超硬铝合金等
  - 铸造铝合金：铝硅合金、铝锰合金、铝镁合金、铝锌合金

10.3.1 铝及铝合金的焊接特点

1）铝及铝合金的表面有一层致密的 Al_2O_3 的氧化膜（厚度 0.1~0.2μm），该氧化膜熔点高（2050℃），而纯铝的熔点是 658℃。焊接时，这层氧化膜对母材与母材之间、母材与填充材料之间的熔合起着阻碍作用，极易造成焊缝金属夹渣和气孔等缺欠，影响焊接质量。

2）铝合金的比热容大，热导率高（约为钢的 4 倍），因此焊接铝及铝合金时，比钢要消耗更多的热量。为得到优质的焊接接头，应尽量采用热量集中的钨极交流氩弧焊、熔化极气体保护焊等焊接方法。

3）铝的线膨胀系数和结晶收缩率比钢大 2 倍，易产生较大的焊接变形和应力，对厚度或刚度较大的结构，大的收缩应力可能会产生焊接接头裂纹。

4）液态铝可大量溶解氢，而固态铝几乎不溶解氢，铝的高导热

性又使液态金属迅速凝固，因此，液态时吸收的氢气来不及析出，而留在焊缝金属中形成气孔。

5）采用气焊、焊条电弧焊、碳弧焊等方法时，如焊剂清洗不干净易造成焊接区域腐蚀。

6）铝及铝合金焊接时，固态向液态转变，无颜色变化，易造成烧穿和焊缝金属塌落，焊接过程中，合金元素易蒸发和烧损，降低使用强度。

10.3.2 常用铝及铝合金的焊接

根据铝及铝合金的牌号、工件厚度、产品结构、生产条件及接头质量要求等因素来选择焊接方法。

1. 焊条电弧焊

对于铝的焊接，焊条电弧焊一般在板厚大于4mm或小铝合金铸件的补焊时才采用。因铝焊条为盐基型药皮（含氯、氟等），极易受潮，为防止产生气孔，使用前必须进行严格的烘干处理（150℃烘干1~2h）。使用直流反接电源。施焊时焊条不宜摆动，焊接速度要快（比钢焊接时要快2~3倍），在保持电弧稳定燃烧的前提下采用短弧焊，以防止金属氧化，减小飞溅和增加熔深。焊后应仔细清除熔渣。

2. 气焊

氧乙炔气焊是焊接不大于4mm铝及铝合金薄板与较小铸件缺欠补焊常用的焊接方法。

使用铝气焊熔剂（气剂401）熔化和清除覆盖在熔池表面的Al_2O_3薄膜，火焰采用轻微碳化焰。施焊时要控制好焊接温度，保持熔池形状，该方法如操作得当，可以使厚度不大于4mm铝板的平对接接头达到单面焊双面成形的效果。

3. 碳弧焊

该方法利用碳棒作为电极，碳棒的引弧端磨成圆锥状，以利于电弧的稳定燃烧。这种焊接方法的特点是设备简单、成本低、生产率高，但劳动条件差，焊接质量不稳定，适用于较大厚度铝板及铝合金铸件的焊接。

4. 钨极氩弧焊

钨极氩弧焊是在氩气流保护下，以不熔化的钨极和工件作为两个电极，利用两极之间产生的电弧热来熔化母材金属及焊丝的一种焊接方法。

该方法采用交流电源，这样既对熔池表面铝的氧化膜有阴极破碎作用，又可采用较高的电流密度。具有电弧稳定，成形美观，工件变形小，操作灵活，可全位置焊接等优点。适用于厚度小于8mm的铝合金板或中小型铝及铝合金铸件的补焊。

5. 熔化极半自动氩弧焊

熔化极半自动氩弧焊是在氩气流保护下，以焊丝和工件作为两个电极，利用两电极之间产生的电弧热量来熔化母材金属和焊丝形成焊接接头的一种焊接方法。

熔化极半自动氩弧焊采用直流反接，对铝及铝合金表面的氧化膜有阳极破碎作用；焊接时电弧比较稳定，电弧的自身调节作用强，焊接电流与电弧电压合理匹配后，形成射流过渡，热量大，电弧稳定，是目前焊接中厚度铝及铝合金板或补焊较大铝及铝合金铸件的最佳焊接方法。

10.3.3 焊接材料的选择

1）焊条电弧焊铝及铝合金焊条的选择见表10-12。

表10-12 铝及铝合金焊条

焊条牌号	焊芯成分(质量分数,%)			焊接接头抗拉强度/MPa	用途
	硅	锰	铝		
铝109	—	—	约99.5	≥65	焊接纯铝及一般接头强度要求不高的铝合金
铝209	约5	—	余量	≥120	焊接铝板、铝硅铸件、一般铝合金及硬铝
铝309	—	约1.3	余量	≥120	焊接纯铝、铝锰合金及其他铝合金

2）氧乙炔气焊和钨极氩弧焊焊接铝及铝合金焊丝的选择见表10-13。

氧乙炔气焊均采用铝及铝合金焊剂，牌号为剂401。

表 10-13　铝及铝合金焊丝

牌号	名称	焊丝长度 /m	用　　途
丝 301	纯铝焊丝	1	焊接纯铝及要求不高的铝合金
丝 311	铝硅合金焊丝	1	除铝镁合金外其他各种铝合金。焊缝金属抗裂性能好,也能保证一定的力学性能
丝 321	铝锰合金焊丝	1	焊接铝锰及其他铝合金,焊缝有一定的耐蚀性及一定强度
丝 331	铝镁合金焊丝	1	焊接铝镁及其他铝合金,焊缝有良好的耐蚀性和力学性能

3）熔化极半自动氩弧焊焊丝的选择与气焊和钨极氩弧焊基本一样，只是焊丝直径较细（ϕ1.2mm、ϕ2.5mm），是整盘包装，上机使用。

10.3.4　铝及铝合金的焊前准备及焊后处理

1. 工件与焊丝的清理

1）清理的目的：除去表面油污、脏物及氧化膜，是保证铝及铝合金焊接质量的重要工艺措施。

2）清理部位：清理工件的坡口两侧或缺欠四周宽度不小于40mm 的范围。焊丝要整体浸洗。

3）清理方法：采用化学清洗法与机械清理法两种。化学清洗法是用质量分数 10%左右氢氧化钠水溶液（40~50℃）将清理部位擦洗 10~20min 后，用清水冲净，这样能使氢氧化钠与氧化铝作用生成易溶的氢氧化铝以保证焊接质量；机械清理法是用丙酮或酒精等擦拭清理部位，再用细的不锈钢丝轮（刷）及刮刀除去氧化膜，并用干净的白棉布（纱）擦拭。清理完的工件应在 12h 内完成焊接，以免再生成新的氧化层。

2. 预热

由于铝的导热性比较大，为了防止焊缝区热量的流失，焊前对厚度不小于 8mm 的铝板或较大的铸件进行预热，一般可根据情况选择 100~300℃预热温度。

3. 氩气

钨极氩弧焊与熔化极半自动氩弧焊用的氩气纯度应不小于 99.96%（体积分数）。

4. 焊后处理

焊后留在焊缝及两侧周围的残留焊粉和焊渣，在空气、水分的参与下会剧烈地腐蚀铝件，所以必须及时清理干净。焊后清理的方法是将焊接区域在质量分数为 30%的硝酸溶液中浸洗 3min 左右，用清水冲洗后，再用风干或低温（50℃左右）干燥。

第 11 章　复合钢板的焊接操作技巧

11.1　复合钢板平焊操作技巧

焊接示例：

基层材料 20 钢，板厚 16mm，覆层材料 12Cr13Ti，开双面坡口，两侧坡口组对后深度各 6mm，组对成 65°角，两板组对间隙 2mm，坡口钝边厚度 2mm，如图 11-1 所示。两侧板组对固定焊缝基层一侧，基层一侧焊条选用 E4316、J426，过渡层选择焊条 E309-16（A302），覆层一侧材料选择焊条 E347-16（A132）。按焊条说明书进行烘干处理，焊接电源选用直流反接。覆层一侧焊接前应将坡口两侧 100mm 范围内涂防飞溅用的白垩粉涂料。

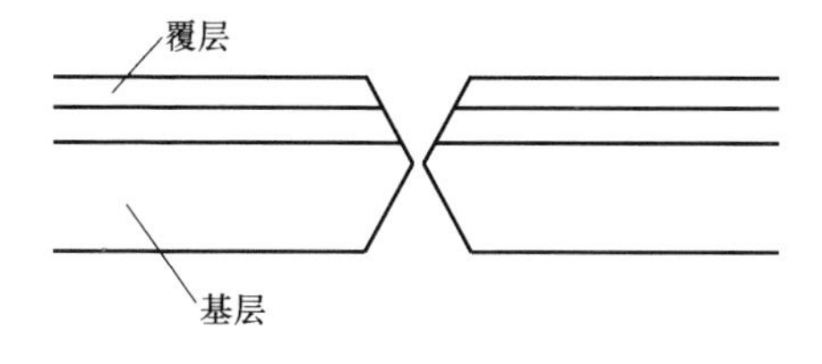

图 11-1　焊接示例

11.1.1　基层的焊接

1. 基层打底层的焊接

选覆层一侧基层 3mm 板厚为基层头遍层焊接，选择焊条直径为 3.2mm，焊接电流调节范围为 110～120A，电弧引燃后，掌握以下几点：

（1）运条的方法与熔池厚度成形　电弧于始焊端引燃后，先做压低动作向里稍做带弧，再带入始焊端并先使少量熔滴过渡形成较薄熔池 10~15mm，再拉回电弧以稍凹于覆层线的熔池厚度形成金属液的依次延伸，因此往复型电弧回带与前移的距离较短，熔池温度较高，电弧对熔池中的渣液能进行充分的控制。采用此种方法因电弧前移 5~10mm 形成较薄熔池时，熔渣液可先过流坡口间隙，较薄的液态熔池也可对未来熔池的过渡形成屏障保护，减少气孔发生倾向。

(2) 电弧长度的控制与焊条角度的变化　碱性焊条电弧长度应为焊条的直径，超短弧应为焊条直径的 1/2 或 2/3。焊接时应控制电弧长度在 2~3mm 之间，使金属液的过渡始终在电弧的保护之下，避免熔池成形时空气的进入而使气孔产生倾向增大。

平焊焊槽内填充层多采用 70°~80°顶弧角度焊接，如熔渣浮动灵活时，可将焊条角度适当增加，焊条与母材垂直，反之则减小焊条角度。

(3) 熔池成形的观察　在熔滴过渡时，应时刻观察熔池范围内熔渣浮动与熔池亮度及坡口两侧熔合的位置，这种观察可分为以下几点：

1) 熔渣浮动的速度及范围。碱性熔渣在熔池中浮动的范围，在焊接电流较小、熔池温度较低时，也能使熔池中表层的熔渣大面积地浮出，并出现明显的液态金属范围。但较低的熔池温度会使表层下的熔渣含在熔池中，不能浮出。焊接时观察熔渣浮出的状态还应以溶渣流动的速度、熔池的亮度及外扩的范围为依据，观察出熔渣含在熔池之中的各种情况。如电弧前移时，电弧吹扫方向熔池清晰，没有熔渣滞留的黑色点状和条状斑点，说明熔渣没有含在熔池的范围中。

2) 熔池温度的变化对熔合区及自身变化的影响。过高的熔池温度对熔渣的浮出是有利的，但高温熔池外扩的范围会使熔合区母材不断地外扩。在复合钢板的焊接中，如外扩熔池使不锈钢晶间层形成过高温度，基层一侧熔入过多的合金元素，就使焊缝的金属形成过硬的脆性组织，从而使裂纹产生倾向增加。覆层一侧的基层焊接宜使熔池成形时的范围限制在原始基层线的焊槽之内，熔池与母材之间的熔合线应没有过深的熔合线和熔合痕迹。

（4）熔合厚度的控制　以覆层板厚3mm向下作为上浮熔池的观察线，即电弧于坡口一侧稳弧停留时根据液态熔波浮动的位置与板材上平面的比较，留出覆层一侧焊槽深度。覆层一侧基层焊接完成后，再做基层一侧焊接，基层一侧整体完成后，再做覆层一侧基层的焊缝表面打磨，并使覆层一侧的焊槽深度达到3.5~4.5mm。

2. 基层填充层焊接

（1）碳弧气刨清根　选择ϕ6.0mm碳棒，焊接电流调节范围160~200A，压缩空气压力0.4~0.6MPa。铁板放平后，先引弧起刨一侧板端，因底层焊缝较薄，碳棒引燃后，先沿焊缝未熔合中心线轻刨，形成刨槽深度2mm、长100~200mm。再提回碳棒，利用亮度查看两段未熔线清除痕迹，如此段刨槽未熔线仍有点状残留痕迹，再使碳棒端头于始刨端，再轻刨深度1mm，再做碳棒的提回动作，查看刨槽表面的情况。如表面光洁，继续前移刨削，如有气孔出现，可提回碳棒，做轻刨动作。刨削完成，采用手磨砂轮进行飞溅打磨处理。

（2）焊条的行走方法　填充层焊接选择ϕ4.0mm焊条，焊接电流调节范围160~170A。根据焊槽深度8~9mm、宽8~10mm，宜采用2或3遍填充层焊接，头遍层焊接因焊槽较窄、较深，焊层厚度宜在2.5~3mm之间，电弧在焊缝一侧端引燃之后，先使熔池外扩于焊槽两侧，再根据熔池成形状态的观察，做电弧的前移和停留。如果液熔线成形的厚度较薄，可做电弧停留动作，使熔池厚度增加。如果熔池厚度适当，可做电弧前移动作，再根据其厚度的变化选择依次停留的时间。头遍层焊接焊槽较窄，电弧行走宜选用直线形。

（3）熔池成形的4个观察点　熔池成形也分为前后左右4个观察点，如图11-2所示。较粗直径的焊条坡口内焊接，宜重点观察电弧前移处渣液的情况。当电弧延伸点淤渣过多时，如液态熔池覆盖于熔渣之上，在熔池温度较低、电弧吹扫不完全的情况下，易使游离的熔渣含在熔池之中而不能浮出。熔池的两侧观察点，为熔池金属液上浮线的位置。熔波滑动过快时，则熔池中心处棱状成形增加；熔波滑动平缓时，则熔池平整光滑。

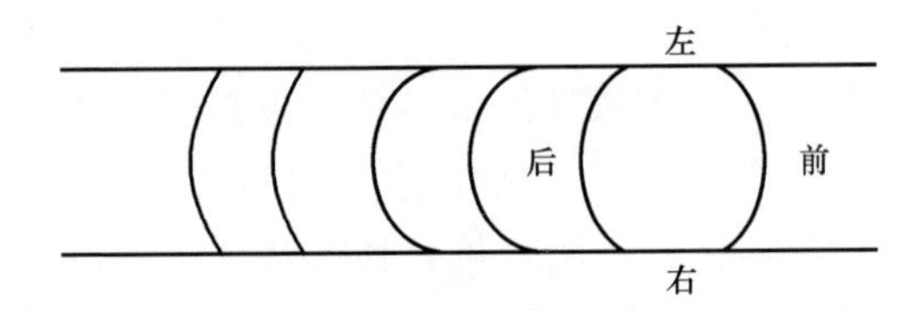

图 11-2　熔池成形的 4 个观察点

11.1.2　填充层的焊接

1. 填充层一遍焊接

采用锯齿形运条方法，电弧引燃后，按焊接槽剩余深度 5~6mm，做小的齿锯形带弧动作于坡口一侧，使熔池外扩成形高度达到 2~2.5mm。外扩时不宜使熔合位置外扩线增加，稍做锯齿形横向带弧于另一侧，并按前述方法形成该侧熔池高度和厚度，并依次前移。焊接完成后，清除药皮和熔渣。

2. 填充层二遍焊接

（1）坡口两侧电弧停留的位置　焊接时，熔池两侧外扩边线覆盖的部分或宽或窄，宽时原始坡口边线成凸状咬合线，窄时止弧停留的位置与坡口边线的距离过大，成形后的焊缝与坡口边线间存有过深的沟状焊渣线成形。产生这种缺欠的原因是电弧在坡口两侧停留时位置不正确，应根据熔池外扩的位置及温度的变化，选择合适的止弧位置和停留时间。如果电弧一侧止弧的位置在该侧的 1~1.5mm 处，电弧稍做停留，熔池外扩后的最高浮动线均匀相熔于该侧原始的边线之上，并凹下 1mm，熔合表面平整光滑，那么 1~1.5mm 线应为坡口两侧的止弧线。

（2）熔池表面平度的观察　封底表层过凸或过凹，对封面表层焊接影响很大。过凸时表层位置熔波不平，过凹时如果熔波厚度增加，熔池宽度必然也增加。此时应注意以下两点：

1）熔波滑动的速度。熔波滑动的速度过快时，液态金属在熔池中心的厚度必然明显增加，并明显凸于两侧，其原因是焊接电流过大，熔池温度过高，顶弧吹扫的角度过大，稳弧的时间过长，熔池中心带弧行走的速度过慢。改变时可通过熔池范围的观察，做相应的调整。

2）熔波在坡口两侧相熔位置的比较。液态熔波在坡口两侧相熔的位置与坡口边线的比较，是控制熔池厚度成形的主要方法，如果金属液上浮线过凹于坡口的边线，说明液态金属成形过薄。如果上浮线位置凸于坡口边线，说明液态金属成形过厚。

11.1.3　过渡层的焊接

过渡层焊接选择直径为 3.2mm 的焊条，焊接电流调节范围为 110~125A，焊槽深度 34mm，过渡层焊缝成形厚度 2~2.5mm，采用直线往复运条方法。

1. 引弧与续弧

电弧引燃后应先做始焊端前移动作，前行 8~10mm 后再做回带动作至起焊端或续弧处，按收尾时熔池范围的大小，过尾弧熔渣覆盖 8~10mm。在带弧过渡时，使 8~10mm 段熔渣呈滑动浮出状，按续弧位置熔池形状的大小，落弧于 8mm 尾弧熔坑的最佳续弧点。再按熔池外扩的范围，稍做由窄至宽的横向动作，填满续弧处熔坑，然后进入正常焊接，如图 11-3 所示。

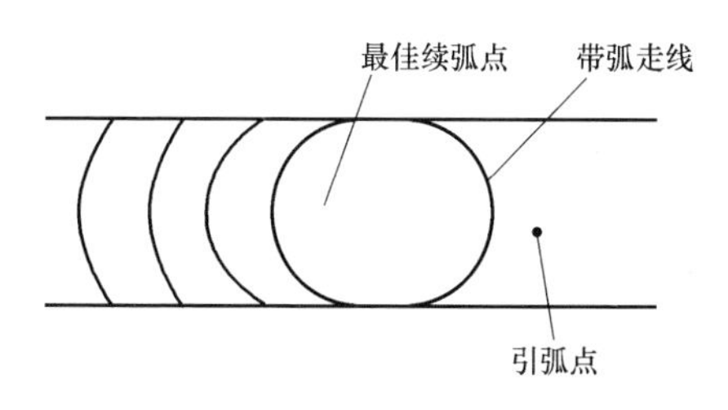

图 11-3　引弧与续弧

2. 熔池成形的观察和控制

不锈钢焊条药皮脱落有时快于金属过渡，渣液在熔池中浮动缓慢，熔渣颜色较浅，焊接电流较小时，电弧前沿吹扫区与熔池在延伸中会形成渣液相混的状态。加大焊接电流会增加熔池温度，对渣液区增加稳弧停留的时间，又会形成熔池范围的外扩，使焊接区的不锈钢熔合界外扩，熔合区焊接接头的金属组织由单一变为复杂，化学成分增加，焊缝金属的塑性和晶界间的耐蚀性下降，金属组织的脆性倾向增加，裂纹发生倾向增加。

可通过电弧喷动范围或中心最小范围处观察区别金属液与渣液之间的变化，细密且颜色过亮的滑动于底层的为金属液，较粗呈泡沫状且颜色较暗在滑动中变化的为渣液。渣液与金属液难以分清时，在焊接电流适当的情况下，应适当加快前移速度，增加顶弧焊接的角度，减少渣液在熔池中某一处的堆积量。

不锈钢过渡层的焊接，当被焊焊槽较深、较窄时，可采用小直径焊条，先做补焊，打磨处理后，再进行正常焊接。

过渡层焊接完成后，应使焊槽深度达到1~1.5mm，当小于1mm时，用砂轮磨掉过凸点；当大于1.5mm时，采用小直径焊条进行增补并用砂轮打磨。

11.1.4 覆层的焊接

焊接示例：

焊槽深1~1.5mm，宽10mm，选择焊条A132，焊条直径为4.0mm，焊接电流调节范围为130~150A。

1. 熔池两侧成形

如图11-4所示，电弧引燃后，可先向坡口一侧如*A*侧推进，并将液态金属覆盖母材时的位置作为电弧停留的位置，再根据液态熔波覆盖的厚度，调整液态金属覆盖坡口两侧边线的高度。然后做弧形反月牙带弧走线，按此种方法形成*B*侧液态金属覆盖，再做微型的反月牙带弧走线至*A*侧。依次循环。

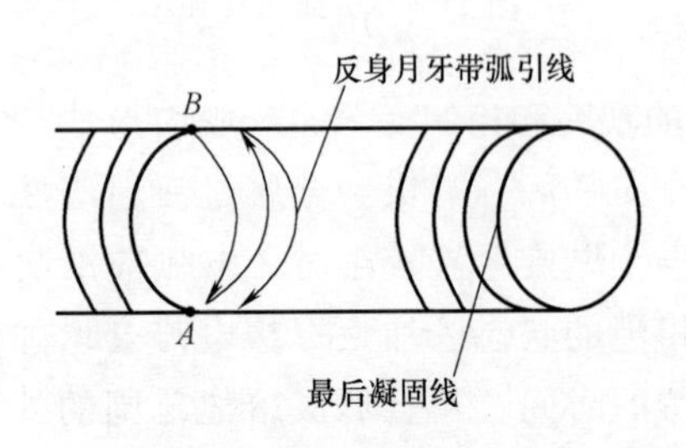

图11-4 熔池两侧成形

2. 中心熔池平度的观察

液态熔波滑动的范围中，可分为两条观察线，即熔池 2/3 观察线和液态熔波滑动后的最后凝固线。在熔池范围较大、熔波滑动速度较快时，熔池的最后凝固线必然出现凸起的棱状成形。熔渣浮动线与金属液之间交界于熔池的 1/3 线，熔渣与金属液清晰，金属液有滑动感，熔池中心液态金属厚度明显凸于两侧，并呈圆滑过渡状。

封面焊接熔池液态金属应均匀覆盖坡口边线 1~1.5mm，凸于母材平面 1~2mm，焊缝表面平整光滑。

11.2 复合钢板立焊操作技巧

11.2.1 基层的焊接

立焊的基层焊接与平焊基本相同。

11.2.2 填充层的焊接

1. 按坡口形式选择从基层一侧开始焊接

从基层一侧向过渡层焊接操作简单，但容易出现以下问题：

1）不利于基层一侧头遍焊接完成后对气孔、坡口两侧沟状成形的处理。

2）基层一侧完成后，因过渡层一侧焊槽过窄、过深，使基层一侧较薄的增补焊层很难完成。

3）在不施行基层一侧较薄焊层的增补时，因基层与过渡层之间留有量的变化，使基层一侧打磨完成后的焊层深度过低。焊接时采用 ϕ3.2mm 的过渡层焊条易出现以下两种情况：一是基层材料组织熔入过渡层过多，立焊焊接在较窄的区域内形成焊条的液态金属外扩，熔池温度必然增高，基层组织在过渡层的稀释下，使逐渐增加的稀释率转入过渡层表面。由于基层和覆层材料不同，故线胀系数不同，在焊接热循环的作用下，两者之间存在着较大的内应力，在覆层的焊缝区域易出现晶间腐蚀、应力腐蚀、热裂纹，晶界上会出现铬的碳化物，并形成贫铬的晶粒边界。二是过渡焊接时采用两遍成形的过渡层焊接，金属过渡厚度更难以控制，且所需焊接时间过长。

2. 按坡口形式选择从覆层一侧向基层焊接

从覆层一侧向外基层焊接，焊接先在基层起点粘接厚为10mm，长、宽均为80mm的引弧板一块，选择E4316焊条，焊条直径为3.2mm，焊接电流调节范围为90~100A。

如图11-5所示，电弧引燃先在始焊端形成基点熔池，稳弧时，可先穿过*C*点过流间隙，再做带弧动作于外侧*A*点，然后做横向带弧动作于坡口*B*侧，按同样的方法形成*B*侧熔池厚度。

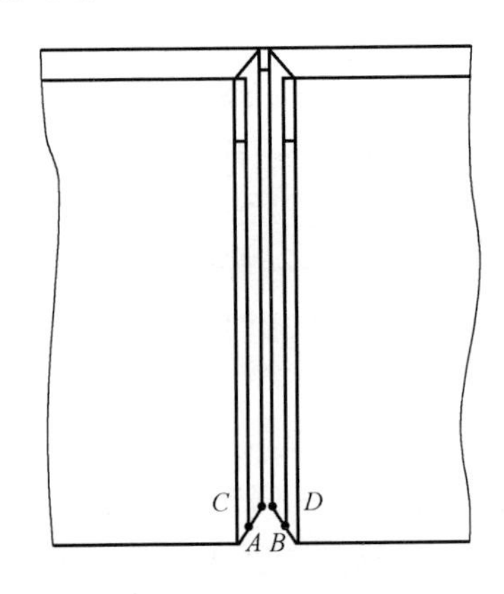

图11-5　立焊运条方式

在运弧时，应始终压住电弧，并通过循环的电弧变化控制熔池温度。如果*A*点熔池无法控制，出现熔渣、熔池迅速增厚等缺欠，循环变化电弧不能使*A*侧熔池温度得以缓解，则应适当减小焊接电流，并在稳弧时将电弧稍做上移提起，再使其回落，使熔池表面平度得到控制。焊接时，一定要避免基层一侧焊条熔化于覆层一侧的分界线。一根焊条燃尽后，可将电弧带向坡口焊道处，稍做下压后再使其熄灭。再次引弧时，以熄弧熔池上端10mm点的坡口根部为起点，使电弧引燃后压低带向续弧点。焊接完成后，先做基层一侧清渣与打磨，对气孔及焊渣过深点处理后，先补焊再进行基层一侧填充焊接。

基层另一侧填充焊接与上述方法基本相同。焊接完成后再做过渡层一侧打磨，并对气孔、焊渣过深点进行处理。

11.2.3　过渡层的焊接

1. 焊接电流的选择

过渡层焊接选择焊条E309-16(A302)、焊条直径为2.5mm。电弧引燃后，根据熔池外扩的程度，观察焊接电流的大小是否合适。如稳弧后熔池不能形成外扩，熔池熔化范围模糊，可能是横向带弧熔池外扩能力过小，说明焊接电流过小。如稳弧后，熔池范围迅速增大，稍做稳弧熔池堆敷成形较难控制，熔池与母材熔化过深，说明焊接电流过大。

过渡层焊接电流的选择，应以熔池能够成形时，取焊接电流下限为原则，以防止熔池稀释引起晶间腐蚀的发生。

2. 熔池形成的方法

过渡层焊接时熔池的厚度，应低于母材平面1~1.5mm，可采用熄弧和划弧回带运条方法进行焊接。

（1）熄弧运条方法　电弧引燃后，先贴于焊槽中，形成较薄熔池后，再带向坡口一侧（见图11-5，如*A*侧），稍做稳弧，使熔池稍凹于母材平面，再做横向运条于坡口*B*侧，稳弧形成*B*侧熔池后，迅速抬起使其熄灭。当熔池温度稍微下降，再落弧于熔池中心。

（2）划弧回带运条方法　电弧引燃，先于*A*点稳弧使熔池外扩面凹于坡口外边线1~1.5mm，再快速带弧到坡口*B*侧。稳弧时，应使坡口根部熔渣从*A*侧大部溢出，然后迅速做电弧抬起动作，呈弧形使电弧带过熔池上方并落弧于*A*点。再次引弧时，电弧可稍拔高抬起，避免较大熔滴过渡到焊槽表面，此种方法能保证熔池表面成形平整光滑。

（3）熔池返渣的观察　立焊堆敷成形时，点状熔渣易含在熔池之中，不能逸出。稳弧时，稳弧吹扫点应使熔渣迅速漂浮，熔池清晰后再使电弧上移，避免金属液与熔渣相混不清。

过渡层焊接完成后，除净焊渣。如果熔池表面平整度不够，应采用砂轮打磨后再进行封面覆层焊接。

11.2.4 覆层的焊接

覆层焊接选择焊条 E347-16（A132），焊条直径为 3.2mm、2.5mm，焊接电流调节范围分别为 100~105A、85~95A。

覆层焊接采用挑弧、熄弧、划弧回带运条方法，并根据焊槽表面平度进行稳弧，使熔池对坡口两侧边线稍加覆盖 1~1.5 mm，并凸于坡口边线，横向带弧时的速度要快。一次挑弧抬起后应根据熔地的成形范围及厚度，掌握合适的落弧时间及位置。如图 11-6 所示，*B* 侧电弧抬起后，*A* 侧熔池温度较高、成形较厚，焊条脱皮及熔滴过渡较快，在电弧抬起时，可进行熄弧抬起再落入熔池 *A* 侧的方法。依次循环。

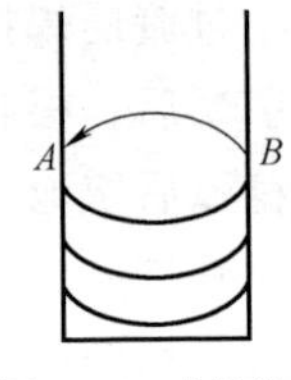

图 11-6 划弧回带运条方法

划弧回带运条方法，可避免 *A*、*B* 两侧连续焊接熔池表面平度难以掌握等多种弊端。

11.3 复合钢板横焊操作技巧

11.3.1 基层的焊接

1. 运条方法

焊件组对后坡口深度为 7~8mm，坡口间隙为 3mm，选择直径为 3.2mm 的焊条，焊接电流调节范围为 95~115A。

电弧引燃，先于始焊端底侧坡口钝边处底侧 5~10mm 做吹扫动作。吹扫时以 2/3 电弧吹过坡口间隙，1/3 电弧贴于钝边处，并形成薄层熔滴过渡 5~10mm。再做电弧向上坡口 *A* 侧钝边处的吹扫动作。吹扫时再以 2/3 电弧吹过坡口间隙，1/3 电弧贴至坡口钝边处，并使电弧前移 5~10mm。再做电弧回带动作于始焊端，从上至下做微小的小圆形动作下带电弧于底侧熔池，使熔池宽度和厚度增大。电弧向前移动到熔池的前沿后，再用先期吹扫方法形成薄层熔池 5~10mm，依次循环。电弧引燃位置如图 11-7 所示，运条方法如图 11-8 所示。

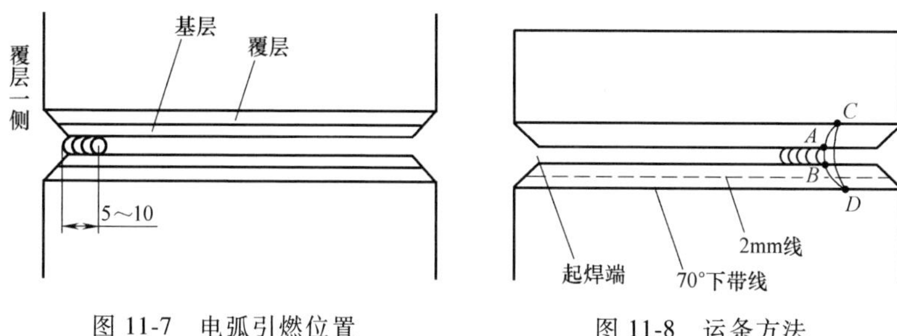

图 11-7　电弧引燃位置　　　　图 11-8　运条方法

2. 焊槽内熔渣返出点

（1）电弧前移返出点　熔滴过渡时，熔池的温度过低，前沿熔渣的渣液堆积量就越大，在电弧的吹扫能力较小、熔池的溶解能力较差时，就会使熔渣含在熔池内不能浮出，从而形成夹渣。熔池的温度过高，会造成熔池的范围过大，焊接电流的吹扫又会使底层温度过高，覆层一侧温度持续增加，形成过热区过高温度时的组织改变，便极易出现敏化区。只要能形成熔渣上浮，基层一侧的熔池温度应控制在中、下限之间。

（2）熔池下侧成形熔渣返出点　横向焊接熔渣下淌后，多富集于熔池的下侧熔化线。电弧前移时，应先使金属液和渣液产生分离，金属液下坡面清晰熔化后，再做电弧前移动作。如下坡面吹扫的电弧不能使熔渣浮动，且相混于金属液，应适当增大电流，加快电弧前移的速度，再做从里至外的顶弧吹扫动作，使熔渣浮出。

基层头遍层次焊接完成后，除净药皮、熔渣。两侧基层完成后，应采用砂轮打磨，再进行过渡层焊接。

11.3.2　填充层的焊接

1. 填充层一遍焊接

焊前应对基层一侧头遍焊层采用碳弧气刨清根或砂轮打磨。当焊槽深度 8mm、焊槽内高度 4~5mm、外坡口高度 8~10mm 时，选择焊条直径为 4.0mm 和 3.2mm，焊接电流调节范围为 170~175A，采用上下两遍成形方法。

（1）下层的焊接　下层熔池上浮高度应接近于槽内焊层的高度

线，即熔池外扩位置应凹于外坡口边线0.5~1mm。可采用小圆圈形运条方法，操作时先形成一侧熔池外扩，再做电弧上提动作使液态熔波上浮线接近于槽内焊层的高度线，电弧下移进行外扩吹扫后前移，完成底面层焊接，焊后留住药皮、熔渣。

(2) 上层的焊接　上层焊接电弧走线应直吹焊槽内，电弧吹扫可先使吹扫点熔渣外浮。再按熔池成形的范围，形成金属上浮线凹于上坡口边线1mm，再稍做前移和下带动作，使液态金属稍微下滑，覆盖于下层焊缝的中心外凸面。电弧在焊槽内继续前移，依次循环。焊接时熔池上、下边线的外扩，不能凸于上、下坡口边线。中心熔池的外凸应稍凹于上、下熔池成形线，焊接完成后除净药皮熔渣。

2. 封面焊接

选择焊条直径为4.0mm，焊接电流调节范围为160~175A，采用下、上两遍焊接成形。

(1) 下层的焊接　下层液态金属的上浮线应为里层焊缝的2/3线，向下外扩覆盖线应凸于坡口边线1~1.5mm。电弧引燃后做小圆圈形运条，一次使熔池上浮2/3线。再将其外扩的范围扩大到使熔池下滑至下坡口边线。带弧时应根据熔池范围的大小做动作的调整。熔池的范围较大，熔池滑动速度较快，应缩小电弧动作的范围，再根据熔池外的凸度加快电弧前移的速度。下遍层焊接完成后，留住药皮熔渣。

(2) 上层的焊接　上层的焊接参照填充层焊接的操作方法。

3. 引弧与收弧

(1) 引弧　碱性焊条表层焊接时，应避免引燃后的电弧直接带到续弧位置，便形成金属熔滴过渡。起焊时，应先在续弧位置前10~20mm处引燃电弧，将电弧拉入续弧点接近续弧外5mm时，应放慢进弧动作，使少量熔滴过渡，然后带弧到熔池的最佳续弧点，使熔池外扩后再使电弧前移，对少量熔滴过渡点进行再次吹扫。这种方法可避免频繁引弧中气孔的产生。

(2) 收弧　收弧时，应避免做电弧快速提出动作，接近收弧时，做一点连续的稳弧动作，再进行电弧向后的缓慢移出动作，使收弧处熔坑冷却温度逐渐衰减。封面焊接完成后，磨净焊缝两侧飞溅。

11.3.3 过渡层的焊接

焊槽深度 3～4mm，外坡口高度 6～8mm，选择焊条直径为 2.5mm 和 3.2mm，焊接电流调节范围为 75～85A 和 100～110A，采用下、上两遍焊接成形。

焊接时，为了形成过渡层熔合区合适的熔合比，除选择较小的焊条直径和较小的热输入外，还应在电弧吹扫时，控制合适的熔池范围，观察液态金属与被焊母材熔合界之间熔合的深度。如果金属液形成外扩并出现较深的熔合痕迹，说明熔合区母材稀释率倾向增加，焊缝金属的硬度增大，塑性下降，裂纹发生倾向增加。

控制熔池温度有多种方法，如采用焊接电流的下限、加快电弧前移的速度、适当降低熔池成形的高度及变化不同的焊接吹扫角度等。

过渡层有下、上两层焊接或多遍层焊接，表面成形应凹于母材平面 1～1.5mm，焊接完成后，采用手磨砂轮打磨，形成光滑过渡层。

11.3.4 覆层的焊接

被焊槽深度 1～1.5mm，选焊条 A132，焊条直径为 2.5mm 和 3.2mm，焊接电流调节范围为 75～85A 和 100～110A，采用三遍重叠成形焊接。

1）打底层焊接采用直线形运条方法，运条走线为焊槽内 1/3 的中心线。电弧引燃后，先做向上的吹扫，使金属液上浮于焊槽内的中心线，再做电弧向下的动作，使液态金属外扩。在熔池上、下外扩时，使电弧前移。头遍焊接完成后，留住药皮熔渣。

2）中心层焊接电弧走线应为焊槽中心线，焊接时，金属液上浮位置应凸于 2/3 线 1～2mm，下浮金属液的外扩应接近于底层焊缝的最高突出线。如覆盖位置过少、焊缝成形较厚时，上下层之间的熔合处必然出现沟状表层。中心层焊接完成后，留住药皮熔渣。

3）盖面层焊接时，金属液向上应覆盖坡口边线1mm，向下应覆盖中心层焊缝的最高凸位点，焊接完成后，除净药皮熔渣。

11.4 复合钢板仰焊操作技巧

焊接示例：

基层材料20钢，板厚为14mm，开双面坡口，两侧坡口组对后深度各7mm，组对成65°角，两板组对间隙为2mm，坡口钝边厚度2~3mm。基层焊接选择直径为3.2mm的焊条，焊接电流调节范围为95~100A，过渡层及覆层焊接选择直径为2.5mm的焊条，焊接电流调节范围为70~80A。

11.4.1 基层的焊接

焊前先将焊罩戴于头上，找准所蹲位置，用左手支撑于板面一侧，使身体稳定。右手握住焊钳应错开熔滴垂直坠落方向，避免下淌熔滴落入手掌之上。

1. 电弧长度的控制

仰焊运条时，应保持电弧2.5~3mm长度不变。如电弧长度过短，焊条端易同母材出现粘弧现象，电弧长度过长，易造成高温熔池的下淌，并传入空气使气孔产生倾向增大。

2. 电弧停留位置

电弧引燃后，运弧走线应始终沿焊缝中心线，在根据熔池成形外扩的范围，向坡口两侧稳弧吹扫。当液态金属坡口一侧活动范围3~3.5mm时，电弧如先在一侧稳弧停留，使熔池外扩3~3.5mm，再稍做微小弧形动作从熔池成形方向带弧于另一侧，并使该侧点熔池外扩3~3.5mm。对于电弧左右两侧带过线，如熔池中心过凸，并有中心下淌出现，说明焊接电流过大，左右两侧横向带弧的速度过慢，坡口两侧稳弧停留的时间过短，应先减小焊接电流，再加快横向带弧和电弧前移的速度。

仰焊底层焊接时，应尽量使焊缝表面平整，焊接完成采用砂轮打磨。

11.4.2 填充层的焊接

填充层的焊接与立焊基本相同。

11.4.3 过渡层的焊接

1. 落弧位置与电弧抬起的方法

采用连弧断续运条方法，使电弧落入后，因不稳定的熔滴过渡易使空气转入熔池之中，而使气孔发生倾向增大。电弧最佳的落入点是熔池前方的5~10mm处，落入后压低电弧续入一侧，使熔池外扩厚度达到2.5~3mm后，再做横向带弧动作于另一侧。等熔池外扩后，稍做短弧使之上移，再呈弧形从熔池的前方带弧回到原处。

2. 熔池厚度成形控制

熔池厚度成形后，会出现各种情况，如熔池前沿熔合线过深、熔池中心有过凸状成形、熔池两侧薄厚不均等。

1）电弧前沿熔合线过深是焊接电流过大造成的，在仰焊部位的焊接中，只要前沿熔合线的熔渣能够浮出，应取焊接电流的下限。

2）熔池中心成形过凸是横向电弧行走的速度过慢、电弧过长引起的，在电弧行走中，应先使电弧长度稳定，再增加带弧速度。

3）熔池两侧成形薄厚不均，应在封底表层内凹1~1.5mm的位置处改变稳弧停留的时间。熔池一侧成形较薄时，可采用电弧回旋吹扫使其增加，反之则缩短电弧稳弧的时间。

3. 熔渣的返出

仰焊部位熔渣返出时，应使电弧吹扫点吹扫范围清晰。如果熔渣含在电弧吹扫的范围中不动，说明熔池的温度过低，此时应适当增大焊接电流。

过渡层焊接完成后，磨平焊缝表层凹凸点，再做覆层焊接。

11.4.4 覆层的焊接

覆层焊接仍采用连弧断续运条方法，熔池成形后应覆盖坡口两侧边线 1mm，凸于母材平面 1~2mm。

第12章　铸钢件焊接（补焊）操作技巧

铸钢件焊接或缺欠补焊工艺是铸钢件焊接或缺欠修复的技术支持，也是焊接操作的指导性技术文件和焊接或补焊质量检查的主要依据。熟练的操作技巧是铸钢件焊接或缺欠修复能够成功的基本保证。

12.1　铸钢件焊接（补焊）存在的主要问题

虽然在铸钢件焊接或缺欠补焊修复的应用方面取得了很大发展，并积累了丰富的实践经验，但也还存在一些疑难问题或操作过程中经常遇到一些困难。例如，有些铸造缺欠难以清除干净，铸钢件焊后变形，补焊区硬度过高或偏低，熔敷金属与母材不易熔合，缺欠补焊一次合格率不高，焊渣不容易清除，补焊区硬度和颜色与母材本体有差别等。为解决这些疑难问题，必须对问题进行深入认真的分析，并提出解决对策，而且应做好补焊前的准备工作，并对缺欠现状进行详细分析，同时要掌握正确的焊接或补焊操作要点。

1. 铸造缺欠难以清除干净或无法清除

（1）缺欠现状　铸钢件上有时存在一些难以清除干净或无法清除的铸造缺欠，这些缺欠主要有裂纹、疏松、缩孔、显微疏松、点状夹渣、网状裂纹等。

（2）原因分析　在铸钢件生产中，由于铸造工艺过程的复杂性和铸钢件结构的特性，不可避免地存在各种缺欠，特别是铸钢件的冒口下或增肉区域，厚大截面或热节部位的疏松、缩孔、显微疏松、点状夹渣、网状裂纹等缺欠。由于这些缺欠在很多情况下在结构的断面上是分散或分层密集存在的，特别是铸钢件的冒口下如果存在疏松、缩孔、显微疏松、点状夹渣、网状裂纹等缺欠，必须在一定的深度范围才能将其清除干净。有些铸钢件，正是由于缺欠的深度太深，甚至穿透，加上铸钢件结构的影响，使缺欠难以清除，不得不报废。

（3）解决措施　这些缺欠采用打磨方法不仅费时费力，还很难清除干净，如果采用碳弧气刨清除，有可能在局部热应力的作用下使密集的点状缺欠或疏松性缺欠形成网状裂纹。因此，最好采取机械加工的方法去除缺欠。

2. 预热温度对焊接质量的影响

目前，铸钢件的焊接或补焊几乎全部需要在预热条件下进行，而且要求有较高的预热温度，通常要求在150~250℃范围内，而且多需要整体预热，这直接造成了工作环境差，操作难度大，同时也影响到了补焊质量。

（1）原因分析　由于铸钢件多是厚壁件，体积大、刚度大，同一铸钢件上缺欠较多，铸钢件材料大多数含碳量或碳当量又较高，如不进行预热或预热温度不够，焊接过程的快热、急冷以及受热不均匀会产生较大的焊接应力，引起铸钢件变形和裂纹，焊缝金属熔合得不好，还会产生裂纹，造成补焊区过硬的组织，或出现气孔、熔敷金属与母材不易熔合等。

（2）解决措施　尽可能采用超低氢和超低碳焊接材料，同时在有条件的情况下采用气体保护焊，这样预热温度就可以适当降低50~150℃。保证焊接质量的关键不只在预热温度，还包括操作者的操作水平，焊接过程的温度及范围是否能均匀保持，以及焊后是否采取保温缓冷措施。

3. 缺欠补焊一次合格率

缺欠补焊一次合格率不高，同一处缺欠经常需要反复多次补焊。主要是焊缝与母材交界的熔合区或焊缝探伤不合格，易出现裂纹或线性缺欠、夹渣、熔敷金属与母材熔合不良而产生未熔合，对于穿透性坡口或对接坡口根部有时还存在未焊透等缺欠。

（1）原因分析　铸钢件经超声波检测发现的缺欠经过清除后坡口一般都较深、较大，而且不规则，即使采用机械加工方法清除后的坡口，其坡口角度和表面状态也没有达到要求。补焊过程由于坡口角度不正确、坡口表面不干净、坡口表面的组织致密度又太差，焊接操作时角度掌握得不好，焊接方法和焊条直径、焊接电流选择不合理等是熔合区探伤不合格的主要原因，特别是打底层和过渡层的焊接，如果选择不当，更易出现焊接缺欠。

（2）解决措施　坡口焊前进行检查，必要时可进行 UT 探伤（包括采用横波斜探头）检查，主要是检查坡口边缘或近表面是否还有残存的超标缺欠，或缺欠虽然没有超标，但距坡口较近，在后续的坡口填充过程中受到焊接热循环的作用可能有扩大的趋势；对由于加工或缺欠所处位置无法满足坡口角度要求的，可以采用修刨先将坡口修成或焊接成符合要求的角度，避免形成直角，同时对坡口表面进行清理或采用丙酮等清洗剂清洗干净，深度较大的坡口可采用先焊打底层和过渡层的方法，并对打底层和过渡层进行 MT 检查确认后再进行填充焊接。

4. 焊渣不容易清除

补焊过程由于坡口位置和角度及操作的影响，再加上焊缝温度较高，使部分补焊过程形成的熔渣不容易清除干净，在焊缝中形成夹渣缺欠。

（1）原因分析　补焊坡口位置和角度不正确，补焊操作时焊道与焊道之间覆盖宽度太小形成沟槽，都会使焊缝形成夹渣。在预热温度较高时的补焊，由于补焊区局部热源散热较慢，使补焊区温度较高，焊渣在高温下不易脱落，特别是 CO_2 气体保护焊时出现的表面浮渣。如果采用除磷针或风铲在焊后立即清渣，高温下敲击可能会将焊渣和母材或焊缝紧密地粘连在一起，冷却后夹在焊缝内部，形成夹渣。

（2）解决措施　选用脱渣性较好的焊条施焊，正确选择补焊坡口的角度，必要时对坡口进行修刨，补焊操作时焊道与焊道之间覆盖宽度不低于坡口宽度的 1/3。对于高温下的清渣，可以在焊后稍等一会，补焊区温度稍降下来再清渣效果会好些，对于标准要求较严的发现夹渣时可以采用打磨方法去除熔渣。

5. 焊接区和母材过热区裂纹

主要出现在铸钢件材质对裂纹敏感性较大的钢种，以及较大坡口的铸钢件焊接或补焊。大致有焊缝上的裂纹、熔合线裂纹、热影响区和母材过热区裂纹几种。

（1）原因分析 补焊区裂纹主要是由于焊前预热温度或焊接过程温度不够，补焊位置不容易加热和保温，焊接过程保温效果不好，特别是中间停焊时，没有采取火焰加保温材料覆盖补焊区保温的方法，如果天气较冷，会造成补焊区冷却速度过快，特别是焊后保温效果不好、去应力处理不及时等都是形成裂纹原因。裂纹主要出现在焊缝和熔合线上。铸钢件过热区裂纹主要是由于靠近补焊区母材疏松、夹渣较严重引起的，在补焊区焊接应力的作用下形成，属于热裂纹，并大部分以断续、条渣形式反映出来。

（2）解决措施 加强焊前预热、补焊过程和焊后去应力前对焊接区温度的控制，采用天然气火焰和保温棉对焊接区覆盖保温，尤其是对一些容易散热的部位，如小坡口、铸钢件边缘的补焊、表面堆焊等，更应做好保温缓冷措施，直到进炉去应力。

6. 铸钢件焊后变形

主要出现在圆形、半圆形、环形、薄壁件或长条结构铸钢件中，有扭曲变形、弯曲变形、角变形以及圆形和半圆形件形成椭圆。

（1）原因分析 对于铸钢件来说，大多数的刚度都比较大，因此焊后的应力一般较大，而变形相对较小。但对于圆形、半圆形、环形、薄壁件或长条结构的铸钢件，当受到焊接过程不均匀的加热与冷却时，在自由状态下也会产生较大的变形，变形量的大小要依据结构的几何形状，焊接工作量的多少以及焊接方法和焊接参数来确定。

（2）解决措施 防止铸钢件焊后产生变形主要有以下几种措施：

1）尽可能采用牢固的拉筋使铸钢件刚性固定，拉筋的形状要根据铸钢件的结构和可能产生变形的情况制作。对于圆形、半圆形结构可采用槽钢或方钢等制作米字形拉筋；对于环形结构，如水轮机上冠可采用钢板在其过流面随形立放焊牢；对于薄壁件或长条结构可以采用将两件或多件拼接后再焊的方法。总之拉筋要牢固，并起到防止变形的作用。

2）焊接方法尽可能采用变形较小的气体保护焊或氩弧焊，同时焊接参数选择小规范。

3）大面积堆焊时尽可能采用立焊或横焊位置操作，同时采用对称焊、断续短段分散焊、跳焊等方法。

7. 补焊区硬度过高或偏低

对于焊后要求对补焊区进行硬度测试的部位，补焊区硬度出现过高或偏低以及硬度不均匀的现象。主要出现在水电产品的叶片、下环和水泥制品中的轮带等产品中。

（1）原因分析　这与焊接方法、焊接材料的选择和焊前预热温度以及焊后缓冷方法和去应力处理方法和热处理温度等因素有关。一般情况下，其他参数相同时，采用气体保护焊比采用焊条电弧焊补焊区硬度要低。同样，焊前进行预热、焊后采取缓冷措施，其补焊区硬度可以降低，最重要的是焊后去应力处理的方法和温度，整体进炉去应力效果最好。

（2）解决措施　条件允许时，尽可能采用气体保护焊，主要是气体保护焊的焊丝中的含碳量相对较低，同时注意焊前预热和焊后缓冷的保温要求，焊后必须进行消除应力退火，如果采用局部去应力，如采用远红外电加热，加热片和保温棉必须覆盖好，同时热电偶必须定位在焊缝区。

12.2　铸钢件严重疏松性缺欠修复

12.2.1　缺欠清除

当含碳量超过0.35%（质量分数）或碳当量大于0.45%的铸钢件出现经超声波探伤发现的缺欠，如果此时铸钢件缺欠部位的致密度差、疏松性严重时，最好采用加工或打磨方法消除。当采用碳弧气刨消除缺欠后，会在一定深度内难以操作，并且点状超标缺欠在局部受到不均匀的加热和快速冷却后有可能形成网状裂纹。这是因为此类铸钢件在采用碳弧气刨消除缺欠过程中，易受到来自空气和碳弧气刨使用的压缩空气形成的冷气的影响造成铸钢件气刨表面淬火，再加上由于局部受热不均，铸钢件致密度差，疏松性严重，点状缺欠在淬火热应力的作用下形成网状裂纹。

材质为ZG35SiMn的齿圈，齿面通过UT探伤检测发现点状超标缺欠（见图12-1），采用碳弧气刨清除过程中形成了网状裂纹，如图12-2所示。

图12-1　点状超标缺欠

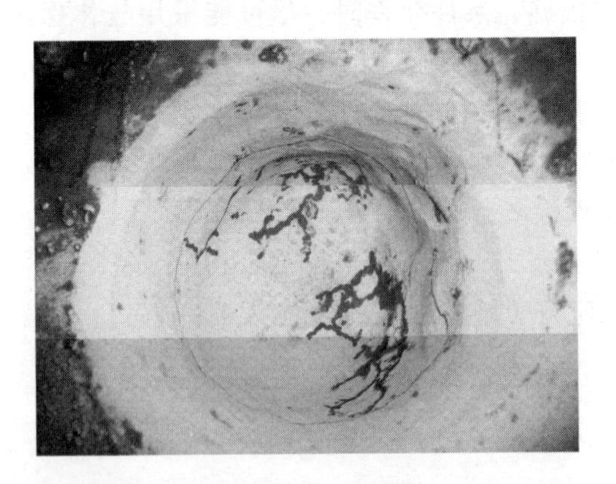

图12-2　网状裂纹

12.2.2　坡口要求及处理

焊前采用风铲（$R>6$mm的球形铲头）对已确认缺欠清除干净的整个坡口进行密集性锤击，并且锤击力度要大，如果在高温（400~500℃）加热状态下进行锤击效果更好。锤击可以改善铸钢件坡口表面的组织状态，细化晶粒，增加晶粒的表面积，减少低熔点物质的分布，使其铸造表面的微孔、疏松及粗大枝晶密度明显减少，位错密度有所增加。锤击所产生的冷作硬化作用可以消除微小缺口和改善缺口几何形状，这种经过锤击强化后的坡口表面进行焊接，可以减少焊缝根部未熔合和裂纹等缺欠。

经过锤击后的坡口应打磨进行 MT 或 PT 检查确认。

12.2.3　补焊修复操作要点

1. 坡口打底层和过渡层焊接

较大坡口先进行打底层和过渡层焊接，打底层和过渡层最好采用焊条电弧焊方法操作，而且第一层要采用小直径焊条，焊后进行 MT 探伤检查，坡口如果太大，还需要进行一次或多次中间去应力处理，如果补焊区还有 50~200℃的温度，又不可能冷至常温再进行探伤检查，可采用干磁粉探伤检查，确认底部焊缝质量符合要求。

2. 加工后的疏松区缺欠补焊

有些铸钢件在完成加工后发现一些点状缺欠或形状不规则的断续裂纹或线性缺欠。这主要是疏松或成分偏析引起的，点状缺欠可采用电动磨头敲击后补焊。对于裂纹或线性缺欠经打磨或加工消除后的坡口深度小于 20mm 时，采用氩弧焊补焊，焊至坡口表面时，将坡口边缘堆焊一层（见图 12-3）或两层（见图 12-4）等措施。深度超过 20mm 的坡口，先对坡口进行预包边堆焊（采用氩弧焊或 ϕ3.2mm 的小直径焊条先在整个坡口边缘堆焊一层），然后在整个坡口焊 1~2 层过渡层后，再采用 CO_2 气体保护焊或焊条电弧焊填充坡口。

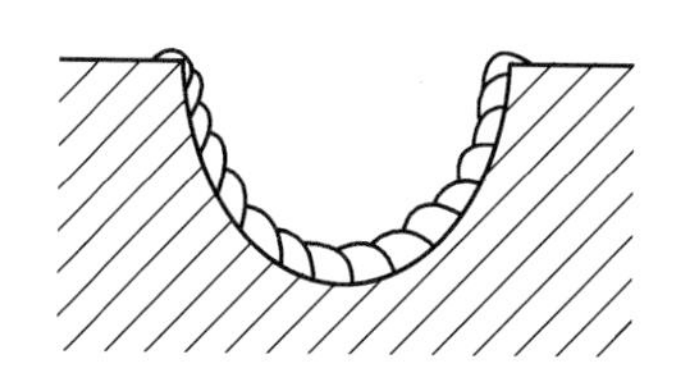

图 12-3　坡口边缘一层焊道包边焊

3. 采用断续短段分散焊

断续短段分散焊主要适用于铸钢件材质性能较高，经过调质处理后或铸钢件已处于精加工状态。这种方法可以有效地分散焊接热

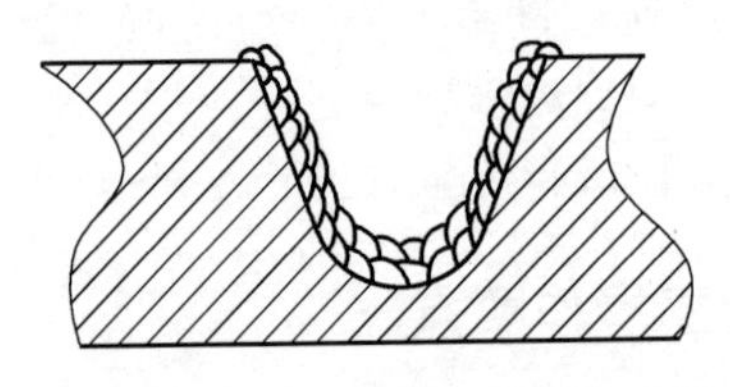

图 12-4 坡口边缘两层焊道包边焊

量，并使热应力均匀分布，避免局部出现过大的内应力，减少焊后铸钢件变形。

4. 焊缝的层间或道间锤击

多层多道焊时，采用锤子或风铲（R>6mm 的球形铲头）在每层焊缝上进行锤击，打底层焊道最好每道焊缝进行锤击，使熔敷金属得到延展。但应注意，如果锤击得过重过急，反而容易形成塑性变形，会在变形处引起裂纹。因此应很好地掌握锤击的程度，充分注意，细心观察。

12.3 铸钢件大（深）坡口补焊操作

12.3.1 存在的主要问题

当坡口深度超过 200mm 时可称为大坡口或深坡口，铸钢件大坡口的补焊操作难度较大，一次补焊合格率不高，焊后存在的主要问题如下：

1）焊缝与母材熔合区（包括熔合线）焊后经 UT、MT 或 PT 检查时发现未熔合、夹渣、裂纹或线性缺欠。

2）焊缝与母材过热区焊后 UT 检查时容易发现超标缺欠。

3）焊缝和热影响区容易产生裂纹、气孔、夹渣等缺欠。

4）母材过热区以外的裂纹。

12.3.2 缺欠原因分析

1. 焊缝与母材熔合区缺欠

产生原因是坡口表面没有打磨或清理干净，坡口部位或边缘还可能存在疏松现象，坡口角度不合理，操作困难。补焊操作过程中，打底焊用焊条直径和焊接电流较大，操作角度没有掌握好，预热和后热管理不善，未起到应有的效果，打底层和过渡层没有进行检查和及时去氢退火或去应力处理。

2. 焊缝与母材过热区缺欠

这种缺欠出现在母材上，主要有两个原因：一是母材上的缺欠位置处于超声波探伤的盲区或深度超过了磁粉探伤检测能达到的位置，或者由于种种原因探伤没有发现；二是坡口底部或边缘母材过热区在焊前存在经 UT 已检测出来的不超标缺欠，但在补焊后由于焊接和热处理过程热应力的影响，使缺欠有所扩展，当焊后对补焊区进行 UT 检查时发现该处经 UT 检查判定的不超标缺欠已扩大成为超标缺欠。

3. 焊缝缺欠

焊缝上的缺欠主要是裂纹、气孔和夹渣。

1）焊缝裂纹大多是低温裂纹，主要原因包括：预热温度不够或补焊过程温度保持的不好，局部加热拘束度大，预热效果往往相抵；后热或去氢退火没有做好；焊条使用过程中受潮或补焊区没有及时覆盖。

2）气孔产生的主要原因是焊条受潮，坡口表面不干净，焊接电流过大，摆动幅度过宽，CO_2 气体保护焊时气体保护效果不好等。

3）夹渣主要有缝道晶界的夹渣和焊缝内的夹渣。缝道晶界的夹渣是因为两相邻焊缝的熔合不好，形成沟槽，沟槽内熔渣又没有清除干净而残留在缝隙内形成夹渣。焊缝内的夹渣主要是焊接过程运条操作不良，焊接电流和焊接速度选择不合理。即使采用 CO_2 气体保护焊实心焊丝，在高温下也会由于脱氧生成物产生熔渣，这些熔渣大部分在焊道的两边，如果清理不干净，正好被第二层焊缝覆盖，残留在多层焊缝金属内变成夹渣。

4. 母材过热区外的裂纹

产生原因是母材本身的组织疏松，致密度较差，或有夹渣等缺欠在补焊前的 UT、MT 检查中未被发现或没有超标。由于大坡口焊接拘束度加大，产生的应力也较大，而焊缝的组织致密度一般是较好的，这就使焊缝强度会高于母材，强度相对较低的母材在焊接应力的作用下就可能出现裂纹或将原来未超标的缺欠扩展形成超标缺欠。

12.3.3 补焊操作技术及要求

大坡口补焊后的质量能否符合要求，主要在于焊接过程的有效管理和操作者技术水平的发挥。针对铸钢件大坡口的补焊后存在的各种缺欠原因进行分析，采取的主要工艺措施和处理方法如下：

1. 缺欠的清除

铸钢件中存在的所有超标缺欠都必须彻底清除。焊接修补之后，经检验仍有残留的超标缺欠，就必须返修至符合要求，否则会给今后出现断裂事故埋下隐患。

消除缺欠可使用碳弧气刨、火焰切割、电动磨头、扁铲、砂轮打磨和机械加工等方法。使用火焰切割消除缺欠，对于含碳量较高或碳当量较高的钢种或裂纹性质的缺欠不宜采用，同时火焰切割会使疏松或缩孔缺欠形成裂纹，使裂纹缺欠进一步延伸或扩展。扁铲目前也很少使用，主要是力量不够，效率太低。机械加工方法周期长，费用高。电动磨头消除缺欠适应于小缺欠或点状缺欠。目前应用最多的是采用碳弧气刨加砂轮打磨的方法，这种方法效率最高，又容易发现缺欠，用碳弧气刨把大缺欠消除后，再用砂轮机在表面打磨干净。要注意采用火焰切割或碳弧气刨消除缺欠时要根据铸钢件的材质对母材进行适当加热。

2. 坡口要求

1）坡口应采用 MT 或 PT 方法检查，以确认缺欠是否清除干净。

2）坡口的尺寸、角度和形状必须合适，适应操作并符合要求，坡口不允许有尖棱角现象。

3）检查坡口及附近 50~100mm 范围内有无缩孔、裂纹等缺欠。坡口及附近如有缺欠，焊前一定要预先修补或修复，特别是坡口底部的热影响区和过热区范围，如有必要，可以采用超声波双晶斜探头和磁粉探伤检查确认，对坡口底部热影响区和过热区如果还有未超标缺欠要进行判别。如果缺欠可能会影响后续焊缝质量，就应该清除。

4）坡口表面的粗糙度和清洁度：特别是采用切割或碳弧气刨方法制备的坡口，表面残存的氧化渣、沟槽、渗碳层等必须打磨干净，对碳弧气刨刨削后的表面要求打磨1～1.5mm深，主要是去除气刨过程的热影响区。而坡口表面氧化渣、渗碳层以及PT探伤后残存的污物、锈蚀及水分等必须清理干净。清理的方法可采用打磨、清洗剂或丙酮清洗。

3. 预热温度和范围

大坡口的补焊预热是重要的，也是必需的，预热温度要根据铸钢件材质的碳当量确定，但局部预热范围至少是坡口深度尺寸加上200mm以上，且要求采取保温棉覆盖等保温措施。

4. 补焊过程操作要求

1）焊接过程的温度和保温范围一般应按照铸钢件预热温度及预热范围来要求，这一点对于铸钢件大坡口的补焊是极为重要的，也是防止补焊区产生裂纹的重要措施之一。

2）相邻两焊道之间要覆盖1/3～2/3，避免两焊道之间的沟槽太大，熔渣不易清除，每层或每道焊缝的焊渣和飞溅必须清理干净，可采用气刮铲或除鳞针进行清理，必要时采用砂轮打磨方式清理，同时根据铸钢件材料要求对每层焊缝进行均匀锤击。

3）大坡口补焊应先焊打底层和过渡层，打底层和过渡层的厚度根据坡口大小确定。由于CO_2气体保护焊在深而窄的坡口内进行第一层焊接时，焊道上容易出现裂纹，所以最好采用焊条电弧焊焊接打底层和过渡层，同时可采取降低第一层焊接电流，减少熔深的方法，以避免裂纹的发生。

4）对较大坡口或深坡口要注重第一层的焊缝检查，必要时可采用磁粉或渗透探伤检查，如果补焊区处于高温状态（≤200℃）时，可以采用干磁粉探伤检查，特别重要的情况下还可以采用超声波双晶斜探头检查，确认根部焊缝与母材熔合是良好状态的。

5）要尽可能地采用熔化极气体保护焊，可以提高焊接效率，降低焊接过程的温度要求，减少焊接应力状态。一般采用图 12-5 所示的水平叠置法或图 12-6 所示的螺旋叠置法进行焊接，用水平叠置法时要注意坡口与母材边缘始终形成一定的 *R* 形状，以避免坡口边缘产生未熔合或裂纹等缺欠。

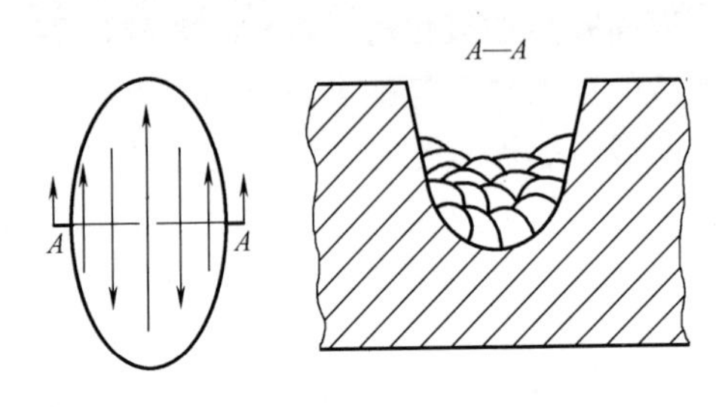

图 12-5　水平叠置法

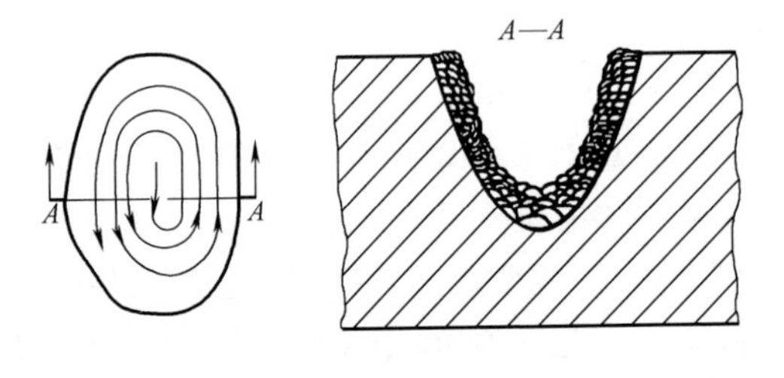

图 12-6　螺旋叠置法

6）分段分层补焊。大坡口的焊缝一般较深，而且焊后需要进行 UT、MT 等探伤检查，为了确保焊缝质量，避免全部焊完后，补焊区经 UT 探伤检查在焊缝根部或中间部位还有超标的焊接缺欠需要返修，而这些部位的返修又必须将已符合要求的上部分焊缝全部清除，才能修复到焊缝根部或中间部位的焊接缺欠。所以可以将一个大坡口在填充焊接时，把坡口深度分成每 50～100mm 为一层，即坡口每焊 50～100mm 的焊缝就进行一次 UT、MT 无损检测，这样焊缝根部或中间部位出现的缺欠就可以及时返修，同时使整个坡口的补焊质量得到有效的控制。图 12-7 所示为一个深度为 390mm 的大坡口分段分层焊接示意图。

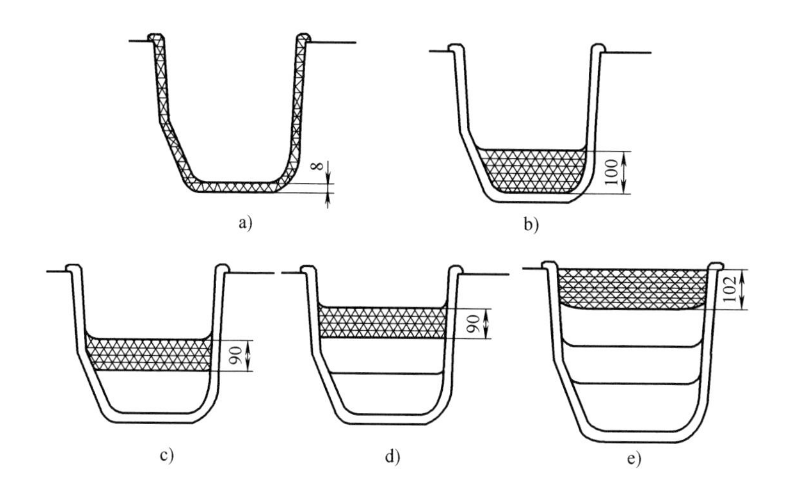

图 12-7　大坡口分段分层焊接示意图

a）打底层和过渡层　b）第一段 100mm 填充层　c）第二段 90mm 填充层
d）第三段 90mm 填充层　e）第四段 102mm 填充层+盖面层

12.4　铸钢件焊接（补焊）操作注意事项

铸钢件焊接或缺欠修复的质量能否符合产品的技术标准和使用要求，与其在焊接操作过程中的一些细节问题有很大关系，有时正是这些细节问题影响到产品的质量，使本来一次可以修复合格的铸钢件，不得不进行多次返修，甚至无法修复而使铸钢件报废，因此需要特别关注。

1. 焊前坡口表面的清洁和清理情况

铸钢件的焊接多用于管道对接、阀体组焊、修补焊接以及铸钢件尺寸不符堆焊或耐蚀层和抗磨层堆焊，因此在焊前将铸钢件需要焊接、补焊或堆焊表面的污物、变质处、疲劳处、氧化皮、熔渣、渗碳层等去除，并打磨干净露出金属光泽，铸钢件表面的水、锈斑、灰尘、油污或其他有机物等，焊前也必须清除干净，以便在良好的铸钢件表面上施焊。如果清理不彻底，坡口或堆焊表面还残留有没有清理干净的地方，在焊接接头或补焊区会产生未熔合、未焊透、夹渣、气孔甚至裂纹等缺欠。

2. 环境温度对预热温度的影响

环境温度对预热温度及焊接过程温度的影响较大，也就是说，在同样条件下进行铸钢焊接或缺欠补焊时，预热温度选择是可以不完全相同的。一般在环境温度较低的冬季，应该选用预热温度的上限，这样可以使焊接过程温度不至于下降太快，造成焊接区温度较低的状况。反之，在环境温度较高的夏季可以选用预热温度的下限，这样既可以确保预热温度，也可以减少在夏季高温下施焊操作的难度。

3. 过程温度的控制与后热保温

对于需要加热焊接或补焊的铸钢件，预热温度、焊接过程温度和后热保温都是防止补焊区产生裂纹的有效措施，当预热温度符合要求后，焊接过程温度的控制尤为重要，一般要求在整个焊接过程，焊接区及周围 250mm 温度应保持在铸钢件的预热温度范围。后热保温是指坡口补焊完成后的加热保温，一般可以低于预热温度 50~100℃，在此温度下保持至去应力处理。如果同一铸钢件上有多处缺欠补焊，每处焊完后都应在此温度范围保温。当铸钢件焊后需要先进行 UT、MT 或 PT 探伤，然后进行去应力处理时，可采取焊后先对焊缝进行去氢退火，保温缓冷至常温后进行探伤检查，符合要求后再进行去应力热处理的方法。去氢退火温度应高于预热温度 150~200℃，但这种方法不适于高碳钢及调质处理后的低合金高强钢。

4. 深度小于 20mm 的浅小坡口焊接或补焊时应注意的问题

针对裂纹敏感性较强的材料和经过调质处理的铸钢件，在补焊过程预热温度及保温和后热处理不好的情况下，由于坡口尺寸较小时，补焊过程补焊区产生的热量相对较低，而且散热很快，温度不容易保持。如果预热温度不够，或在补焊过程温度保持得不好，后热和保温也没有重视，那么焊后快速冷却时极易在补焊区产生裂纹。

5. 两坡口之间隔离区的处理

采用焊接方法修复缺欠时，在同一平面的几处相邻缺欠的隔离区，其间距小于 30mm 时，为了不使两坡口中间的金属受到焊接应力-应变过程的不利影响，应将隔离区与两坡口连接成一个坡口进行补焊，如图 12-8 所示。

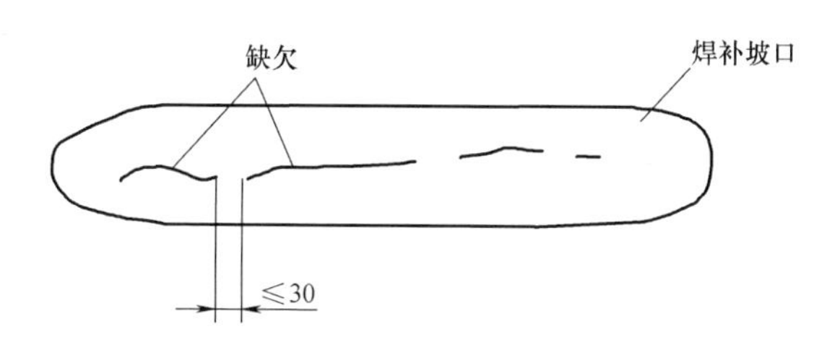

图 12-8 将隔离区与两坡口连接起来成一个坡口

6. 层间或道间锤击

锤击是用风铲（R>6mm 的特殊球形铲头）连续打击焊缝金属表面使其产生塑性变形的操作方法。这种方法在焊接上不但可以消除部分残余应力而且在焊层间也能防止变形和裂纹。

层间锤击是指上层焊缝焊完后，下一层焊缝还没有开焊时的锤击，道间锤击是指上道焊缝焊完后，下一道焊缝还没有开焊时的锤击。焊接过程中由于焊缝金属的收缩，产生很大的应力，以致在焊接区产生裂纹。锤击可以使焊缝金属得到延展而消除部分焊接应力，而且细化了晶粒，增加晶粒的表面积，减少了低熔点物质的分布，提高了抗裂性。锤击也可以改善焊态组织，具有增加韧性的良好作用。

锤击的温度通常在 100～200℃ 为合适（也就是焊后立即锤击），在这个温度内能有效地防止氢脆。锤击的方式要根据焊接处大小、形状相应地使用手锤或风铲等方法。

如果锤击过重，反而容易形成塑性变形，会在变形处引起裂纹，特别是脆性材料、马氏体不锈钢及超超临界铸钢材料，焊后一般不要锤击。多层焊时，打底层和盖面层一般也不要锤击，这是因为打底层焊缝一般应力较小、锤击时反而容易破坏坡口底部（特别是穿透性缺欠）焊缝质量，盖面层锤击后焊缝表面质量也会被破坏。各类材料补焊时焊缝锤击方式及力度要求见表 12-1。

表 12-1 焊缝锤击方式及力度

铸钢件材料类别	锤击方式	锤击力度	锤击时期
碳素钢、低合金钢、铬钼钢	1）坡口封闭端向开口端 2）先沿坡口或焊缝边缘锤击，后中间	均匀，中等力度并随坡口焊量增大而加重	100～200℃
铬钼钒钢、低合金高强钢		均匀，轻度锤击	焊后立即
马氏体不锈钢、超临界和超超临界钢	不进行锤击	—	—
模具钢	1）坡口封闭端向开口端 2）先沿坡口或焊缝边缘锤击，后中间	重度锤击	焊后立即
奥氏体不锈钢、高锰钢	不限	可采用锤子或气刮铲轻微锤击	焊缝温度低于 100℃

7. 不规则坡口形状的补焊

坡口形状不规则是指同一坡口底部不一定在同一平面上，有的坡口内还有局部很深或很宽的小坡口或凹坑。补焊的次序是先将小坡口或凹坑部位焊至与坡口表面相平，使此处同整个大坡口一样深，或者先在坡口宽处和较深部位进行补焊，使整条坡口宽度和深度均匀一致，然后再将整条坡口补焊完，这样可以减小焊接过程的应力和变形。

8. 打底层和过渡层焊接

（1）焊接的目的　过渡层的焊接的作用是减小本体上热影响区的宽度，降低热影响区的应力，通常情况下，本体淬硬倾向大于焊接材料，这主要取决化学成分，即含碳量或碳当量，一般情况下，焊材的含碳量或碳当量要低于母材。由于母材和焊材相互熔合，即可知过渡层的塑性、韧性以及焊接过程中淬硬倾向介于本体与焊材之间，即过渡层的力学性能优于坡口周围本体，在拉应力的作用下可起缓冲作用，防止坡口周围被拉裂。

打底层焊接的主要目的是减少填充焊时焊接应力对母材的影响，避免母材近缝区裂纹缺欠的产生。

（2）打底层和过渡层的焊接厚度　打底层和过渡层的焊接厚度要根据坡口大小来确定，只有达到一定厚度才能有效保护母材。为保证焊接质量一般都要求焊 2 层以上，第一层采用 ϕ4mm 焊条，第 2 层采用 ϕ5mm 焊条，这时由于打底层焊接完成后需要进行打磨后方可进行 MT 探伤检查，如果只焊 1 层打底层，打磨时大部分焊缝会被打磨去除，造成打底层过薄而起不到保护母材的作用。

（3）螺旋施焊　对于铸钢件结构复杂，刚度较大，坡口较大、较深、缺欠严重的补焊，应先焊过渡层。打底层焊接要求从坡口底部开始按顺时针或逆时针方向螺旋施焊，焊满整个坡口，如图 12-9 所示。

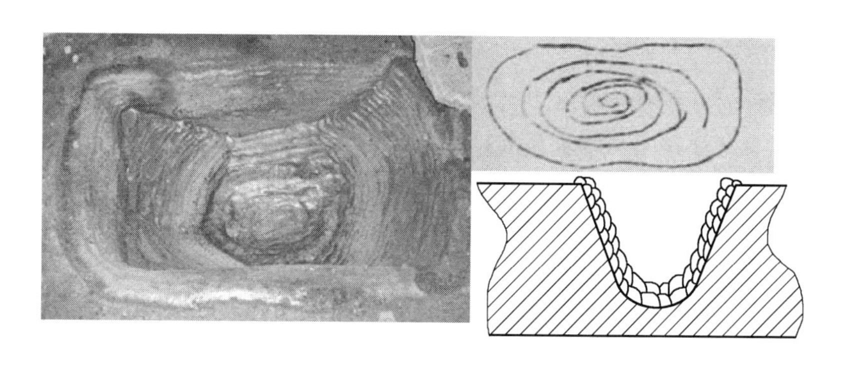

图 12-9　打底层及过渡层焊接

（4）过渡层焊接的工艺措施　包括下列内容：

1）预热，对过渡层焊缝进行锤击去应力，如果坡口较大，必要时还可采用热处理去应力。

2）过渡层焊接最好采用熔深较小的焊条电弧焊方法，以减少母材的稀释率，大坡口过渡层焊后可采取磁粉探伤对焊缝进行检查。必要时也可以对焊缝打磨后进行 UT 横波检查，以确认底部焊缝的质量。

3）尽可能选用强度等级稍低于母材、塑性较好、含碳量较低的低氢焊条。

4）采用小电流焊接，第一层用小直径焊条。

9. 补焊过程熔渣和飞溅的清理

补焊过程产生的熔渣和飞溅对补焊区质量检验和产品使用的影响很大，这些熔渣和飞溅残留在焊缝中，形成的夹渣不仅降低了铸钢件的有效截面，影响产品的正常使用，而且对于铸钢件质量要求较高，UT的探伤灵敏度较高或要求采用UT横波检查时极易超标。因此，焊接过程必须采用刨锤、风铲、除鳞锤和除锈器（带有钢针的风刷）或砂轮打磨等方法逐层逐道地清除干净。

10. 压边焊缝的作用及要求

（1）压边焊缝的作用　压边焊缝又称溜边焊缝，这是在铸钢件缺欠补焊实践中总结出来的防止熔合区出现咬边和裂纹的有效方法，主要用于坡口面积较大的补焊区中，如图12-10所示。所谓压边焊缝就是在铸钢件补焊时，坡口盖面层焊缝完成后，由于焊接应力较大，如果母材存在疏松现象，很容易将母材与焊缝的熔合区拉裂。因此，在母材和焊缝金属熔合区周围焊一道回火焊道，其作用一是对上道焊缝起回火作用，二是防止焊缝过渡到母材时由于产生咬边缺欠引起的应力集中和后续精整，还可防止热处理和加工过程受到的热应力和加工应力叠加后在焊缝热影响区或熔合区出现裂纹。

（2）焊接压边焊缝的要求　压边焊缝焊接时必须在坡口盖面层焊缝完成后立即焊接，焊道位置以焊接熔合区为中心，焊道宽度要使母材和焊缝覆盖宽度均匀，并以窄焊道不摆动方法进行，以防止焊道过宽会出现新的缺欠。采用小直径焊条、小的电流规范和短弧焊，避免焊接过程产生新的咬边、气孔和夹渣等缺欠。图12-10所示为坡口焊完后的压边焊缝状态。

11. 关于焊接应力孔的要求

在焊接铸钢件封闭焊缝时，例如铸钢件清砂孔封板的焊接，或由于结构需要在铸钢件某些位置进行盖板焊接，此类焊缝的焊接接头是封闭状态的，在焊后去应力处理时会产生大量的气体，这些气体受热膨胀后在封闭的焊缝中形成巨大的

图12-10　压边焊缝

应力，当应力值超过焊缝金属的屈服强度时，或者焊缝中的一些原本没有超标的缺欠在巨大的应力作用下扩展，就会在封闭的焊缝中形成裂纹。因此必须焊前在坡口上预留应力孔，待去应力热处理后进行焊接。这种应力孔焊接后产生的应力较小，只需要进行局部去应力或去氢退火即可。

（1）应力孔的位置和数量　最好不要在焊缝转角处及交叉处等应力集中部位预留应力孔，应力孔的数量要根据焊缝的长度和深度确定，一般1~2个即可，如果焊接直径或面积较大的封板，最多可以预留4个应力孔。预留的应力孔太多，会对后续应力孔焊接和局部去应力处理带来一定的难度，预留多个应力孔时，应尽可能对称布置。

（2）应力孔的尺寸及焊接要求　应力孔的尺寸要根据坡口深度确定，只要形成的坡口有利于焊接操作即可。预留的应力孔在去应力处理前必须修整好，以保证形成良好的焊接坡口。采用碳弧气刨修整的应力孔必须打磨干净，坡口根部要求圆滑过渡，坡口应进行MT或PT检查。应力孔坡口的焊接及焊缝质量检验要求同铸钢件封板焊接要求相同，焊后热处理可以采用远红外电加热进行局部去应力处理。

12.5 铸钢件补焊操作实例

12.5.1 多路阀壳体的补焊

多路阀为某精密设备的液压件，工作压力为4.2MPa，材质为灰铸铁，铸造而成。裂纹长度120mm，裂纹部位的厚度为13mm左右。该件已先后用铸308与铸408焊补过二次，经试压仍然泄漏。根据该件已焊过二次和使用状况，决定采用铸248电弧热焊法进行补焊。其焊补过程如下：

1）将缺欠的焊肉用低碳钢焊条大电流吹掉，用角向砂轮打磨，露出金属光泽。

2）将多路阀壳补焊部位朝上填平，砌炭火炉，将多路阀壳加热到暗红色（600~700℃）。

3）将施焊部位用石墨条造型，防止金属液流失。

4）采用 ϕ4mm 铸 248 焊条，直流正接，焊接电流 160~170A，连续施焊。

5）焊后立即用焦炭将多路阀壳覆盖，重新加热至 600~700℃后，随炉冷却。

6）用角向砂轮稍加打磨，经 5MPa 水压试验，稳压 10min 试验无泄漏。装机使用 6 年未发现异常。

12.5.2 大型减速机箱的补焊

某砖瓦厂大型制砖机，由于长期使用和维护不当，致使减速机箱底座的滑道断碎（材质为灰铸铁）如图 12-11 所示。由于该机承担任务重，又买不到新配件，采用镶补低碳钢板焊接工艺而后手工加工的方法进行修复。

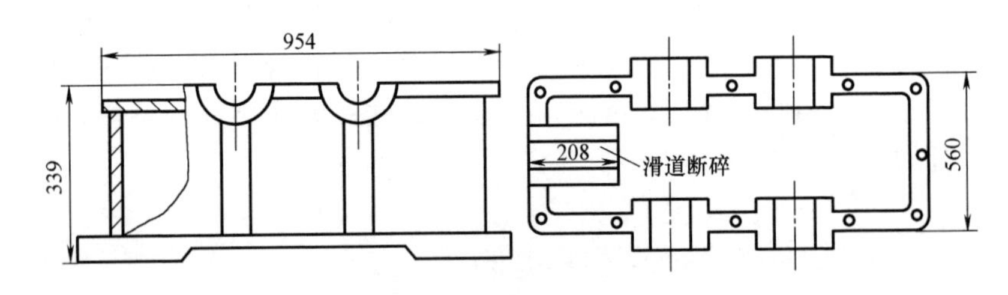

图 12-11 减速机箱断碎位置

1. 焊前准备

1）首先量好滑道尺寸，并做好记录，然后把破损的滑道全部铲除，并将施焊部位铲齐，开 30°坡口。

2）用同样厚度 Q235 低碳钢板按原来的尺寸焊成滑道，并将与减速机箱底座对接焊部位也铲成 30°坡口。

3）将对焊好的滑道用氧乙炔焰烤红后自然冷却。

4）为加强滑道的强度，在滑道底部加焊支撑板，做法是钻两个 ϕ12.5mm 孔，并穿入 M12 长螺栓 2 条，两头焊牢，然后穿在变速箱壳体上，按原滑道尺寸用螺母调整拧紧固定（但不要拧得太紧）。

5）准备 $\phi3.2$mm、$\phi4$mm 的铸 208 焊条。

6）交直流弧焊机均可，但用交流弧焊机更佳。

2. 施焊工艺

1）先用氧乙炔焰将施焊部位预热到暗红色（500℃左右）。

2）将组对焊好的低碳钢板滑道按原尺寸对接在减速箱底座上，用 $\phi3.2$mm 的铸 208 焊条定位，定位焊缝要长些，焊接电流为 110A。

3）焊接顺序是先焊短缝，后焊长缝，最后焊支撑板与减速箱底座连接的两条角缝，如图 12-12 所示。

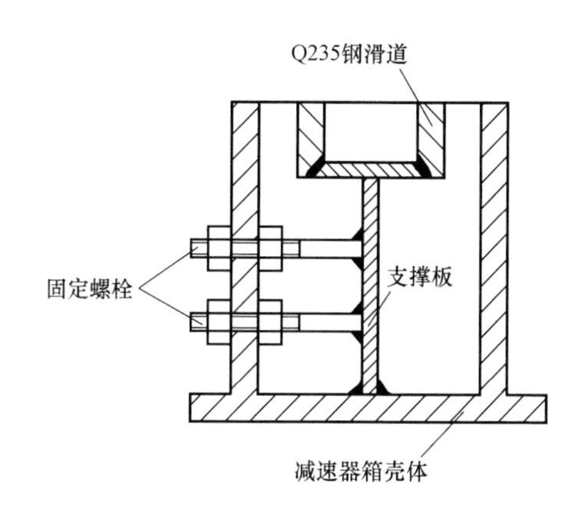

图 12-12　减速机箱焊补

4）施焊时每条焊缝最好摆成船形位置，使焊缝平滑过渡，焊满坡口即可；尽量焊平，不让焊缝金属高出母材，以减少加工量。

5）每条焊缝焊接两遍，第一遍用 $\phi3.2$mm 的铸 208 焊条，焊接电流为 110A；第二遍用 $\phi4$mm 的铸 208 焊条，焊接电流 145A，焊接过程中不得中断，连续焊接而成。

6）施焊时做划圈式运条，注意使焊缝两侧充分熔合，确认无夹渣、气孔、未熔合等缺欠后，方可焊接第二遍。

3. 焊后处理

1）各道焊缝均焊完后，仔细检查确认无裂纹、未熔合等缺欠后，再将补焊区重新预热到暗红色（500℃），随室温冷却。

2）因补焊区域在减速箱边缘处，焊接应力能自由释放，所以在焊接过程中以及焊后不必锤击。

3）工件冷却至100℃左右将减速箱内外4个螺栓拧紧。

4）等工件彻底冷却后，用手砂轮磨去焊缝高出部分，并用锉刀、油石研磨光后，滑道即可使用。

12.5.3　空气锤身裂纹 CO_2 气体保护焊修复

750kg空气锤锤身（体）出现一条520mm长、46mm深的横向裂纹。空气锤身（体）材质为灰铸铁。

1. 焊接方法

采用 CO_2 气体保护半自动焊方法焊接修复，选用NBC-500型 CO_2 气体保焊机，选择 $\phi 1.2$mm的H08Mn2Si焊丝，CO_2 气体使用前进行提纯处理。

2. 焊接工艺

坡口用电弧气刨沿裂纹开出上宽30mm的U形坡口，如图12-13所示。用砂轮去除氧化层并磨出金属光泽。

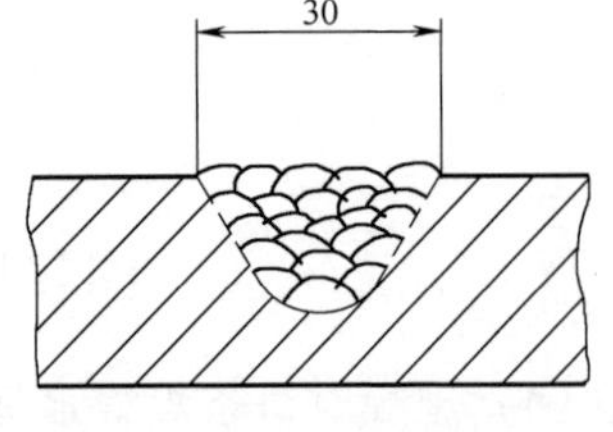

图12-13　U形坡口

1）焊前重新用氧乙炔火焰将坡口区域预热至150℃左右。

2）焊接参数：焊接电流160～180A，电弧电压22～24V，气体流量15L/min，在熔合良好的情况下焊接速度应快些。

3）采用多层多道焊，每段焊道应小于60mm，焊后立即锤击，每段焊缝焊后应冷却到60℃以下，再焊下一段，焊丝要直线或小划圈运动，不宜横向摆动。

4）施焊中层间焊道接头要相互错开，如发现焊道起棱、“泛花”、剥离等熔合不良现象，应用砂轮清除，直至熔合良好。弧坑要填满，表面焊道高出锤身表面1～1.5mm，不得有咬边等缺欠。

5）焊后自然冷却。

12.5.4　齿轮断齿的补焊

某大型轧钢机由于使用不当，有一对齿轮运转时掉入铁块，碰掉两个齿。齿轮直径为 740mm，齿长 105mm，齿高 42mm，材质为球墨铸铁。采用栽丝加固，CO_2 气体保护半自动焊堆焊方法进行了焊补，经多年运转使用良好。

1. 焊补前准备

1）用角向砂轮机将断齿处磨平，并清理油污等，露出金属光泽。

2）沿齿的长度方向均分钻三个眼，配钻攻螺纹，栽入 M14 的螺钉，拧入深度为 30mm，露出高度为 20mm。

3）用石墨块作为齿模镶入断齿处，如图 12-14 所示。

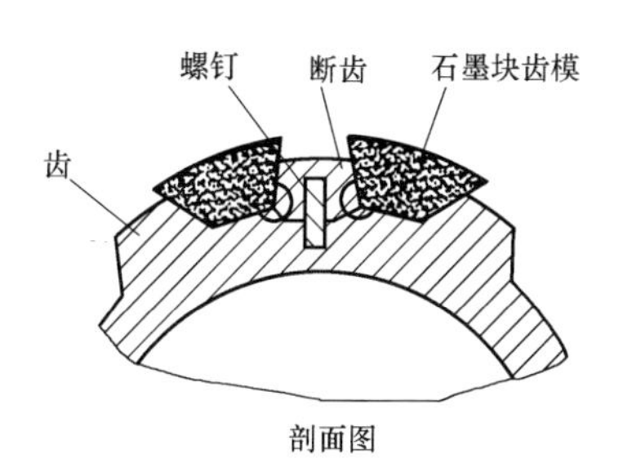

图 12-14　齿轮断齿焊补前准备

2. 补焊

1）焊接参数：焊接电流 150～160A，电弧电压 22～24V，CO_2 气流量 15L/min。

2）预热：将断齿处朝上垫稳后，用氧乙炔火焰加热断齿处，温度达 300℃左右时，先将三个螺钉一周与齿轮焊牢，然后连续将断齿堆焊高于齿平面 2～3mm。检查确无裂纹、气孔、未熔合等缺欠后，迅速将补焊部位埋入与白灰中，使其缓冷。

3. 焊后处理

冷却后，用样板（按原齿尺寸用薄钢板制成）检查外形，用角向砂轮打磨成原齿尺寸即可使用。该方法既保证了齿轮的使用强度和补焊质量，同时也易于操作，修复时间短，收效明显。

12.5.5 东风153载重汽车康明斯发动机缸体裂纹的补焊

东风153载重汽车康明斯发动机缸体水套外壁上，平行于上平面有一条260mm的裂纹。

1. 焊前准备

1）将裂纹处用氧乙炔火焰烧净油污，再用钢丝刷刷出金属光泽。

2）检查裂纹长度，在裂纹的两端（超过裂纹10mm处）钻ϕ6mm止裂孔。

3）沿裂纹的走向用角向砂轮开出U形坡口，坡口深度为缸体裂纹处壁厚的2/3，坡口两侧也打磨露出金属光泽。

4）选用铸308焊条，焊条直径ϕ3.2mm，交、直流电源均可，但直流反接为宜。

2. 焊接方法

1）将裂纹处进行低温预热，温度大于150℃。低温预热有两个好处，一是减少焊接时的温差，这对减小焊接应力、防止焊接裂纹有好处，二是能进一步烧损清理裂纹处的油污，能增加熔敷金属的熔合力，同时也能防止气孔的产生，增加焊缝处的致密性。

2）焊接电流110～120A。

3）采用分段逆向焊法，每段长度应不大于30mm，按图12-15进行焊接。

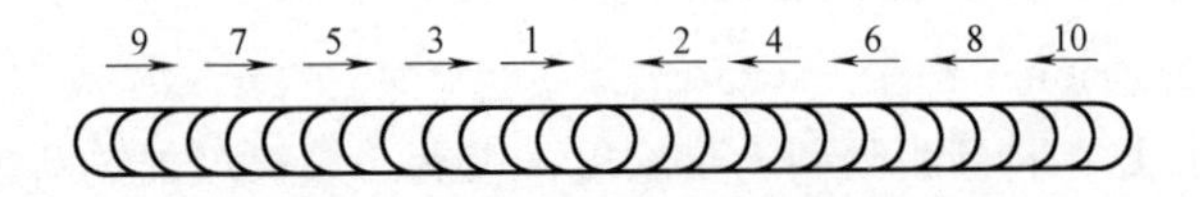

图12-15 缸体裂纹分段逆向焊法

4）焊接速度在熔合良好、焊脚高度高出缸体平面1～2mm的情况下，尽量稍快些。

5）每段焊后，用小圆头尖锤轻轻迅速锤击焊缝及焊缝的两侧，使其布满锤击小孔，待冷却到约60℃以下再焊下一段。

6）如发现焊道自身卷曲起棱不与母材熔合时，应把它磨去重焊，直到熔合好为止。

7）焊好裂纹，再分两次将止裂孔补焊好。补焊止裂孔的运条手法为划圆圈，从孔的外围往里圈焊，填满孔后，立即锤击。

3. 焊后检验

冷却后，在焊缝区域涂上白灰浆（或用白粉笔涂擦），干燥后，在焊缝背面（缸体内）涂抹煤油，做渗漏试验，如发现小黄点，进行补焊，确认无渗漏后装机使用。

12.5.6 大型电动机整体不拆卸的焊接方法

某单位在设备检修中，发现一台大型电动机的底座断裂而无法使用，材质为灰铸铁，断口组织疏松、气孔十分严重。该电动机为进口配套设备，价格高，又没有备件更换，厂方十分着急，慎重起见要求在保证质量的前提下，整机不拆（电动机不解体）进行焊接。电动机底座断裂部位如图 12-16 所示。

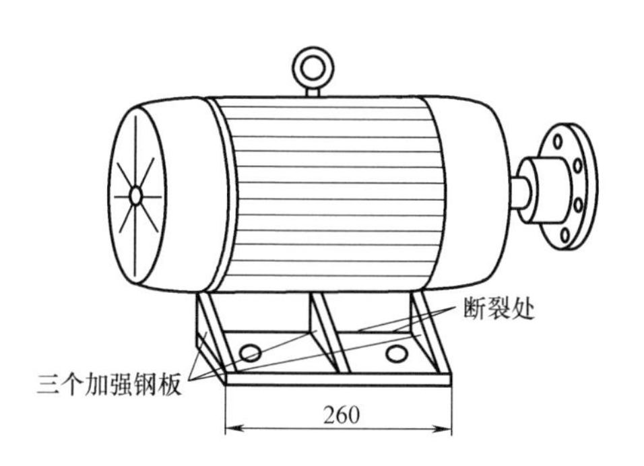

图 12-16 电动机底座断裂状况及加钢板位置

经分析电动机不解体的情况下进行焊接有巨大难度：一是补焊时，焊接区域的温度不能太高（应小于 100℃），否则由于过热，电动机内的绕组将会烧损，使电动机报废；二是由于底座断口十分粗糙，油、锈侵蚀严重，如采用焊条电弧焊方法，不管选用哪种焊条，也难与母材熔合良好，保证不了焊接质量。根据上述情况，采用了焊接变形小、热输入容易控制、焊接质量高的 CO_2 气体保护焊，并配合敷湿毛巾降温的方法进行焊补，取得了满意的效果。

1. 焊前准备

1）将电动机断裂部位按原尺寸形状组对，并在一个面上定位焊三处，定位焊缝应长些，以免开裂。

2）将电动机立起，使裂纹处于垂直立焊位置。

3）用 ϕ3.2mm 的 E4303 电焊条，在定位焊的背面裂纹处，进行电弧切割坡口，坡口的深度应超过底座厚度的 1/2 以上。在电弧切割的同时，应有人用湿毛巾将裂纹以外的电动机外壳不断淋水冷却，避免焊接区域温度过热，而后用手砂轮打磨坡口处，露出金属光泽。

4）选用 CO_2 气体保护半自动焊方法，焊丝 H08Mn2SiA，焊丝直径为 1.2mm，CO_2 气流量为 12L/min，焊接电流为 100～120A，电弧电压为 18～20V，焊丝伸出长度为 10～12mm。

2. 施焊

1）采用多层多道短段退焊法进行施焊，每段焊缝长度控制在 60mm 左右，焊枪直线运动，不宜摆动，每段焊完应立即锤击焊缝及焊接区域。

2）定位焊一面的第一层焊缝焊完后，将电动机立起，还使其呈垂直立焊位置，用电弧切割法将定位焊一面切割坡口后施焊，做法与前述相同。

3）随后的各焊层采用多层多道焊接而成，焊接顺序如图 12-17 所示。

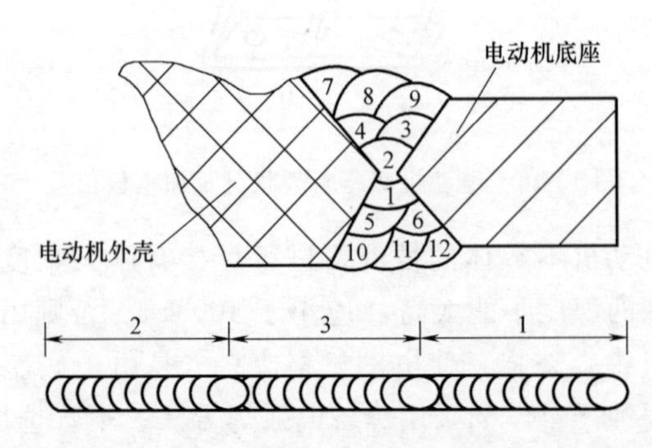

图 12-17 焊接顺序

4）施焊时要严格控制焊接温度，小于 80℃为宜，必要时仍采用湿毛巾淋水降温法配合进行。

5）施焊中如果发现熔合不良、裂纹等缺欠，应用手动砂轮处理掉，重新焊接。

3. 焊后处理

焊后经检查，确无裂纹后，应由专业电工对电动机进行干燥处理，合格后方能装机使用。

第 13 章　焊机的维护及故障排除

13.1　焊条电弧焊机

13.1.1　焊条电弧焊机的维护

正确使用和维护焊条电弧焊机（以下简称焊机），不但能保证其工作性能，还能延长其使用寿命，所以对操作者来说，必须掌握焊机的正确使用与维护方法。

1）焊机的安装场地应通风干燥、无振动、无腐蚀性气体，焊机机壳必须接地。

2）焊机的电源开关必须采用磁力启动器，且必须使用降压启动器，使用时在合、断电源闸刀开关时，头部不得正对电闸。

3）保持焊机接线柱的接触良好，固定螺母要压紧。经常检查焊机的电刷与换向片间的接触情况，当火花过大时，必须及时更换或压紧电刷，或修整换向片。

4）焊钳与工件短接情况下，不得启动焊接设备。

5）焊机应按额定焊接电流和负载持续率来使用，不得过载。

6）要保持焊机的内部和外部清洁，要经常润滑焊机的运转部分，整流焊机必须保证整流元件的冷却和通风良好。

7）检修焊机故障时必须切断电源，移动焊机时，应避免剧烈振动。

8）工作完毕或临时离开工作场地时，必须切断电源。

13.1.2　焊条电弧焊机常见故障的排除

焊条电弧焊机的常见故障、产生原因及排除方法见表 13-1。

表 13-1　焊条电弧焊机的常见故障、产生原因及排除方法

故障特征	产生原因	排除方法
焊机过热	焊机过载	减小焊接电流
	变压器绕组短路	消除短路
	铁心螺杆绝缘损坏	恢复绝缘
焊接过程中电流忽大忽小	焊接电缆、焊条等接触不良	使接触可靠
	可动铁心随焊机振动而移动	防止铁心移动
可动铁心在焊接过程中,发出强烈的嗡嗡声	可动铁心的制动螺钉或弹簧太松	紧固螺钉,调整弹簧拉力
	铁心活动部分的移动机构损坏	检查修理移动机构
焊机外壳带电	一次绕组或二次绕组碰壳	检查并消除碰壳处
	电源线与罩壳碰接	消除碰壳现象
	焊接电缆误碰外壳	消除碰壳现象
	未接地或接地不良	接妥地线
焊接电流过小	焊接电缆过长,压降太大	减小电缆长度或加大直径
	焊接电缆卷成盘形,电感太大	将电缆放开,不使它成盘状
	电缆接线柱与焊件接触不良	使接触处接触良好
焊机空载电压太低	网路电压过低	调整电压至额定值
	变压器一次绕组匝间短路	消除短路现象
	磁力启动器接触不良	使接触良好
焊接电流调节失灵	控制绕组匝间短路	消除短路现象
	焊接电流控制器接触不良	使电流控制器接触良好
	控制整流元件击穿	更换元件
焊接电流不稳定	主回路交流接触器抖动	消除抖动
	风压开关抖动	消除抖动
	控制绕组接触不良	使其接触良好
风扇电动机不转	熔断丝烧断	更换熔断丝
	电动机绕组断线	修复或更换电动机
	按钮开关触头接触不良	修复或更换按钮开关

（续）

故障特征	产生原因	排除方法
焊接过程中焊接电压突然降低	主回路全部或部分产生短路	修复线路
	整流元件击穿	更换元件,检查保护线路
	控制回路断路	检修控制回路

13.2 钨极氩弧焊机

13.2.1 钨极氩弧焊机的维护

1）钨极氩弧焊机（以下简称焊机）外壳必须接地，以免造成危险。

2）保持焊机清洁，定期用干燥压缩空气进行清洁。

3）注意焊枪冷却水系统的工作情况，以防烧坏焊枪。

4）氩气瓶要严格按照高压气瓶的规定使用。

5）定期检查焊接电源和控制部分继电器、接触器的工作情况，发现触头接触不良时，及时修理或更换。

6）注意供气系统的工作情况，发现漏气应及时解决。

7）及时更换烧坏的喷嘴。

8）工作完毕或离开现场时，必须切断焊接电源，关闭水源及氩气瓶阀门。

13.2.2 钨极氩弧焊机常见故障的排除

钨极氩弧焊机的常见故障、产生原因及排除方法见表13-2。

表13-2 钨极氩弧焊机的常见故障、产生原因及排除方法

故障特征	产生原因	排除方法
焊机起动后,无保护气输送	电磁气阀故障	检修
	气路堵塞	
	控制线路故障	

（续）

故障特征	产生原因	排除方法
焊接电弧不稳	焊接电源故障	检修
	消除直流分量线路故障	
	脉冲稳弧器不工作	
焊机起动后，高频振荡器工作，引不起电弧	焊件接触不良	清理焊件
	电网电压太低	升高电网电压
	接地电缆太长	缩短接地电缆
	钨极形状或伸出长度不合适	调整钨极伸出长度或更换钨极
焊机不能正常起动	焊枪开关故障	检修
	控制系统故障	
	起动继电器故障	
电源开关接通，指示灯不亮	开关损坏	更换开关
	指示灯坏	更换指示灯
	熔断器烧断	更换熔断器

13.3 CO_2 气体保护焊机

13.3.1 CO_2 气体保护焊机的维护

1）经常检查送丝软管工作情况，及时清理管内污垢，以防送丝软管被污垢堵塞。

2）经常检查导电嘴磨损情况，及时更换磨损大的导电嘴，以免影响焊丝导向及焊接电流的稳定性，发现导电嘴孔径严重磨损时应及时更换。

3）经常检查电源和控制部分的接触器及继电器触点的工作情况，发现烧损或接触不良应及时修理或更换。

4）经常检查送丝电动机和小车电动机的工作状态，发现电刷磨损、接触不良时要及时修理或更换。

5）经常检查送丝滚轮的压紧情况和磨损程度，定期检查送丝机构、减速箱的润滑情况，及时添加或更换新的润滑油。

6）经常检查导电嘴与导电杆之间的绝缘情况，防止喷嘴带电，并及时清除附着的飞溅金属。

7）经常检查供气系统工作情况，防止漏气、焊枪分流环堵塞、预热器以及干燥器工作不正常等问题，保证气流均匀畅通。

8）定期用干燥压缩空气清洁焊机。

9）当焊机较长时间不用时，应将焊丝自软管中退出，以免日久生锈。

10）当焊机出现故障时，不要随便拨弄电器元件，应停机、停电后检查修理。

11）工作完毕或因故离开，要关闭气路，切断电源。

13.3.2 CO_2 气体保护焊机常见故障的排除

判断 CO_2 气体保护焊机故障时一般采用直接观察法、仪表测量法、示波器波形检测法和新元件代入等方法。检修和消除故障的一般步骤是从故障发生部位开始，逐级向前检查。对于被检修的各个部分，首先检查易损、易坏、经常出毛病的部件，随后再检查其他部件。

CO_2 气体保护焊机的常见故障、产生原因及排除方法见表 13-3。

表 13-3 CO_2 气体保护焊机的常见故障、产生原因及排除方法

序号	故障现象	产生原因	排除方法
1	焊接电弧不稳定	1)电网电压波动 2)送丝不稳定 ①送丝滚轮V形槽口磨损或与焊丝直径不匹配 ②送丝轮压力不够 ③送丝软管堵塞或接头处有硬弯 ④导电嘴孔径太大或太小	1)加大供电电源变压器容量,不与其他大功率用电装置共用同一电网线路(如大功率电阻焊机等) 2)使送丝稳定 ①更换与焊丝直径相匹配的送丝轮 ②调整压力 ③清理送丝软管中的尘埃、铁粉等,消除硬弯 ④更换合适孔径的导电嘴

（续）

序号	故障现象	产生原因	排除方法
1	焊接电弧不稳定	⑤送丝软管弯曲半径小于400mm 3）三相电源的相间电压不平衡 4）焊接参数未调好 5）连接处接触不良 6）夹具导电不良 7）二次侧极性接反 8）焊工操作或规范选用不当 9）电抗器抽头位置选用不当	⑤展开送丝软管 3）检查熔断器，整流元件是否损坏并更换之 4）重新选择焊接参数 5）检查各导电连接处是否松动 6）改善夹具与工件的接触 7）改变错误的接线 8）接正确操作方式施焊，重新选用焊接参数 9）重新选用合适的电抗器抽头档
2	产生气孔或凹坑	1）工件表面不清洁 2）焊丝上粘有油污或生锈 3）CO_2（或Ar）气体流量太小 4）风吹焊接区，气体保护恶化 5）喷嘴上粘有飞溅物，保护气流不畅 6）CO_2气体质量太差 7）喷嘴与焊接处距离太远	1）清理工件上的油、污、锈、涂料等 2）加强焊丝的保管与使用，清除焊丝、送丝轮和软管中的油污 3）检查气瓶气压是否太低，接头处是否漏气、气体调节配比是否合适 4）在野外或有风处施焊，应采取相应保护措施 5）清除喷嘴上的飞溅物，并涂抹硅油 6）采用高纯度CO_2气体 7）保持合适的焊丝干伸长进行焊接
3	空载电压过低	1）电网电压过低 2）三相电源缺相运行 ①熔断器烧断 ②整流元件损坏 ③接触器某相触点接触不良	1）加大供电电源变压器容量，或避免白天用电高峰时焊接 2）检修 ①更换熔断器 ②更换整流元件 ③检修或更换接触器
4	焊缝呈蛇行状	1）焊丝干伸长过长 2）焊丝矫直装置调整不合适	1）保持合适的焊丝干伸长 2）重新调整

（续）

序号	故障现象	产生原因	排除方法
5	送丝电动机不运转	1)送丝滚轮打滑 2)焊丝与导电嘴熔结在一起 3)送丝轮与导向管间焊丝发生卷曲 4)控制电路或送丝电路的熔断器的熔丝烧断 5)控制电缆插头接触不良 6)焊枪开关接触不良或控制电路断开 7)控制继电器线圈或触头烧坏 8)调整电路故障 ①印制电路板插座接触不良 ②电路中元器件损坏 ③有虚焊或断线现象 ④控制变压器烧坏 9)电动机损坏	1)调整送丝轮压力 2)重新更换导电嘴 3)剪除该段焊丝后,重新装焊丝 4)更换熔丝 5)检查插头后拧紧,如不行则更换 6)更换开关,修复断开处 7)更换控制继电路 8)排除调整电路故障 ①检查插座插紧 ②更换损坏元器件 ③修复断开或虚焊处 ④更换控制变压器 9)更换电动机
6	焊枪（喷嘴）过热	1)冷却水压不足或管道不畅 2)焊接电流过大,超过焊枪许用负载持续率	1)设法提高水压,清理疏通管路,消除漏水处 2)选用与实际焊接电流相适应的焊枪
7	电压调节失控	1)焊接主电路断线或接触不良 2)变压器抽头切换开关损坏 3)整流元件损坏 4)移相和触发电路故障 5)继电器线圈或触点烧坏 6)自饱和磁放大器故障	1)检查焊接电路,接通断开处,拧紧螺丝 2)更换新开关 3)更换整流元件 4)修理或更换损坏的元器件 5)更换继电器 6)逐级检查,排除故障
8	CO_2保护气体不流出或无法关断	1)电磁气阀失灵 2)气路堵塞 ①减压表冻结 ②水管折弯 ③飞溅物阻塞喷嘴 3)气路严重漏气 4)气瓶压力太低	1)先检查气阀控制线路或更换电磁气阀 2)使气路通畅 ①接通预热器 ②理顺水管 ③清除阻塞物,并涂抹硅油 3)更换破损气管,排除漏气原因 4)换上压力足够的新气瓶

（续）

序号	故障现象	产生原因	排除方法
9	引弧困难	1)焊接电路电阻太大 ①电缆截面太小或电缆过长 ②焊接电路中各连接处接触不良 2)焊接参数不合适 3)工件表面太脏 4)焊工操作不当	1)降低焊接电路电阻 ①加大电缆截面,减少接头或缩短电缆长度 ②检查各连接处,使之接触良好 2)加大电弧电压,降低送丝速度 3)清除工件表面油污,漆膜和锈迹 4)调节焊丝干伸长,改变焊枪角度,降低焊接速度
10	焊丝回烧(焊丝与导电嘴末端焊住)	1)焊接参数不合适 2)导电嘴导电不良 3)焊接回路电阻太大 4)焊工操作不当 5)导电嘴与工件间的距离太近	1)降低电弧电压,减低送丝速度 2)更换导电不良的导电嘴 3)加大电缆截面,缩短电缆长度,检查各连接处,使之保证良好导电 4)改变焊接角度,增加焊丝干伸长 5)适当拉开两者间的距离
11	焊接电压过低且电源有异常声音	1)硅整流元件击穿短路 2)三相主变压器短路	1)更换硅整流元件 2)修复短路处

参考文献

[1] 范绍林. 焊工操作技巧集锦 [M]. 北京：化学工业出版社，2010.
[2] 范绍林，雷鸣. 电焊工一点通 [M]. 北京：科学出版社，2012.
[3] 金凤柱，陈永. 电焊工操作入门与提高 [M]. 北京：机械工业出版社，2011.
[4] 胡玉文. 电焊工操作技术要领图解 [M]. 济南：山东科学技术出版社，2008.
[5] 王文翰. 焊接技术问答 [M]. 郑州：河南科学技术出版社，2007.
[6] 高忠民. 电焊工基本技术 [M]. 北京：金盾出版社，2004.
[7] 陈永. 焊接材料手册 [M]. 北京：机械工业出版社，2014.
[8] 潘继民. 焊工操作质量保证指南 [M]. 北京：机械工业出版社，2010.
[9] 高忠民，金凤柱. 电焊工入门与技巧 [M]. 北京：金盾出版社，2005.
[10] 范绍林. 焊接操作实用技能 [M]. 郑州：河南科学技术出版社，2013.